本书系国家重点研发计划项目（2016YFC0401603、2018YFC0407105、2018YFC0407106）、国家自然科学基金（51979173、51979176、51779154、41671504）和南京水利科学研究院出版基金资助

水库大坝
滑坡及溃决过程研究

Study on Landslide and Breach Process of Reservoir Dam

李 卓　杨 阳　蒋景东◎著

河海大学出版社
HOHAI UNIVERSITY PRESS
·南京·

内容简介

本书是作者在多年水库大坝滑坡试验和数值分析、边坡监测、隐患探测及溃决过程研究和工作的基础上，总结国内外水库大坝边坡稳定性分析、监测预警、土石坝溃决分析的理论和方法，全面系统地阐述了水库大坝滑坡相关的影响因素分析、模型实验、数值计算、监测预警、隐患探测、土石坝溃决过程的相关理论方法和技术；建立了水库大坝滑坡试验及数值分析模型、监测及隐患探测分析评价方法、安全监控预警模型，构建了水库大坝边坡滑坡变形监控指标及预警方法；建立了土石坝滑坡漫顶溃决过程的数学模型，采用沟后水库面板砂砾石坝溃决案例对数学模型的合理性进行验证。

本书图文并茂，理论与实践相结合，可作为有关设计院、水库大坝管理单位和从事工程地质、水工结构工程、岩土工程等领域的科研和工程技术人员参考，也可以供有关院校教师和研究生参考使用。

图书在版编目(CIP)数据

水库大坝滑坡及溃决过程研究/李卓，杨阳，蒋景东著.—南京：河海大学出版社，2020.12

ISBN 978-7-5630-6635-3

Ⅰ. ①水… Ⅱ. ①李… ②杨… ③蒋… Ⅲ. ①水库—大坝—滑坡—研究 ②水库—大坝—溃坝—研究 Ⅳ. ①TV698.2

中国版本图书馆 CIP 数据核字(2020)第 263695 号

书　　名　**水库大坝滑坡及溃决过程研究**
SHUIKU DABA HUAPO JI KUIJUE GUOCHENG YANJIU
书　　号　ISBN 978-7-5630-6635-3
责任编辑　成　微
特约校对　徐梅芝
封面设计　徐娟娟
出版发行　河海大学出版社
地　　址　南京市西康路 1 号(邮编：210098)
电　　话　(025)83737852(总编室)　(025)83722833(营销部)
经　　销　江苏省新华发行集团有限公司
排　　版　南京月叶图文制作有限公司
印　　刷　广东虎彩云印刷有限公司
开　　本　710 毫米×1000 毫米　1/16　印张 19　字数 339千字
版　　次　2020 年 12 月第 1 版　2020 年 12 月第 1 次印刷
定　　价　98.00 元

前　言

水库大坝边坡滑坡是一种不良物理地质现象，它同山崩、泥石流一样，是一种特有的自然灾害。中国是亚洲乃至世界上滑坡灾害最为严重的地区之一，特别是20世纪80年代以来，随着经济建设高速发展及自然因素的影响，滑坡灾害呈上升趋势。目前，全国范围内除山东省没发现严重的滑坡灾害外，其余各地均有发生。其中，以西部地区（西南、西北）的云南、贵州、四川、重庆、西藏以及湖北西部、湖南西部、陕西、宁夏及甘肃等省区最为严重。据初步统计，全国至少400多个市、县、区、镇，1万多个村庄受到滑坡灾害严重侵害，有证可查的滑坡灾害点约为41万多处，总面积达$173.52\times10^4\ km^2$，占全国面积的18.10%。严重的滑坡灾害不仅给当地居民的生命财产造成极大损失，还摧毁相当数量的工厂和矿山，并严重影响水利、铁路、公路、水运及水库等基础设施的安全运行。

随着自动化和物联网等技术的不断发展，边坡监测和滑坡隐患探测技术手段不断完善，出现了以光纤测试技术、非量测相机近景摄影测量技术、全球定位系统GNSS测量技术为代表的现代监测技术，基于电法、探地雷达、电磁波、声呐等技术的滑坡隐患无损探测方法为水库大坝滑坡监测及分析评价提供了有效的手段。为此，基于水库大坝边坡监测和滑坡隐患探测技术，研究边坡监测和滑坡隐患探测方法及数据的处理分析评价方法、分析模型，可以为水库大坝边坡稳定的分析评价、滑坡监控预警研究提供有力的技术支持。

我国存在不少土石坝因降雨、库水位变化、地震等导致大坝滑坡而溃决，造成重大生命财产损失。因此，有必要深入研究土石坝滑坡溃决机理，合理模拟土石坝溃决过程，预测溃坝洪水流量过程线，进而为溃坝洪水风险分析和应急预案的编制提供理论和技术支撑。

本书是作者在多年水库大坝滑坡、安全监测、隐患探测及溃决过程研究和工作的基础上编写的，主要内容包括：绪论，水库大坝滑坡多因素分析，水库大坝边坡安全监测技术，水库大坝边坡监测数据分析和评价，水库大坝滑坡隐患探测分析及应用，水库大坝滑坡模型试验研究，水库大坝滑坡数值模拟，水库大坝滑坡漫顶溃决过程研究，水库大坝边坡稳定监控预警指标研究，水库大坝边坡稳定监控预警模型研究。

全书内容共分10章，第1章由李卓、杨阳、蒋景东编写，第2章由李卓、蒋景东编写，第3章、第4章、第5章由杨阳编写，第6章、第7章由李卓编写，第8章由蒋景东编写，第9章、第10章由李卓编写。全书由李卓统稿。

本书凝聚了全体执笔作者和参研人员的共同心血，在即将付梓之际，特向大家致以衷心的谢忱。

本书的出版得到了南京水利科学研究院和河海大学出版社的大力支持和资助，谨表深切的谢意。

限于作者水平，书中难免有不妥之处，恳请读者批评指正。

作者

2020年11月10日

目　录

第 1 章
绪　论

中国是滑坡灾害极为频繁的国家，在世界范围内具有典型性和代表性。滑坡是岩土体变形中规模最大、数量多、性质复杂的一种不良物理地质现象，它同山崩、泥石流一样，是山区特有的一种自然灾害。滑坡灾害分布面积广、发生频繁、影响时间长，常常造成重大生命财产损失，同时，滑坡对水利、交通、市政、水运、厂矿等造成极大的威胁和危害，制约着国民经济的发展[1-2]。到目前为止，全球范围内凡是人类居住和工程活动的山岭地区，几乎都有滑坡灾害发生，滑坡成为各种灾害中频度最高、损失最大的地质灾害类型[3-4]。在欧洲，瑞典、挪威所在的斯堪的纳维亚半岛地区，法国东部、瑞士、奥地利及意大利北部的阿尔卑斯山地区，纵贯意大利全境的亚平宁山区及英国大部都是滑坡灾害的高发区[5-9]。处于美洲版块边缘、呈南北向断续分布的落基山脉、马德雷山脉及安第斯山脉在构成美洲大陆西部屏障的同时，也在所经过的加拿大、美国、墨西哥、萨尔瓦多及智利等国家和地区孕育着全球最多的滑坡灾害[10-11]。位于西太平洋第一岛链上的日本、中国台湾、青藏高原南缘喜马拉雅地区的尼泊尔及印度北部是亚洲滑坡灾害的高发区[12-14]。

中国是亚洲乃至世界上滑坡灾害最为严重的国家之一，特别是 20 世纪 80 年代以来，随着经济建设高速发展及自然因素的影响，滑坡灾害呈上升趋势。目前，全国范围内除山东省没有发现严重的滑坡灾害外，其余各地均有发生。其中，以西部地区（西南、西北）的云南、贵州、四川、重庆、西藏以及湖北西部、湖南西部、陕西、宁夏及甘肃等省区最为严重。据初步统计，全国至少 400 多个市、县、区、镇，1 万多个村庄受到滑坡灾害严重侵害，有证可查的滑坡灾害点约为 41 万多处，总面积达 $173.52\times10^4\ km^2$，占全国面积的 18.10%。严重的滑坡灾害不仅给当地居民的生命财产造成极大损失，还摧毁相当数量的工厂和矿山，并严重影响铁路、公路、水运及水库等基础设施的安全运营[15-20]。

边坡滑坡的危害主要有：①大量岩土体滑入水库，减少了水库的有效库容，甚至形成坝前坝，使水库不能继续使用（如意大利瓦伊昂水库）；②滑坡直接摧毁大坝、泄水（输水）建筑物、厂房等建筑物；③如果滑坡体高速滑入水库，造成巨大的涌浪，直接危及大坝安全及水库运行。因此，研究水库大坝边坡稳定性、监控模型及预警指标，对于预防滑坡的潜在危害，确保水库大坝正常运行及库区安全具有重要意义。

传统的水库大坝边坡监测主要采用各种大地测量仪器，如精密经纬仪、水准仪、全站仪、激光准直系统等，探测则通过探坑、取样等方法进行，方法效率低，提取数据量少，具有破坏性。随着自动化和物联网等技术的不断发展，边坡监测和滑坡隐患探测技术手段不断完善，出现了以光纤测试技术、非量测相机近景摄影测量技术及全球定位系统 GNSS 测量技术为代表的现代监测技术以及基于电学声学原理的电法、探地雷达、电磁波、声呐探测等方法的滑坡隐患无损探测方法，这些方法都为水库大坝滑坡监测及分析提供了有效的手段。为此，基于水库大坝边坡监测和滑坡隐患探测技术，研究边坡监测和滑坡隐患探测方法及数据的处理分析评价方法、分析模型，可以为水库大坝库岸边坡稳定的分析评价、滑坡监控预警、溃坝过程研究提供有力的技术支持。

此外，中国拥有水库大坝近 10 万座，其中绝大部分为土石坝[21]。据水利部大坝安全管理中心统计[22]，1954—2018 年，中国共有 3 541 座水库大坝发生溃决，其中漫顶、滑坡、管涌是土石坝发生溃决的主要原因。1993 年 8 月 27 日晚青海省恰卜恰河上沟后大坝发生溃决，调查表明[23-24]，大坝溃决的原因主要是暴雨导致库水位迅速上涨，坝顶防浪墙与混凝土面板的水平接缝发生渗漏，加上砂砾石坝体细颗粒含量偏多，坝体排水不畅，导致坝体不均匀沉陷和坝体下游坡发生后退型滑坡，防浪墙倒塌而形成初始溃口继而大坝溃决，造成重大生命财产损失。因此，有必要深入研究土石坝的滑坡漫顶溃决机理，揭示溃口形状和冲蚀形式的控制因素，建立相应的溃坝数学模型，合理预测大坝滑坡漫顶溃决的溃口洪水流量，为溃坝洪水灾害预测和溃坝应急预案编制提供理论支撑。

1.1 滑坡研究现状

1.1.1 降雨引起滑坡研究

降雨是边坡失稳的主要诱发因素。据统计，20 世纪 80 年代以来，我国发生的大型灾害性滑坡中，约50%由强降雨诱发[1]，降雨型滑坡是一种发生频率高、分布范围广、破坏形式复杂的滑坡类型。降雨型滑坡的研究已经成为国内外工程地质界的研究热点。早在20世纪70年代，美国、日本等国的专家和学者就开始通过人工降雨的方法研究降雨型滑坡的形成机理，并在防灾减灾工作中取得了经济效益和社会效益。我国对滑坡的研究起步较晚，但也取得了一定的研究成果。20世纪90年代以来，我国学者通过试验方法研究了降雨型滑坡，并在工程实践应用、机理研究与理论探索等方面取得了成果。研究表明，我国降雨诱发的滑坡不仅数量巨大，规模和危害也是极其惊人。最近几十年来，我国境内因降雨诱发了数以万计的灾害性滑坡[25]，其中规模比较大的滑坡见表1.1。大量滑坡灾害事件让"降雨是诱发滑坡的主要因素"成为众多专家学者的共识[26-30]。降雨诱发滑坡灾害的作用主要表现在以下几个方面：①大气降水渗入潜在滑坡体，增加岩土体的容重，使岩土体软化，抗滑力降低，从而导致边坡失稳；②降雨期间或降雨后，边坡岩土体内孔隙水压力的升高使得潜在滑动面上的有效应力及抗剪强度都降低；③地下水位回落引起的岩土体的释水压密，导致局部坡面沉降，周围出现破裂面和陡壁，形成潜在崩滑的边界；④当地下水位上升或坡体内存在相对隔水层组时，坡体会出现暂态饱和而产生渗透水流。

表1.1　我国部分典型降雨型滑坡

滑坡名称	位置	发生时间（年-月-日）	体积（$10^4 m^3$）	损失情况
鸡扒子滑坡	重庆云阳	1982-07-18	1 500	长江航道中断7 d，经济损失近1亿元
新滩滑坡	湖北秭归	1985-06-12	3 000	即时搬迁
中阳村滑坡	重庆巫溪	1988-01-10	765	死亡33人
铁西滑坡	四川喜德	1988-09-02	4	列车颠覆
溪口滑坡	四川华蓥	1989-07-10	100	死亡221人
兰坪滑坡	云南兰坪	2000-09-03	2 000	搬迁5 000人
天台乡滑坡	四川宣汉	2004-09-05	2 500	1 225人搬迁，形成20 km长的堰塞湖，淹没农田、道路
岩门村滑坡	四川达县	2007-07-07	1 100	543户183人受灾，直接经济损失约1.5亿元
大风滩滑坡	四川宣汉	2009-07-16	120	37户房屋全部摧毁
小湾电站滑坡	云南凤庆	2009-07-20	100	2人死亡，12人失踪
舟曲特大泥石流滑坡	甘肃舟曲	2010-08-07	750	1 557人死亡，208人失踪，经济损失133亿元
巫山滑坡	重庆巫山	2015-06-24	0.2	1人死亡，5人受伤，196人转移

1.1.2 现场滑坡降雨试验研究

20 世纪末，我国开始采用现场降雨试验方法探讨和研究降雨型滑坡机理。张家发等[29]对三峡永久船闸高边坡全风化花岗岩山体开展了人工降雨试验研究，研究表明，降雨入渗过程不能简单地用连续介质中的扩散过程来描述，但在该试验尺度上进行全风化带的入渗能力研究是合适的。胡明鉴等[30-31]选择蒋家沟流域老滑坡体，通过人工降雨激发促使其二次滑动，观测滑坡移动过程，分析描述试验过程中坡面出现的各种滑、溜、崩等现象，认为松散砾石边坡滑坡是以降雨为主导因素的多种因素综合作用的结果。陈晓清等[32]在蒋家沟上游泥石流形成源地的弯房子和下游泥石流堆积地的大凹子沟口分别进行了野外人工降雨条件下滑坡转化泥石流的原位试验，试验结果表明，土体强度是土体颗粒级配、土体饱和度、土体渗透系数和土体张力的函数。魏丽等[33-34]针对暴雨型滑坡灾害预报预警，建立了 8 个滑坡灾害监测点，通过对降水和滑坡稳定性的试验研究，对江西试验区进行了滑坡滑动临界降水量的初步确定，为滑坡灾害预报预警提供了科学依据。

现场滑坡降雨试验在工程建设中成为理论验证和方案设计的重要依据。谭新和陈善雄等[35-36]开展了人工降雨诱发滑坡试验，利用极限平衡法进行了降雨试验研究以指导工程建设的实施。詹良通和吴宏伟等[37]在湖北膨胀土挖方边坡进行了人工降雨模拟试验和原位综合监测，通过对边坡土体中水分、孔隙水压力、应力状态以及土体的变形监测，探讨了边坡中土-水的相互作用机理，从而对降雨诱发的非饱和膨胀土边坡失稳机理取得了进一步了解。周中等[38-39]选取贵州段高速公路典型堆积层边坡进行了人工降雨模拟试验，通过对边坡土体中的水分、孔隙水压力、应力状态、变形以及地表位移的监测，分析降雨在堆积层边坡的入渗规律，探讨边坡中岩土与水相互作用的机理，探明了堆积层边坡在降雨入渗影响下的滑动变形和不同降雨时程与降雨强度条件下降雨入渗的特征，得出“降雨入渗的双重效应是降雨诱发的堆积层边坡失稳的主要原因之一”的结论。谢妮等[40]介绍了用于非饱和土边坡试验的人工模拟降雨设备的组成、主要设计参数和控制降雨强度的方法，给出了应用实例和比较分析，并设计了重庆某高速公路填土边坡上非饱和土的特征监测方案和人工降雨装置。张常亮等[41]在甘肃正宁县建立了监测站，通过在一个深度为 10 m 的探井井壁上埋设土壤水分计，对天然降雨入渗条件下不同深度黄土层的体积含水率变化情况进行了连续监测，同时采用雨量计记录其间的降雨量，结果表明降雨量小于 18 mm/d 时，对地表以下深度大于

20 cm的土壤含水率几乎没影响，降雨量大于 18 mm/d 时，才会引起土壤含水率骤增，降雨量越大，土壤含水率增幅越大，影响深度越大，随着深度增加，增幅减小，时间上有滞后。

1.1.3 室内滑坡降雨试验研究

20 世纪末我国开始通过室内模拟降雨的方法研究滑坡。宋克强等[42]以白鹿原滑坡为原型制作了滑坡模型，通过在坡面均匀洒水的方式研究降水对黄土滑坡的影响，观测试验过程中滑坡模型不同部位在不同阶段的蠕变速率。朱宝龙等[43]通过室内模拟试验将固体废弃物边坡在降雨作用下的变形过程分为 5 个阶段：启发阶段、快速增长阶段、减速增长阶段、缓速增长阶段和平缓阶段，并发现路堑边坡破坏方式有局部溜塌或滑塌、表面冲刷与整体下滑 3 种形式。黄润秋等[25]根据天台乡滑坡的地质环境建立了室内降雨和水压力的模拟试验，采取物理模拟的方法对天台乡滑坡的变形破坏机制进行验证。李晓等[44]结合三峡库区白衣庵滑坡典型的土石混合体，进行了大尺度的土石混合体原位推剪和压剪试验，试验结果表明，土石混合体具有典型的全应力-应变曲线、应变软化、高内摩擦角等特有特征，也是特殊物质结构特征的体现。曾胜等[45]针对红砂顺层岩质边坡稳定性问题，通过室内干湿循环试验，分析了界面强度参数衰减规律，研究表明，干湿循环作用下结构面黏聚力呈幂指数形式衰减，内摩擦角呈二次函数衰减。韩同春等[46]考虑了简化的 Green-Ampt 入渗模型，应用该入渗模型对下部为基岩的大面积浅层边坡雨水入渗过程以及边坡稳定性进行分析，研究表明，封闭气压显著降低了边坡体内雨水的入渗，对安全系数的降低具有明显的延时性，这进一步揭示了部分地区雨后滑坡频繁发生的重要原因。张玉等[47]在对大型滑坡滑带土基本特性分析的基础上，开展了不同条件下室内大型直剪试验，研究天然状态下变形和强度的关系、抗剪性能参数取值，探讨了含石量、含水率对抗剪强度的影响，从而寻找出合理的计算参数，开展稳定性评价。林鸿州等[48]通过模型试验与数值计算分析方法对比，研究土水特征曲线的主要增湿路径与主要减湿路径对降雨型滑坡的影响，研究表明，采用作为界限的主要增湿和主要减湿路径作为土水特征曲线的滞后模型，对降雨型滑坡灾害的防灾预警具有一定的实用价值。廖红建等[49]以陕西东风滑坡为例，对边坡体后缘和前缘的黄土进行了一系列的室内物理和力学性质试验，分析了高陡黄土边坡的发生过程和破坏机制，由颗粒分析和湿陷性试验得出滑坡体前后缘土体的湿陷性液化特征；分析了不同含水率对强度参数的影响，并对比分析了原状黄土和重塑黄土的强度参数和结构性，验证了重塑饱和黄土的应力-应变关系、体应变-轴应变关系与 Duncan-Chang 模型符合较好，为黄土边坡稳定性分析中强度参数的合理性选取提供了参考。任伟中等[50]为分析某滑坡的变形破坏机理以及整治效果，通过地质力学模型试验，模拟并研究了不同工况下滑坡体位移、抗滑桩和锚杆的受力状态随试验步骤的变化，根据试验结果对滑坡变形与破坏机理进行了分析，比较了两种加固设计参数下的整治效果并进行了优化，为类似滑坡的机理研究和有效整治提供了依据。卢坤林等[51]对素土和加筋土边坡的失稳破坏过程进行了详细的试验研究，试验结果表明边坡呈现三维形态，坡度和坡面形状对滑坡体形态影响较大；同一坡度下，凸坡、较平坡容易失稳，二者裂缝位置基本一致，加筋后提高了边坡稳定性，破坏形态也发生改变，研究成果有助于更深入了解边坡失稳破坏过程及破坏形态。

1.1.4 降雨引起滑坡理论研究

对于山区河流，水流主要来自坡面流、地表下的壤中流以及地下水流。地下水流的作用主要为在降雨和融雪之间的低水位期间维持河流不断。而降雨时，主要产生的是坡面流和壤中流。

坡面流这一概念源自 Horton[52]的理论。研究表明，大多数坡面流产生于流域面积 10%以内，在有限的面积上，仅有 10%～30%的降雨量转化为坡面流。不论是坡面流还是壤中流，形成了一个向坡体内入渗的来源。随着入渗的发展，改变了坡体的水文条件和力学条件，促使边坡向不稳定方向发展。降雨入渗条件下湿润面的计算一直是研究的重点。降雨入渗受到各种初始条件和边界条件控制，计算方法比较复杂。Green-Ampt 入渗模型建立在毛细管理论基础上，假定土壤是由一束直径不同的毛细管组成，水在土壤入渗过程中，湿润锋面几乎是水平锋面，且在锋面上各点的吸力水头均为 S_m，峰面后面的介质含水率是均一的，该模型又称为活塞模型[53]。

降雨型滑坡形成机理通常被认为是降雨入渗抬高了滑坡体内的地下水位，滑面处岩土体软化，从而降低了滑坡的稳定性，导致滑坡的发生。目前对滑坡形成机理的认识，通常主要采用饱和土力学理论的稳定性分析方法。现在对降雨引发的滑坡研究主要有两种途径：①从现象学的角度寻求降雨与滑坡的相关规律；②从机理上探求雨水入渗引发滑坡的物理过程并建立定量的分析模型，并利用这种分析模型进行边坡稳定性分析。Hodge 和 Freeze[54]、Iverson 和 Major[55]通过定量分析地下水渗流与边坡稳定的关系，认为地下水渗流方向对边坡稳定性具有重要作用。Nieto 和 Barany[56]、Krahn 等[57]研究了浅层土质边坡中非饱和土的基质吸力对边坡稳定性的影响，认为暴雨入渗导致基质吸力减小而造成土体强度降低，从而导致了浅层滑坡的发生。吴宏伟[58]通过研究我国香港地区降雨和滑坡的关系，提出了一种简单的一维垂直入渗模型，并根据抗剪强度与饱和度的经验关系研究地质条件和降雨特征对边坡稳定性的影响。Alonso[59]针对中国香港情况，考虑到土的类型、降雨持时、降雨强度、水分保持曲线的形状和土的渗透性的影响因素，对土坡进行了二维非饱和渗流以及极限平衡法的联合分析，并在渗流分析中采用考虑空气压力变化的耦合型控制方程。陈守义等[60-61]提出了一种考虑入渗和蒸发影响的土坡稳定性分析方法，先求出任意给定入渗和蒸发边界条件下边坡土体瞬态含水率分布，并假定非饱和土抗剪强度与饱和度之间存在一定的函数关系，据此将瞬态含水率分布换算为边坡土体瞬态行间强度参数分布，在此基础上再使用常规土坡稳定分析方法计算土坡瞬态安全系数。黄润秋等[62]在考虑非饱和土强度随吸力变化规律的基础上，假定适当的静力水压力折减系数，应用极限平衡法考虑了降雨对边坡稳定性的影响。朱文彬等[63]根据 Duncan-Chang 模型推导的非饱和土非线性弹性本构模型，在虚功原理基础上得到了饱和-非饱和土的统一整体节点方程，对降雨引起滑坡的机制进行了有益的探索。

1.1.5 库水位作用引起的滑坡研究

水库蓄水也是诱发滑坡的主要因素，与其有关的重大滑坡事件时有发生。如三峡水库在 2003 年 6 月 1 日一期蓄水之后，边坡出现了明显的变形失稳现象，9 月13 日，距离大坝 40 km 的湖北省秭归县千将坪发生了 2 400 余万 m^3 的特大山体滑坡，造成 14 人死亡，10 人失踪，1 200 人无家可归，直接经济损失数千万元[64]。1959 年意大利建成的 262 m 瓦依昂拱坝，当水库水位达到高程 700.00 m 时，大坝上游左岸于 1963 年 10 月 9 日突然发生了体积约 2.4 亿 m^3 的超巨型滑坡，快速下滑体激发的涌浪超过坝顶 100 m，冲毁了大坝下游数公里之内的几座市镇，死亡近 3 000 人[65]。四川宝珠寺水库，1998 年蓄水至正常蓄水位，1999 年出现超 1 万 m^3 的滑坡 11 处，其中营盘乡滑坡体积为 2 000 万 m^3[66]。库水位对滑坡体的影响一直是滑坡机理研究和预测的重要课题，并受到滑坡学界的高度重视。库水位变化诱发的滑坡有两种：一是水位达到敏感水位后滑体内孔隙水压力分布在达到新的平衡过程中，土体饱和使边坡土体的容重增加及潜在滑动面上孔隙水压力增大导致土的抗剪强度降低所产生的滑坡；二是发生在水位消落，特别是快速消落期，由于不利的地下水梯度而造成滑坡。

中村浩之[67]分析了水库滑坡产生的原因，并提出预测滑坡的工程措施，通过对水库滑坡的分析及其实测研究认为，浸水和库水位急剧降低和降雨，是水库滑坡形成的主要因素。钟立勋[68]分析了意大利瓦依昂滑坡灾害形成的地质环境、滑坡类型、形成机理、运动特征、边坡失稳原因及其影响因素和诱发因素，总结出防治水库大坝滑坡灾害的经验和教训，为研究同类型滑坡提供有益的启示。郑颖人等[69]为完善库水位下降情况下边坡稳定性分析方法，根据包辛涅斯克非稳定渗流微分方程，得到了库水位下降时边坡体内浸润线的简化计算公式，并结合算例验证了其正确性。朱冬林[70]分析了某水库初期蓄水过程中滑坡的位移动态和代表性测点位移的规律，预测了未来蓄水及潜在的库水位下降情况下滑坡稳定性与库水位的关系。刘新喜[71]根据三峡水库水位调控方案考虑库区极端暴雨情况，利用有限元模拟库水位在 175.00～145.00 m 范围波动和降雨时红石包滑坡的暂态渗流场，并考虑基质吸力对非饱和土强度的影响，探讨了不同降雨速度、降雨条件对滑坡稳定性的影响。汪斌等[72]在流固耦合理论基础上，以黄土边坡滑坡前缘临江崩滑堆积体作为工程实例，通过对泄水时滑坡流固耦合作用的数值模拟，得到了应力场、变形场及其孔压场的变化规律，研究表明，库水位下降引起的滑带附近的超孔隙水压力是诱使滑坡变形和失稳的重要原因。宋琨等[73]以三峡水库库首黄荆树滑坡实例为计算模型，研究在滑体渗透性和库水位变动条件下的滑坡稳定性变化规律，其结果对于库区滑坡的监测预警有较强的应用价值。贾官伟等[74]通过大型模型试验研究了水位骤降导致临水边坡滑坡的原因及失稳模式，即坡外水位骤降时，坡内水位下降速度显著滞后于坡外，产生指向坡外的渗流，是滑坡产生的重要原因。赵代鹏等[75]基于重大涉水滑坡分类，针对浮托减重型滑坡，运用自主研制的滑坡模型试验系统，建立了浮托减重型滑坡模型并进行了库水升降作用试验，研究表明，库水位升高时滑坡模型体内有效应力随之降低，库水位降低时有效应力随之增大。夏敏等[76]探讨了库水位升降对滑坡地下水的动态作用机理，以三峡库区石榴树包滑坡为例，采用有限元法模拟了 5 种工况下库水位升降速率及不同渗透系数下滑坡体内地下水的暂态流场特征。王新刚等[77]对库水位骤然上升与下降时的滑坡位移和应力场进行分析，研究应力-渗流耦合作用下抗滑桩加固滑坡的位移和受力特征，探讨了滑坡-抗滑桩相互作用体系的防治效果。罗先启[78]研究了雨水及库水位作用下滑坡模型试验研究成果，建立了室内人工降雨控制系统、水库水位控制系统、大型滑坡试验平台起降控制系统等，以石榴树包滑坡为例，研究了水库型滑坡变形破坏规律。李晓等[79]以三峡库区白衣庵滑坡为例，建立了相应的降雨分析模型和库水位调控模型，提出了一种考虑降雨与库水位逐日变化的边坡地下水非稳定渗流场的计算模式。李邵军等[80]以三峡库区边坡抗滑桩加固工程为例，利用离心机模型试验手段，模拟库区蓄水和水循环变化条件下失稳边坡的抗滑桩加固机制。张均峰等[81]通过对分层的边坡在水位变化时滑坡的模拟实验，考察了分层坡体的滑坡模式、坡体变形、破坏和渗流引起的滑坡，重点考察了水位涨落速度对边坡坡体的稳定影响，以及坡面从产生张拉裂缝直到形成滑面的整个过程，并对这类滑坡中的现象给出了定性解释。Wang 等[82]通过研究三峡库区树坪滑坡 2004 年 8 月至 2007 年 7 月的监测资料，发现水位下降对滑坡变形影响最大。周跃峰等[83]以甘肃省黑方台区域为背景，通过离心模型试验与应力路径试验相结合的手段，研究了地下水位抬升引发的牵引式黄土滑坡的演化模式和力学机理，提出饱水黄土在上覆荷载下因孔隙水压力增大而失稳，在荷载条件下使应力重分布，导致局部剪切带发展并逐渐形成贯通的破坏面，边坡表现为牵引式破坏模式，研究成果有助于深入认识水位抬升引发牵引式滑坡的演化模式和力学机理，为治理类似滑坡提供科学依据。唐辉明等[84]和柴军瑞等[85]分别对三峡库区赵树岭滑坡和泄滩滑坡渗流场与应力场耦合作用进行了有限元分析，将渗流场的水力作用加到了应力场的分析中，对不同库水位作用下渗流场的变化规律以及对应应力场产生的影响进行了探讨。马崇武等[86]在平面应变条件下，采用莫尔-库仑强度准则和相关流动法则，对地下水位升高过程中平移模式下的黏土无限边坡进行了弹塑性分析，研究表明，土坡初始应力状态和抗剪强度指标对地下水位升高过程中滑坡前塑性区的厚度、坡体内塑性应变和水平位移的发展有很大的影响。

水库边坡滑坡的危害主要包括以下三个方面：①大量岩土体滑入水库中，减少了水库的有效库容，甚至把水库变成石(泥)库而使水库报废(如意大利瓦依昂水库)；②滑坡直接摧毁工程建筑物，如大坝、厂房等建筑物；③滑坡体高速滑入水库中，造成巨大的涌浪，直接危害大坝及下游人民生命财产安全[39]。

对于库水位诱发滑坡成因机理，国内外学者做了大量的研究工作，研究表明，水库边坡滑坡除了具有一般山地滑坡的基本特征外，其特征在于水库蓄水使滑坡地质环境发生了变化，主要表现在以下几个方面：

(1) 水库蓄水造成岩土体的强度软化效应和悬浮减重效应而可能改变滑坡体的稳定性态。

(2) 库水位的骤然变化(升、降)产生了动水压力，可能诱发滑坡体的变形与破坏。

(3) 在蓄水过程中处于水面以下的岩土体在水库水位下降过程中可能发生固结沉降，从而产生坡体的变形破坏。

(4) 水库的蓄水可能会诱发地震,而地震可能触发滑坡的变形和破坏。

库水位诱发滑坡分为直接诱发型和间接诱发型。直接诱发型主要指边坡在库水位的作用下产生变形或失稳,包括软化效应及悬浮减重效应、边坡再造诱发型和水压力诱发型。

软化效应主要是指黏性土在水的浸泡下其吸附水膜的厚度显著增大,从而使得抗剪强度参数 c(黏聚力)、φ(内摩擦角) 值下降,黏性土中蒙脱石含量高时该效应尤为显著。

悬浮减重效应又称为孔隙水压力效应,当岩土体孔隙为重力水饱和时,水对固体骨架产生一种正应力,其矢量指向孔隙壁面,在土体中则为孔隙水压力,某点孔隙水压力的值为:

$$p_w = \rho_w g h \tag{1-1}$$

式中:ρ_w 为水的密度;g 为重力加速度;h 为水头高度。

孔隙水压力对岩土骨架起浮托作用,从而消减了通过骨架起作用的有效应力,其关系式为:

$$\sigma' = \sigma - p_w \tag{1-2}$$

式中:σ' 为有效应力;σ 为重力加速度。

孔隙水压力对岩土体强度的影响,用莫尔-库仑破坏准则来描述:

$$\tau_f = (\sigma_n - p_w)\tan\varphi + c \tag{1-3}$$

式中:σ_n 为破坏面上的法向应力;p_w 为破坏面上的水压力;c 为黏聚力。

孔隙水压力的存在消减了有效正应力,使潜在滑面上的抗剪强度降低,以致失稳滑动。

水压力诱发型滑坡是指地下水在土体孔隙渗流时,会对其周围骨架产生渗透压力或动水压力,如果动水压力指向坡外,则降低边坡上岩土体的稳定性,甚至会引起边坡滑坡。

边坡再造诱发型滑坡是指水库蓄水后必然引起边坡再造。国内外大量研究表明,边坡再造影响范围在库水位以上 30～50 m,由于库水淘蚀及边坡的坍塌对边坡的稳定性极为不利,特别是如果边坡滑坡处于边坡再造影响范围,则滑坡的稳定性会更差。

1.1.6 滑坡预测预报模型研究

滑坡与自然界的其他事物一样,其存在是一个孕育、发展、消亡的演化过程。边坡滑坡在不同阶段伴随着不同的宏观变形破坏迹象,王尚庆[87]等建立了新滩滑坡的变形阶段评判标准，见表1.2。与地震自然灾害相似，滑坡前也表现出多种宏观前兆，黄润秋[53]统计了一些滑坡前具有明显宏观前兆的滑坡，见表1.3。滑坡预报研究比较晚，多数学者认为，日本学者斋藤在20世纪60年代提出的滑坡预报经验公式可作为滑坡预报研究工作的起点。之后滑坡预报理论和方法有了较大的发展，经历了从现象预报、经验预报到统计预报、灰色预报再到非线性预报的历程，目前已经进入系统综合预报、实时跟踪动态预报、数值预报阶段。综合国内外提出的预报模型和方法，大致分为以下4类[53]，见表1.4。

表1.2 新滩滑坡变形阶段与评判指标

评价指标	缓慢变形阶段	匀速变形阶段	加速变形阶段	临滑阶段
裂缝	主滑区地表局部出现近南北方向的长大裂缝	雨期原地表裂缝复活，有新的扩展变形迹象	滑体后缘及两侧出现羽状张裂缝，并逐渐扩展，趋于连通，呈现整体滑移的边界条件	裂缝形成弧形拉裂圈，并急剧加长、增宽、下沉，新裂缝不断产生
隆起与沉陷	无明显隆起与沉陷现象	滑体局部有较小的隆起与沉陷变形	滑体后部张拉下沉，前缘坡脚出现剪胀异常	滑体后部急剧下沉，前缘出现鼓包，路面隆起
崩塌	滑体后缘、西侧上方的危岩体时有小崩塌	滑体后缘广家崖逐年崩塌加载，数量达160万m^3，前缘陡坎有小规模崩滑发生	雨期滑体前缘小崩塌现象时有发生	滑体后部大幅度沉陷，前缘崩塌日夜不断，频次逐渐增高，规模逐渐增大
变形量	变形微弱，月变形速率小于10 mm，坡体呈现向下蠕动趋势	变形量逐渐增大，月变形速率为10～50 mm，近似于匀速运动	变形量显著增大，月变形速率为50～100 mm，蠕变曲线变化呈现不可逆的增值现象，位移矢量角发生显著变化	变形量急剧增大，位移处于峰值，月变形速率大于100 mm或更大，蠕变曲线出现拐点，斜率变化突增变陡，趋于90°
变形量与降雨关系	变形量与降雨关系不明显	当月降雨量大于200 mm时，变形出现突变，而且有滞后现象	当月降雨量小于200 mm时，仍出现突变，而且有滞后期缩短的现象	变形与降雨近于同步
地下水动态	滑体内地下水无明显异常变化	滑体内地下水比正常值高，泉水流量增大或减小	滑体内地下水位维持高水位，泉水冒砂变浑，流量大幅增大或减小，主滑区坡脚泉水干枯	滑体剪出口附近水位升降异常，湿地面积突然增大，剪破一天比一天严重，率先发生70万m^3滑坡
其他	滑体后缘广家崖和西侧黄岩逐年崩塌加载堆积，促使边坡开始蠕动变形	1982年5月，主滑区姜家坡陡岩坍塌3万m^3土石	主滑区坡体上树木南侧，前缘率先出现崩滑体，伴有小崩、小滑体产生	出现地微动、地声、地热及经纬仪气泡整置不平等异常现象

表 1.3　滑坡滑动前宏观前兆异常特征表

滑坡名称	滑坡前宏观前兆异常特征
广元市大石区滑坡	滑坡前，发现大、小猴子下山糟蹋庄稼
贵州平溪特大桥滑坡	滑坡在 2003 年 5 月 11 日发生，滑坡发生前半小时内听见狗狂叫
三峡库区千将坪滑坡	滑坡在 2003 年 7 月 14 日发生，滑坡发生前数天内，青干河滑坡部位突然鱼群聚集，致使周围渔民纷纷聚集于此打鱼
四川马头嘴滑坡	1981 年 7 月 16 日 4 时，地裂缝迅速扩大，随着一声巨响滑坡开始滑动。滑坡发生前地声很明显，滑坡前曾有牛不进圈等动物异常前兆，滑坡后也有鼠爬竹子等动物异常现象
资中枣树公社滑坡	滑坡前 3 d，地面鼓包开裂，冒出浑水；滑坡前 1～2 d，发现家蜂陆续飞逸
南江县大滑坡	1974 年 9 月 14 日发生大滑坡前 1 d，于滑体前缘突然冒出一股泉水，14 日 7 时泉水流量增大，水变浑，至 8—9 时出现喷泉，9 时 20 分就发生了大滑坡

表 1.4　滑坡预报模型和方法表

	滑坡预报模型及方法	基本特点	适用阶段	备注
确定性预报模型	斋藤迪孝模型	用严格的推理方法，特别是数学、物理方法，进行精确分析，得出明确的推力判断	加速蠕变阶段	以蠕变理论为依据，建立了加速蠕变经验方程，其精度受到一定限制
	Hock 法			
	Kawawura			
	蠕变试验模型			
	福囿边坡时间预报法		临滑预报	以蠕变理论为基础考虑了外动力因素
	蠕变样条联合模型			
	滑体变形功率法		临滑预报	以滑体变形功率作为时间预报参数
	滑坡形变分析预报法		中短期预报	适用于黄土滑坡
	极限分析法		长期预报	
类比分析法	宏观信息预报模型	通过与被测对象相近似参照对象的比较，类推被测对象的未来发展	变形阶段预报	采用变形迹象和前兆异常开展综合信息预报
	黄金分割法		中长期预报	
	力学图解分析法		用作崩塌判据，可以判定破坏形式	
	综合信息预报模型		短期和临滑预报	

续表

	滑坡预报模型及方法	基本特点	适用阶段	备注
非线性预报模型	BP 神经网络模型	依据非线性理论建立的各种模型	中短期预报	尤其适合短期预报，短期预报精度高
	协同预测模型		临滑预报	联合模型预报精度比单个模型的精度高
	滑坡预报的 BP-GA 混合算法		中短期预报	
	协同-分岔模型		临滑预报	
	突变理论预报		中短期预报	
	动态多维跟踪预报		中长期预报	
	非线性相关学模型		长期预报	可以跟踪预报边坡的最短安全期
	位移动力学分析法		长期预报	
统计预报模型	灰色预报模型	以因果关系分析和统计关系分析为基础建立的各种预报模型	短期和临滑预报	模型预测精度取决于模型参数的取值，优化 GM(1，1)模型也适用于滑坡的中长期预报，逐步迭代法 GM(1，1)模型计算精度较高
	生物生长模型（Pearl、Verhulst 模型、Verhulst 反函数模型）		短期和临滑预报	在加速变形阶段预报精度较高
	曲线回归分析模型		中短期预报	多属于趋势预报和跟踪预报，当滑坡处于加速变形阶段时，可以较准确地预报剧滑时间
	多元非线性相关分析法			
	指数平滑法			
	Kalman			
	时间序列预报模型			
	马尔科夫链预测			
	模糊数学法			
	泊松旋回法			
	动态跟踪法			
	边坡蠕滑预报模型			
	梯度-正弦模型			
	正交多项式最佳逼近模型			
	灰色位移向量角法		短期和临滑预报	主要适用于堆积层滑坡

1. 确定性预报模型

确定性预报模型是把有关滑坡及环境的各类参数用测定的量予以数值化，用严格的推理方法，特别是数学、物理方法，进行精确分析，得出明确的预报判断。

(1) 斋藤迪孝模型

日本学者斋藤迪孝于1968年提出了蠕变破坏三个阶段理论，基于岩体加速蠕变经验公式建立了加速蠕变经验微分方程，为：

$$\ln(t_f - t) = a - b \ln^{\frac{d\varepsilon}{dt}} \tag{1-4}$$

式中：a、b 为材料常数，由试验确定；t_f 为破坏时刻。

采用作图法建立了滑坡灾害发生的时间预报模型，为：

$$t_r - t_1 = \frac{1/2\,(t_2 - t_1)^2}{(t_2 - t_1) - 1/2(t_3 - t_1)} \tag{1-5}$$

式中：t_1、t_2、t_3 为位移-时间曲线上相对位移量相等的三个点所对应的时间；t_r 为边坡发生破坏的时间。

1970年日本高场山隧道滑坡、大井山铁道滑坡即采用此法进行了成功预报。该法由于是以土体蠕变理论为基础的，因此适用于前缘不受阻的土质滑坡。宋克强等[88]通过野外调查、室内试验和模型试验，对古刘滑坡蠕变破坏过程做了较全面的论证，从而得到一些黄土滑坡的破坏规律，并提出预报蠕变滑坡的方法，可用于黄土滑坡的预报。

(2) 滑体变形功率法

滑体变形功率法的基本原理是滑坡产生的力学过程实质上是滑带塑性区的发育和发展过程，即滑带岩土体渐进破坏，或者滑带塑性区逐渐发展，滑面全部贯通并达到极限破坏。每一次剧烈滑坡时都有一个破坏功率，破坏前有一个变形功和变形功率。

$$\int_0^t \int_v F_i V_i \,\mathrm{d}v \mathrm{d}t = \int_v F_i S_i \,\mathrm{d}v \tag{1-6}$$

式中：F_i 为某点滑体体积力的滑动分力；V_i 为该点的位移速度；S_i 为相应点的位移；v 为滑体速度；t 为滑动时间。

该方法综合考虑了全场的位移、位移速度、滑坡体力、滑带强度和滑面形状等基本因素，基本上把握和控制了滑坡变形的动态变化与规律，该方法在甘肃黄茨大滑坡中得以应用。

(3) 极限分析法

极限分析法是以安全系数为判据的一种滑坡预报方法。当天然边坡处于极限状态时,滑坡面上各个点处的土体将发生塑性流动,根据物体塑性流动中的能量消耗原理得知,在岩土体下滑时,其内部所消耗的能量等于土体上全部外力所做的功,极限分析公式为:

$$F_s=\frac{\sum_{i=1}^{n}C_i l_i \cos\alpha_i \cos\varphi_i+\sum_{i=1}^{n}\overline{C_i}H_i\cos\overline{\varphi_i}\sin(\alpha_i-\alpha_{i+1})}{\sum_{i=1}^{n}F_{xi}\cos\alpha_i\cos(\alpha_i-\varphi_i)+\sum_{i=1}^{n}F_{yi}\cos\varphi_i\sin(\alpha_i-\varphi_i)} \tag{1-7}$$

式中:F_{xi} 为水平方向力;F_{yi} 为垂直方向力;l_i 为弧段长;C_i 为有效黏聚力;α_i 为土条底倾角;φ_i 为土条间作用力与水平线的夹角。

当 F_s 的临界值已知时,即可求得边坡失稳破坏时间 t。

(4) 其他

熊传治等[89]采用二维离散元软件 UDEC 对富矿坞露天矿北帮 301 m 高边坡分 4 步开挖做数值模拟,对实测与计算的边坡点综合位置、实际与计算的边坡变形破坏特征做了对比,得出边坡破坏模式为倾斜-滑移式滑坡。丁继新等[90]详细研究了三峡地区部分县市的滑坡和降雨历史资料,从滑坡与降雨量、暴雨以及降雨时间三个不同角度的关系分析了降雨与降雨型滑坡的关系,提出了一种预报降雨型滑坡的新方法,定量化地描述了降雨型滑坡的易发程度。许东俊等[91]介绍了以多年边坡位移监测资料为基础预测滑坡时间的两种方法,第一种是根据位移-时间曲线,以从等速蠕变阶段转入加速阶段的位移速率作为滑坡临界速率;第二种是用时间序列分析法,根据前几年位移规律预测后几年位移发展趋势,并利用国内外滑坡实例确定的滑坡位移速率作为滑坡判据。

2. 统计预报模型

统计预报模型与确定性预报模型相反,不能用明确的函数关系表达其数学关系,主要是运用现代数理统计的各种统计方法和理论模型,着重于对现有滑坡及其地质环境因素和其外界作用因素关系的宏观调查与统计,获得其统计规律,并用于拟合不同滑坡的位移-时间曲线,根据所建模型做外推以进行预报。

(1) 灰色预报模型

灰色系统理论是我国著名学者邓聚龙教授于 1982 年创立的,从理论上看,灰色系统理论综合了滑坡产生的影响因素,并通过丰富而量化的数学方程概化出预报关系。灰色预报模型在实际应用方面取得了一些成功范例,如甘肃天水黄龙西村滑坡和湖北宜昌新滩滑坡预报。刘辉文等[92]以实测蠕变变形时间序列为基础，提出了一种运用灰色系统理论建立灰色预测模型进行岩体蠕变预测、蠕变收敛的判别及滑坡预报的分析方法，实例检验表明这种方法是合理可行的。王冬等[93]应用灰色模型对滑坡变形进行了预测，基于统计的方法得出白店子滑坡灰色预测模型最佳数据序列长度，建立GM(2, 1)模型对该滑坡深部位移进行预测，并与GM(1, 1)模型预测结果进行了对比，结果表明，GM(2, 1)模型总体精度略高，预测误差较小，有很好的应用价值。

(2) 生物生长模型

Verhulst 模型是德国生物学家 Verhulst 于 1987 年提出的一种生物生长模型，认为生物的繁衍、生长、成熟、消亡过程，可以用该模型进行描述和预测。晏同珍等[94]考虑到滑坡的演变也有一个变形、发展、成熟和破坏的过程，将该模型引入到滑坡时间预报研究中。孙景恒[95]基于生物研究领域的 Pearl 方法提出了 Pearl 生长曲线模型，其特征表现为下部比较平缓，曲线斜率较小，生长速度较慢，中部斜率较大，生长速度最快。李天斌[96]根据边坡变形破坏的位移量化曲线更接近 Verhulst 反函数曲线，提出了 Verhulst 反函数模型。生物生长模型一般在获得了边坡加速阶段资料的情况下，其预报精度才能较高。

(3) 曲线回归分析模型

曲线回归分析方法是在大量实验观测资料的基础上找出这些变量之间的内部规律性，从而定量地建立一个变量和另外多个变量之间的统计关系表达式。由于大多数滑坡位移-监测动态数据系列的散点图形极其类似于某种二次曲线，可以拟合回归曲线方程做外推预报，位移加速度段可拟合为：

$$y = c + bx + ax^2 + \delta \tag{1-8}$$

式中：δ 为随机因素对位移量 y 的影响值，利用最小二乘法和求极值原则求出待定系数；a、b、c 为常数。

王旭华等[97]研究发现滑坡预报方法与正态分布曲线相似，基于此提出了用修复的正态分布曲线拟合蠕变曲线的方法和模型，同时，考虑岩土工程的随机性和模糊性，应用模糊优选理论对有关数学模型解算中权的确定进行了研究，并给出了相应的计算权重的模型，实际计算表明该方法具有一定的实用性。陈剑等[98]通过结合降雨条件和地质环境条件，提出了一种新的滑坡预报模式，即利用数理统计分析，提出利用最大 24 h 降雨强度和前 15 d 实效雨量作为滑坡灾害发生的短期预报判据，并以重庆市区为研究对象，选择岩性组合、地形坡度、边坡形态、岩体结构和水文地质五大因素及其 21 种状态为预测变量，利用信息量法进行了滑坡度的分区，将预警信息及时发布，从而达到防灾避灾目的。周国兵等[99]根据重庆市国土资源局对重庆市地质灾害易发程度等级区划对滑坡个例进行了分类统计，结果表明，降水对不同滑坡危险等级区域的影响不同，越容易产生滑坡的区域其前期降水对其的潜在影响越大。李媛等[100]以四川雅安市雨城区为研究区，将逻辑回归模型引入区域降雨型滑坡预警预报，建立了同时考虑降雨强度和降雨过程的降雨临界值表达式，提出了区域型降雨滑坡预警指标。马力等[101]通过对重庆1 615个滑坡个例与其发生前 10 d 降水量值做统计分析，揭示了降水量、滑坡发生时间、滑坡发生概率三者之间的关系，由此给出了诱发滑坡的有效降水量定义、计算思路和计算公式，并依此建立了强降水诱发的滑坡预报模型，其揭示的降水权重系数变化规律，从滑坡单体位移资料中得到了验证。陈洪凯等[102]引入考虑强降雨作用下土质滑坡表层的最大入渗深度，并考虑滑坡体后缘拉张裂缝水压力，修正了工程上常用于确定滑坡稳定系数及滑坡推力的传递系数法，结合采用有效累计降雨量和当日最大降雨量两个指标建立的降雨型滑坡统计预报模型，构建了重庆地区降雨型滑坡统计-降雨入渗耦合预报模型，实现了对重庆境内典型单体滑坡在强降雨条件下发生可能性的预报。

3. 非线性预报模型

(1) BP 神经网络模型

BP 神经网络是以 Rumelhart 和 Mccelland 为首的科学小组于 1986 年提出的一种神经元模型，是目前应用最广泛的神经网络之一。其基本原理是网络通过对已知样本模型模式进行自适应、自组织地反复学习，掌握该类样本的特征，并将这些特征存储于网络间的连接权中，可以用已经训练好的网络对未知样本进行预测和拟合。边坡的滑坡是一个渐进过程，其变形随着时间的推移呈现不断增长的趋势，根据边坡滑动的特征，可构造出滑坡预测的 BP 神经网络模型。BP 神经网络模型比较适用于滑坡中期、短期预报。吴益平等[103]根据滑坡位移时间序列单调增长的特殊性和非线性，运用响应成分模型将滑坡位移量分解成具有确定性的趋势和具有不确定性的随机项，建立灰色-神经网络模型对趋势和随机项进行预测，并将该模型应用于基于实测位移资料的茅坪滑坡变形期预测。

(2) 协同预测模型

黄润秋等[53]基于边坡从出现断续的结构面到形成贯通的滑面以及最后滑坡发生的整个演化过程中各个子系统之间的运动会出现一种合作和协同效应，并遵从非线性系统的演化规律，提出了描述边坡体系发展演化的演化方程：

$$\dot{u}=\frac{\mathrm{d}u}{\mathrm{d}t}=au-bu^{3} \tag{1-9}$$

式中：u 为快变量；a、b 为常数。

用最小二乘法拟合求出 a、b 值，可以用于边坡失稳的时间预测，实例验证表明，协同预测模型对于滑坡的临滑预报有较高精度。黄志全等[104]基于单状态变量摩擦定律，把协同学和分岔理论联系起来，建立了边坡失稳时间预报的协同-分岔非线性理论模型，通过对新滩滑坡的预报，证明了该方法精度较高。秦四清等[105]对非线性动力学系统理论在边坡和滑坡预报方面的研究进展做了评述，分别对滑面介质本构方程、失稳判据、水的作用机制、蠕变三阶段的理论解释、滑坡物理预报模型、预报指标与混沌模型的建立等进行了评述，最后指出了进一步研究的方向与课题。周小平等[106]考虑滑面介质的流变特性并结合滑坡监测资料，运用尖点突变模型中状态变量的突变来反映滑体的突滑，建立了一个滑坡时间预报模型，基于突变理论，分析了单滑面滑坡的失稳机制，将该理论模型应用于某滑坡工程中。贺可强[107]根据分形理论原理，在系统分析堆积层滑坡的物质组成和位移失稳规律的基础上，对该类滑坡的位移失稳具有的非线性、突变性和分形降维特性进行了较为深入的分析与研究，并分别以三峡库区典型堆积层滑坡——新滩滑坡和黄蜡石滑坡为例，计算滑坡位移失稳过程的 Hurst 指数。童志怡等[108]根据滑坡位移随时间变化的规律，建立了滑坡位移演化的逐代遗传模型，求解滑坡每代的位移和稳定系数，在此基础上对沪蓉西高速公路湖北省宜昌—恩施段古树屋滑坡的位移变化进行了分析，结果表明，该模型的位移计算结果合理、简单可行，并通过对稳定系数的研究提出了滑坡稳定性判断的一个新依据。

4. 类比分析法

(1) 黄金分割法

黄金分割法认为滑坡系统的非线性非稳定变形阶段的历时是线性稳定变形阶段历时的 0.68 倍，这种方法对滑坡的中长期预报精度较高，一般只要线性阶段的历时确定得足够精确，则该方法具有足够的精确度。

(2) 力学图解分析法

滑坡的发生、发展是一个力学过程，必然会在滑坡中遗留下反映其不稳定性状、规模和过程的力学形迹。力学图解分析法就是通过这些力学形迹确定滑坡的变形机理和力学模式，对滑坡的稳定性状态做出预测，该方法可以用作崩塌判据，也可以用来判定破坏形式。

(3) 综合信息预报模型

综合信息预报模型主要是以滑坡开始变形直至最终破坏过程中所表现出来

的各种前兆、迹象等为依据，以模糊判断、加权平均等方法为主建立的与各类滑坡特征相适应的预报模型，该方法直观适用、便于操作。王元汉等[109]根据 Fuzzy 数学原理，采用 Fuzzy 综合判断方法对岩土边坡稳定性进行评判，考虑到影响边坡稳定性的因素较多，采用二级综合评判模型，同时选用不同的权数分配，使评判结果更精确合理。万全等[110]为提高滑坡预报的准确度，提出了在滑坡原型调研和机制研究的基础上，以滑坡的监测资料为依据，通过监测点的选取、监测信息的处理和变形阶段的判别，选择多个与所预报滑坡相适宜的预测预报模型对滑坡的滑动时间进行预测预报，并对多个模型的预报结果进行综合评判得出预报结果，最后以黄龙西村滑坡实例进行了应用。孔纪名等[111]从滑坡形成条件、变形状态、诱发因素的方式和影响程度的动态分析入手，结合滑坡加速变形破坏阶段的位移历时特征，建立了滑坡预报模型，实现对滑坡的预报，该方法与其他滑坡预报方法相比，具有综合性强、较好地确定滑坡发育状态和准确判别等特点。

1.1.7 非饱和土强度理论研究

抗剪强度可视为土体在外力或内力作用下，在破坏面单位面积上的最大阻力，主要取决于土的应力状态。抗剪强度在承载力、侧向土压力、边坡稳定等水工、岩土问题中是最重要的力学参数之一。

大量研究表明，残积的非饱和覆盖层边坡在降雨过程中，降水使土体饱和导致边坡出现破坏[115-119]，说明在非饱和边坡中基质吸力作为一种特殊的“有效应力”增强了土体的剪切强度，该基质吸力以一种“表观黏聚力”表现出来；土体饱和过程将会导致表观黏聚力的丧失并促使边坡沿潜在的滑移面滑动[119]。

(1) Bishop 有效应力及强度原理

Bishop 等提出了非饱和土有效应力原理[120-121]，认为非饱和土的外应力是由非饱和土骨架、孔隙水和孔隙气体共同分担，土骨架上的应力直接影响了土体的变形和强度，即土体的有效应力是一种平均应力。

$$\sigma' = \sigma - u_a + \chi(u_a - u_w) \tag{1-10}$$

式中：σ' 为有效应力；σ 为总应力；u_a 为孔隙气压；u_w 为孔隙水压；χ 为有效应力参数，含水率参数介于 0～1.0。

将式(1-10)代入到莫尔-库仑公式中，得到 Bishop 非饱和土强度公式：

$$\tau_f = c' + [\sigma - u_a + \chi(u_a - u_w)]\tan\varphi' \tag{1-11}$$

式中：c' 为有效黏聚力；φ' 为有效强度参数。

Bishop 强度理论已经得到广泛认可和应用[122-126]，但是该理论有明显的不足之处；如参数 φ' 与基质吸力无关的假定与实际不符，由于确定有效应力参数复杂性和该值通过体积变化性状测定同通过抗剪强度测定的不一致性限制了 Bishop 原理的在实际工作中的使用。

(2) Fredlund 强度理论

土体的性质通过土体结构平衡的应力状态变量控制，通过 u_w、u_a 和总应力σ等表示。Fredlund 等使用应力状态参数 $(\sigma-u_a)$、(u_w-u_a)，基于多相连续介质力学理论对非饱和土进行了应力分析[127-128]，为了考虑基质吸力对土体剪切强度的影响，对莫尔-库仑破坏准则进行了扩展：

$$\tau=c'+(\sigma-u_a)\tan\varphi'+(u_a-u_w)\tan\varphi^b \tag{1-12}$$

式中：c' 为有效黏聚力；φ' 为有效摩擦角；u_a 为孔隙气压力；u_w 为孔隙水压力；φ^b 为剪切强度随基质吸力增加而增加的角度，一般为基质吸力和有效摩擦角的函数。常见的函数有以下几种：

线性函数：

$$\varphi^b=\varphi'-a(u_s-u_{sb}) \tag{1-13}$$

式中：u_{sb} 为非饱和土的进气值；u_s 为吸力；a 为试验常数。

幂函数：

$$\tan\varphi^b=au_s^{-b}\tan\varphi' \tag{1-14}$$

双曲线函数：

$$\tan\varphi^b=\frac{\tan\varphi'}{1+au_s} \tag{1-15}$$

式中：u_{sb} 为非饱和土的进气值；a 为试验常数。

线性函数为：

$$c_{app}=c_d-c'=(u_a-u_w)\tan\varphi^b \tag{1-16}$$

式中：c_{app} 为表观黏聚力；c_d 为天然含水率的土样排水剪切情况下得到的总黏聚力；c' 为同样的土样在饱和条件下得到的有效黏聚力。

$$c_{app}=a\ (u_a-u_w)^n \tag{1-17}$$

由于精确地控制或量测非饱和土基质吸力 (u_a-u_w) 的难度较大，而用于测试非饱和土强度的改进三轴或直剪试验存在仪器精密复杂、费用高、历时长等缺点，因此强度公式(1-12)很难被推广应用于实际工程。因此，Oloo 等[129-130]通过非饱和土的剪切试验，指出借助非饱和土的土水特征曲线（Soil water characteristic curve，SWCC)，由土体含水率指标可以间接确定具有较高准确性的强度参数 φ^b。

1.2 水库大坝边坡安全监测、隐患探测研究现状

1.2.1 水库大坝边坡安全监测和滑坡隐患探测技术

水库大坝边坡监测常用的内观变形传感器型式包括：差动电阻式、振弦式、差动电容式、差动电感式、步进马达式、CCD 式以及最新发展起来的光纤传感器。外观变形监测主要采用各种大地测量仪器，如精密经纬仪、水准仪、全站仪、激光准直系统等。近几十年来，国内结合一些重大工程的研究成果先后确定了一批可供选型的监测仪器，这些仪器的技术指标、适用条件、稳定性等也有相应的评定标准，仪器的安装埋设与观测的标准化、程序化和质量控制措施也在逐步形成、完善。我国还相继编制了多种安全监测规程、规范、指南和手册，如《土石坝安全监测技术规范》(SL 551—2012)等。但随着监测技术的不断发展，传统的监测技术逐渐无法满足现代岩土工程越来越复杂的研究对象和日趋复杂的使用环境要求，出现了以光纤测试技术、非量测相机近景摄影测量技术及全球定位系统 GPS 测量技术为代表的现代信息和监测技术[131-132]。利用高性能智能传感组件、无线传输网络和信号采集系统，采用多参量、多传感组件，数据智能处理与数据动态管理方法，进行实时监测、安全预警和可靠性预测成为监测仪器的发展方向。

在监测资料自动采集系统研究方面，对于埋设了大量仪器的重大工程监测项目，对所有的测点/仪器完全实行人工测读是不现实的，更不能实时了解工程的安全状态，因此必须采用自动化监测系统。自动化监测系统一般由 5 部分组成，即传感器层、数据自动采集单元层、现场监控终端层、远程监控终端层及网络层。国外大坝安全监测领域，20 世纪 60 年代开始从事观测自动化研发，70 年代进入实用阶段，监测系统目前已经从集中控制型发展到分散控制型；80 年代中后期，随着微电子和计算机技术的发展，各国发展了分布式监控数据采集系统，即在现场设置多台小型化测量控制装置，分别对仪器进行自动监测，并通过数据总线传送到后方控制中心的计算机，如意大利 ISMES 研究所研制的微机辅助监测系统

(MAMS),美国 Geomation 公司的 2300 系统、Rocktest 公司的 SENS-LOG Data Acquisition System 系统和 Sinco 公司的 IDAS(Intelligent Data Acquisition System)系统等。我国的安全监测自动化研制工作起步于 20 世纪 70 年代中期,中国科学院成都分院研制的第一台差动电阻式应变计自动化检测装置应用于龚咀水电厂;经过“七五”攻关和 30 余年的努力,一批具有相当水平的自动监控系统逐渐涌现,如南京自动化研究所研制的 DAMS-4 型智能型分布式数据采集系统和 DSIMS 大坝安全监控系统,南京水利水文自动化研究所研制的 DG 型分布式大坝安全监测自动化系统等[133-135]。

1.2.2 水库大坝边坡监测和监控指标研究现状

水库大坝边坡监测数据属于一类结构化信息,表现了水库大坝边坡的实际运行性态,诸多学者通过对监测数据的分析,并结合数值分析等手段,研究了大坝边坡的安全监测方法。主要包括:监测数据的去噪、监测信息挖掘、监控模型建立及监控指标拟定等方面。

在监测数据的去噪、监测信息挖掘方面,徐洪钟等[136]较早基于小波理论,对大坝及边坡监测数据的异常信息进行了去噪和缩减;王建等[137]综合大坝监测系统多传感器的相似变化规律,实现了数据的处理和趋势提取;K Lehner 等[138]基于开源数据挖掘工具 Weka 研究了多源传感器监测数据的处理和挖掘方法;杨阳[139]等基于监测信息的特征值和测点属性,提出了监测信息的多维度挖掘及可视化方法;Maryam Ilanloo[140]应用模糊逻辑分析监测数据建立滑坡敏感性因子,实现了对大坝周边滑坡的危险性挖掘;Roger Ghanem 等[141]结合实测数据分析了大坝的多种不确定性信息,提出了基于随机有限元的数据挖掘模型;Luciano Telesca 等[142]将混沌理论用于大坝在地震影响下的监测数据处理,研究了大坝运行性态变化规律。

在监控模型研究方面,Imbrogno 等[143]最早对大坝原型监测资料进行研究,利用回归分析法建立了统计模型;陈久宇[144]将统计回归理论应用于大坝原型监测资料的分析,对分析成果加以物理成因解释;吴中如等[145]研究了监控模型中时效变形的表达式;F Ganelli 等[146]提出了一种基于监测数据的结构缺陷识别方法,建立了尾矿坝的结构安全性分析模型。目前,随着大量人工智能方法的提出,大量基于智能算法的监控模型逐渐成为研究的热点[147-148]。

国内对监控指标的研究较为深入,提出了基于置信区间、小概率、极限状态等理论的指标拟定方法。郑东健等[149]基于结构分析法,建立了变形、渗流等监控指标的拟定方法;杜效鹄等[150]研究了坝坡抗滑稳定安全系数及其可靠度,建立了坝坡稳定的安全系数指标。在这些研究的基础上,监控指标的拟定方法逐渐从结构计算的确定性分析向信息的不确定性分析方面发展。何金平[151]总结不确定性问题的信息熵理,应用熵理论确定了大坝安全综合评价中的指标权重;徐昆振等[152]基于粗糙集理论,从概率论和信息论的角度建立了大坝多效应量融合的监控指标。国外专门针对监控指标的研究较少,大多从大坝监测数据变化规律和取值范围出发,研究大坝安全状况与监测信息的关系。Y Kalkan 等[153]基于大坝沉降数据,对 Atatürk 大坝安全进行了分析;Panagiotis Michalis 等[154]基于变形监测数据,研究了土石坝边坡的长期变形规律和长期安全趋势。

1.2.3 水库大坝滑坡监控预警平台研究及应用

近几年来,伴随互联网、移动互联网、物联网、云计算等新一代技术的应用和推广,人类产生的数据成倍增长,数据种类繁多,在各个领域,数据的待开发价值越来越大[155-156]。如在商业领域,应用大数据实现客户需求分析;在医疗领域,应用大数据预测疾病并制定出最新的治疗方案;在城市管理领域,智慧城市运用信息和通信技术、大数据分析实现城市内各种需求的智能响应。

随着水利信息化的发展,水利大数据的采集、存储、处理、分析、可视化等方面的研究逐渐增多[157-158]。V Babovi[159]针对水文领域,研究了大数据挖掘技术应用于水文数据趋势、特征和规律的提取方法;M Neto 等[160]研究了伊泰普水电站超过 30 年的 2 200 支仪器及数据的稳定性分析问题,建立了一种将数据挖掘(DM)与可视化(VI)结合的大坝数据分析方法;莫荣强等[161]针对水利大数据信息的 4 种特征,研究水利非结构化数据的处理和存储方法;武建等[162]探讨了大数据技术在水利行业的应用现状,提出在大数据存储、处理方面的可行方案;王喜春等[163]基于面向服务的体系架构,结合 GIS 和大数据处理,提出了水利工程云 GIS 平台的体系架构;冯吉平等[164]分析了水文大数据的特征,研究了大数据技术在流域水环境管理方面应用的价值;钟登华等[165]探讨了现有海量数据智能分析、仿真分析等存在的不足,提出了基于智能技术、云计算与大数据的智慧大坝框架。

此外,一些水利大数据的应用平台开始出现。贵州省建立了政府数据集共享统一云平台,即"云上贵州""东方祥云"分析平台[166],收集处理公开的全球卫星遥感、地形地貌数据和气象预报等信息,通过大数据、云计算等技术开展了小流域山洪灾害预警、水库水电站预报调度等研究和应用;国内"水利水电工程设计云计算软件服务平台"[167]将大数据、云计算技术结合,将工程设计软件集成在数据库中,实现了软件的保护和便捷使用的目的;荷兰“数字三角洲”项目[168]基于IBM大数据源,建立由堤坝、运河、船闸、港口、河流等组成的水利网络,用于海水入侵的灾害分析和治理;ISafety工程安全监测托管服务平台[169]应用大数据及可视化技术,提供水库大坝、水电站等工程的安全监测预警服务,为工程建设、运行及监管单位提供远程工程安全分析和预警托管服务;弘泰水利基于阿里云大数据计算平台,建立了台风路径查询分析系统[170-171],收集了中国百余个台风的相关信息,当台风来临,能够进行实时的台风路径、风力风速预报。

1.3 水库大坝滑坡漫顶溃坝过程研究现状

水库大坝在给人类带来巨大经济和社会效益的同时,也存在着溃决的风险,不合理的设计和建造技术、复杂的基础条件、超标准的洪水以及人为破坏等因素都有可能导致大坝发生溃决,从而导致重大生命财产损失。水库大坝溃决模拟一般有两种处理方式:瞬间溃决和逐渐溃决。瞬间溃决假设溃口在瞬间形成,且溃口形状不发生改变,这是混凝土坝或浆砌石坝溃决数值模拟中常用的方法,而土石坝坝体由土石材料组成,对土石坝采用瞬间溃决假设会产生较大的误差,一般采用渐变溃决方式。本文主要介绍土石坝渐变溃决的相关研究内容。

土石坝溃决可能是偶发的,也有可能是人为的。偶发溃坝可以由结构老化、超自然事件(如极端暴雨、洪水、地震、坝体差异沉降、滑坡、渗透、漫顶等因素)引发;人为因素包括轰炸、拆除、劣质施工、错误设计、水库运行管理不当等。我国通过数次对溃坝事故的调查分析,将水库大坝的溃决原因归纳为5类[21]:

(1) 洪水漫顶。超标准洪水、水文资料短缺、防洪标准偏低、防浪墙高度不够和泄洪能力不够等都是诱发水流漫顶冲刷的主要原因。水流漫顶极易引起土石坝溃决失事。

(2) 设计、施工质量差。主要是坝体和坝基防渗和稳定性不足,引起管涌、滑坡和开裂破坏。

(3) 运行管理不善。包括防汛准备不足,缺少安全监测设施,水库运行调度不当或泄洪闸门故障等。

(4) 其他。主要包括泄洪设施失效、人为干预等。

(5) 原因不详。

各时期各种原因造成的溃坝数占总溃坝数的比例见表1.5。从表中可以发现,各时期漫顶和质量原因都是溃坝发生的主要原因。

表 1.5 各时期不同溃坝原因导致的溃坝比例 单位:%

年份	漫顶	质量问题	管理原因	其他原因	原因不详	合计
1954—1980	51.5	38.5	4.2	4.6	1.2	100
1981—1990	37.3	35.9	15.5	11.3		100
1991—2006	65	29	2.7	3.3		100

在引起溃坝的众多因素中,具体根据水流作用与坝体材料阻抗之间的相互作用关系、溃坝发展过程、以往溃坝实际的调查综合分析[22],土石坝的主要溃决原因有以下几种:

(1) 漫顶。大坝在强地震或其他作用下,导致防浪墙倒塌、大坝边坡失稳,进而发生库水漫顶。在强震或其他人为因素作用下,泄水建筑物遭到破坏,无法正常工作,从而导致库水漫顶。极端天气条件下,大坝遭遇超标准洪水,水位超过坝顶高程,水流对坝体进行冲刷,进而使大坝发生溃决。

(2) 渗流作用。大坝在高水位运行情况下,防渗体系不完善或因其他原因产生破坏,坝体发生渗漏。渗流侵蚀形式主要有管涌、接触冲刷和漏洞等。坝体管涌是坝体或覆盖层在一定的水压力所产生的渗流作用下,细颗粒泥沙从较大颗粒的孔眼或间隙发生移动或被带走的现象,从而造成冲刷通道不断坍塌、扩大,渗流最终形成鼓水涌沙而无法控制从而导致坝体失稳溃决。接触冲刷是指渗流沿着两种不同固体材料的接触面产生的破坏。接触冲刷产生后先是接触部位颗粒从渗流出口被带走,进而形成渗流通道淘刷堤防内部,引起堤防溃决。在坝体外水位差的作用下,水压击穿并连通已有的裂隙,在坝体中出现横贯坝身或坝基的流水孔洞,称为漏洞。漏洞多数是因为坝体内由于地震或质量等原因自身存在裂隙,被水流直接贯通所致。

(3) 失稳破坏。坝体材料因切应力不足出现坝体边坡滑动而形成溃坝。

从国内外土石坝溃决实例及相关资料分析发现,土石坝坝体发生滑坡失稳或渗透破坏时,导致大坝挡水高度不够,最终溃决模式表现为漫顶溢流。因此土石坝溃坝过程研究主要集中在漫顶溃坝过程的模拟研究。

1.3.1 土石坝溃决试验研究现状

土石坝的溃决是一个渐进的过程,溃坝致灾后果在很大程度上取决于溃坝的速度和程度,因此深入研究土石坝的溃决机理,揭示水动力条件下的溃坝过程显得尤为重要。物理模型试验是揭示土石坝溃决机理最有效的手段,世界各国土石坝溃决机理的研究主要采用不同尺度的模型试验，其中既有小尺度的室内模型试验（模型坝高在 1 m 以下），也有大尺度的野外模型试验（模型坝高一般为 1～10 m）[23]。

法国是全世界最早开展溃坝水工模型试验的国家，早在 1892 年就通过试验获得了溃坝水力学问题的 Ritter 解。自 20 世纪 90 年代开始，随着土石坝溃决问题的研究深入，欧美国家又着手实施了多个溃坝研究计划，这其中包括欧洲 IMPACT 项目[24, 172]、美国 NSDP 计划和 Floodsite 项目[173]等。IMPACT 项目共进行了 5 次大尺度现场溃坝试验（坝高 4～6 m）及 22 组室内小尺度试验，其中 5 组大尺度试验是在挪威北部利用上下游 2 座水库间的有利地形进行的（挪威政府同时也在该地进行了 2 组大尺度溃坝试验），小尺度试验由 H R Wallingford 和 University of Birmingham 共同完成。小尺度试验是按照一定比例对应大尺度试验，坝体溃决试验条件分为漫顶和管涌两种，试验分别对不同材料的坝体进行溃决分析研究，并探索模型比尺效应对坝体溃决速度的影响。美国农业部下属的水利工程处（HERU）开展了一系列大尺度堤坝漫溃试验，以模拟不同土质堤坝的漫顶冲刷，并对坝体溃决过程进行了研究[174]。

我国一直重视大坝安全管理工作，在溃坝研究方面，我国科研工作者也进行了大量的工作，并取得了丰富的成果。例如，20 个世纪 50 年代到 80 年代，为配合三峡大坝设计及科研任务，中国水利水电科学研究院及长江水利委员会进行了三峡小比尺[175]（水平比尺 1∶30 000，垂直比尺 1∶300）及大比尺（水平比尺 1∶500，垂直比尺1∶125）变态模型溃坝试验。2008—2009 年，南京水利科学研究院[176-177]依托“十一五”国家科技支撑项目“水库大坝安全保障关键技术研究”，在室内和安徽滁州进行了多组室内溃坝试验和现场溃坝试验，包括 12 组漫顶破坏水工模型试验和 22 组管涌水工模型试验。漫顶破坏水工模型试验考虑不同坝体材料特性、坝型、坝体尺寸等因素，并研究了这些因素对土石坝溃口发展规律的影响；管涌破坏水工模型试验分别对不同位置的管涌破坏过程进行了研究。陈生水等[21, 178]利用离心机模型试验系统，分别对不同坝高的均质土石坝和心墙坝的溃决过程及机理进行了研究，并分别提出了描述均质土石坝和黏土心墙坝溃坝过程及计算溃坝洪水流量过程的数学模型。长江科学院[179]依托“十一五”国家科技支撑计划项目“震损水库及堰塞湖风险评估与处置关键技术研究”开展了多个组次的无黏性土坝漫顶溃决过程水槽试验。

1.3.2 土石坝溃决模拟研究现状

土石坝的漫顶溃决过程涉及复杂的水-土耦合动力学相互作用机理，受诸多因素的影响(溃决原因、坝体组成材料、坝体结构和库容等)。由于坝体的溃决具有突发性,难以做出充分的观测准备,且受危险的观测环境和观测技术的限制,对于实际坝体溃决事件的现场观测几乎不可能。由于坝体溃决过程涉及因素众多,将其定量化十分困难,近几十年来,国内外众多学者在这方面进行了大量的研究,且取得了一定的进展,逐渐建立了一些土石坝溃决数学模型[180-182]。很多学者对这些土石坝模型的研究情况进行了比较详细的介绍。一般而言,土石坝溃决模型可以分为以下几类[183]:

一类是参数或经验模型。此类方法基于已发生溃坝的案例数据,通过统计回归分析得到反映土石坝溃口特征的经验公式。一般输入水库容量、初始水位、坝高、坝型、溃坝模式和材料冲蚀特性等来得到包括溃口宽度、形状、边坡坡脚、峰值流量以及溃决时间等变量(如图 1.1 所示)。此类常用的模型有:Kirkpatrick 模型[184]、SCS 模型[185]、Hagen 模型[186]、Singh 与 Snorrason 模型[187]、MacDonald 与 Langridge-Monopolis 模型[188]、Costa 模型[189]、Evans 模型[190]、USBR 模型[191]、Von Thun 与 Gillette 模型[192]、Froehlich 模型[193]、Walder 与 O'Connor 模型[194]、Xu 与 Zhang 模型[195]及 Pierce 模型[196]等。这类模型的优点是参数较少,便于运用。由于参数模型相对简单,不考虑溃口形成的过程,只能用于估算溃口的峰值流量以及溃口最终形状,并且需要大量原型资料对溃决参数进行率定,而原型资料的稀少和不确定性大大降低了该类模型的可靠性。

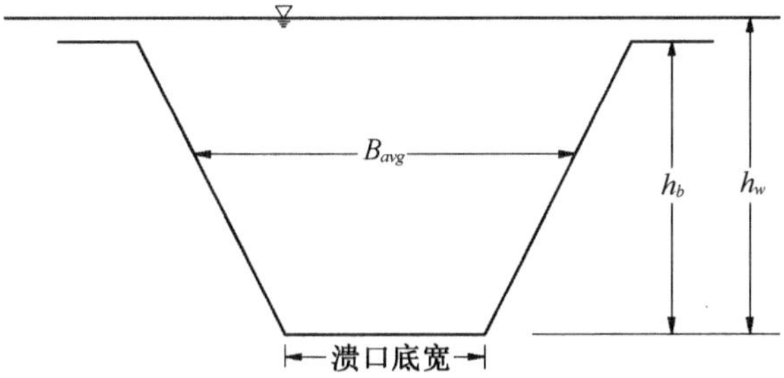

h_b—溃口深度;h_w—水深;B_{avg}—溃口平均宽度。

图 1.1 梯形溃口断面图

二是基于物理过程的模型。此类方法是通过综合水力学、土力学、泥沙侵蚀与输运等理论建立起来的模型,一般分为两小类。

第一小类是简化模型(Simplified physically-based breach models),通常假设溃口断面形状为梯形、矩形或者三角形,采用堰流公式或孔口出流公式计算溃决水流,溃口冲蚀率采用基于流速或剪应力的幂函数进行计算,并且忽略下游坝坡的冲蚀。该类模型中主要有：BRDAM 模型[197]、Ponce 与 Tsivoglou 模型[198]、DAMBRK 模型[199]、BEED 模型[200]、EMBANK 模型[201]、Singh 与 Scarlatos 模型[202]、NWS BREACH 模型[203]、DEICH_A 模型、BRES 模型、HR BREACH 模型[204]、Rozov 模型[205]、Franca 与 Almeida 模型[206]、Kraus 与 Hayashi 模型[207]、WinDAM/SIMBA 模型[208-209]、DLBreach 模型[210]、WU 模型[211]、中国水利水电科学研究院模型[212-213]和南京水利科学研究院系列模型[176, 214-216]等。基于物理过程的简化模型目前已用于均质坝、黏土心墙坝和堰塞坝的漫顶溃决过程模拟，模型大都采用局部平衡的推移质泥沙输移公式，并且只有少数模型采用"陡坎"冲蚀公式以及考虑非平衡状态下全沙输移公式计算溃口的发展。

第二小类是基于物理过程的多维模型（Detailed physically-based breach model）。该类模型是近年来发展较快的一种模型，采用基于水流和泥沙运动的一维、二维或三维数值模型来精细化模拟溃口的发展过程[217-222]。对于一维或二维模型，漫顶水流多采用圣维南方程及浅水方程等描述，使用激波捕捉格式（如近似黎曼解或 TVD 格式）来处理溃口的复杂间断流[223-224]；对于三维模型，采用流体体积法（VOF）或光滑粒子流方法来模拟水流运动[225-226]。模型的模拟难点在于缺乏高速溃坝水流作用下的泥沙输移理论，由于溃坝水流在动床上的运动与定床清水冲刷不同，运动受高含沙水流以及床面剧烈变化的影响，在均匀流条件下发展出来的泥沙输移理论不一定适用于溃坝水流状况。目前该类模型仅能模拟均质坝和堰塞坝的漫顶溃决过程。

目前的土石坝溃坝模型主要集中在均质坝、黏土心墙坝和堰塞坝漫顶溃决过程的模拟，对于混凝土面板砂砾石坝的漫顶溃决机理和模拟研究较少，而面板坝的溃决机理与均质坝或堰塞坝相比存在明显的不同。李雷[227]采用 Singh 等提出的一维土体经验冲蚀公式来描述砂砾石的冲蚀过程，对单宽面板进行单向受力分析，确定面板的临界折断长度，该模型不考虑溃口边坡失稳坍塌引起的扩展。胡去劣等[228]采用薄壁堰流公式和宽顶堰流公式分别模拟面板折断前后的水流，砂砾石的冲蚀过程亦采用 Singh 等提出的经验公式。陈生水等[229]通过面板砂砾石坝的离心模型试验，针对砂砾石料粒径级配范围宽的特点，提出了宽级配料起动流速公式和冲蚀公式，并通过分析下游坝体冲蚀量对混凝土面板受力状态的影响，提出了计算面板折断时刻的计算方法，该模型提出的砂砾石料冲蚀公式为基于陡峭边坡的平衡输沙公式，且假设砂砾石坝料的冲蚀模式为表层冲蚀。Chiganne 等[230]对坝料颗粒进行力学分析，提出了坝料冲蚀公式，并对面板与防浪墙的破坏情况进行了分析。王廷和沈振中[231]提出一种力学机制下的面板砂砾石坝漫顶溃坝动床耦合模型，采用固液两相湍流数学模型，通过流体体积（VOF）法追踪自由表面，描述水流向内淘刷机制，泥沙起动模块中考虑了漩涡水流的剪应力、底沙表面的法向向量以及泥沙水下休止角等因素。

1.4 本书主要研究内容

本书基于作者多年水库大坝滑坡试验和数值分析、边坡监测、隐患探测及溃决过程研究，总结国内外水库大坝边坡稳定性分析、监测预警、土石坝溃决分析的理论和方法，全面系统地阐述了水库大坝滑坡相关的影响因素分析、模型实验、数值计算、监测预警、隐患探测、土石坝溃决过程的相关理论方法和技术；建立了水库大坝滑坡试验及数值分析模型、监测及隐患探测分析评价方法、安全监控预警模型，构建了水库大坝边坡滑坡变形监控指标及预警方法；建立了土石坝滑坡漫顶溃决过程的数学模型，采用沟后水库面板砂砾石坝溃决案例对数学模型的合理性进行验证。

本书主要内容如下：

（1）概述。

（2）水库大坝边坡稳定性多因素挖掘分析。

（3）水库大坝边坡安全监测技术。针对水库大坝边坡安全，提出了巡视检查、环境量监测、边坡表面变形观测、内部变形监测、三维空间变形、渗流、绕渗、内部监测等不同类型监测的监测项目设置、监测技术要求和监测方式方法。

（4）水库大坝边坡监测数据分析和评价。提出针对水库大坝边坡的监测系统评价方法，针对监测系统数据精度和可靠性、监测仪器性能和数据传输性能提出了分析评价方法；提出监测数据初始值选择、不同传感器类型读数及数据基本误差处理的方法；提出基于特征值、相关性、统计等方法的监测数据分析评价方法；提出监测数据自动化处理及分析系统。

（5）水库大坝滑坡隐患探测分析及应用。提出基于电法、电磁法、弹性波及声呐等方法的水库大坝滑坡隐患无损探测方法和仪器，基于多种方法提出具体的现场探测实例。

（6）水库大坝滑坡模型试验研究。通过大量室内试验，得到了滑坡土体的基本物理特性指标、不同含水率条件下的强度和土水特征曲线。通过自研的室内滑坡模型试验，研究了前期降雨作用、降雨与库水位耦合作用、坡脚冲刷作用下的边坡滑坡特性。研究表明，前期降雨作用是引起边坡滑坡的重要因素，降雨引起非饱和土中基质吸力的丧失或减小是降雨导致边坡滑坡的主要诱发因素；库水位降落时边坡孔隙水压力无法及时消散、有效应力减小，是引起边坡滑坡的主要原因；坡脚冲刷导致边坡抗滑力减小，加剧了滑坡的发生发展。

(7) 水库大坝滑坡数值模拟。建立了三维有限元模型，开发了饱和-非饱和渗流有限元计算程序，对某水库大坝边坡滑坡进行了三维数值计算，分析了前期降雨作用引起边坡滑坡特性，阐明了水库大坝边坡滑坡机理。

(8) 水库大坝滑坡漫顶溃坝过程研究。结合青海省海南藏族自治州共和县沟后水库面板砂砾石坝溃坝案例对土石坝滑坡漫顶溃决机理进行研究，建立了合理模拟其溃坝过程的数学模型，编制了相应的计算机软件，并采用沟后水库面板砂砾石坝溃决案例对数学模型的合理性进行了验证。

(9) 水库大坝边坡监控预警指标。基于预警系统的三维结构图，构建了水库大坝边坡预警总体结构图。研究了水库大坝边坡预警指标的分类、预警指标筛选的条件和原则以及指标体系的构建方法。选取了降雨量、变形和坡角为水库大坝边坡预警指标，构建了水库大坝边坡滑坡预警指标体系研究。

(10) 水库大坝边坡监控预警模型。基于饱和-非饱和渗流理论、简化 Bishop 法、变形突变理论和实测资料等，建立了水库大坝边坡稳定的监控模型。结合某水库大坝边坡滑坡特点，选取了降雨量、变形和坡角为预警指标。研究了预警指标的拟定方法，拟定了降雨量预警指标、变形预警指标和坡角预警指标，并将其应用于某水库大坝边坡稳定的监控预警。

主要参考文献

[1] Au S W C. Rain-induced slope instability in Hong Kong[J]. Engineering Geology, 1998, 51(1): 1-36.

[2] 黄润秋.20 世纪以来中国的大型滑坡及其发生机制[J]. 岩石力学与工程学报，2007,26(3): 433-453.

[3] 李天斌，陈明东，王兰生. 滑坡实时跟踪预报[M]. 成都：成都科技大学出版社，1999.

[4] United States Geological Survey. Landslide hazards[R]. Reston, VA, USA: United States GS Fact Sheet(FS-071-00), 2000.

[5] Parise M, Wasowski J. Landslide activity maps for landslide hazard evaluation: three case studies from Southern Italy[J]. Natural Hazards, 1999, 20(2/3): 159-183.

[6] Collison A, Wade S, Griffiths, J. Modelling the impact of predicted climate change on landslide frequency and magnitude in SE England[J]. Engineering Geology, 2000, 55(3):

205-218.

[7] Mauritsch H J, Seiberl W. Geophysical investigations of large landslides in the Carnic Region of Southern Austria[J]. Engineering Geology, 2000, 56(3/4): 373-388.

[8] Staub I B. A methodology for the mapping and analysis of "debris-flow initiation" hazard-application to the Bragousse torrent [J]. Bulletin of Engineering Geology and the Environment, 2001, 59(4): 319-327.

[9] Raetzo H, Lateltin O. Hazard assessment in Switzerland-codes of practice for mass movements[J]. Bulletin of Engineering Geology and the Engineering, 2002, 61(3): 263-268.

[10] Schuster R L, Lynn M N. Socioeconomic impacts of landslides in the Western Hemisphere [R]. Reston, VA, USA: United States Geological Survey, 2001.

[11] Radbruch D H, Colton R B, Davies W E. Landslide overview map of the conterminous United States[R]. Reston, VA, USA: United States Geological Survey, 1983.

[12] Yamagishi H. Recent landslides in Western Hokkaido, Japan[J]. Pure and Applied Geophysics, 2000, 157(6/8): 1115-1134.

[13] Linp S, Linj Y, Hung J C. Assessing debries-flow hazard in a watershed in Taiwan[J]. Engineering Geology, 2002, 66(3/4): 295-313.

[14] Bhasin R, Grimstad E, Larsen J O. Landslides hazards and mitigation measures at Gangtok, Sikkim Himalaya[J]. Engineering Geology, 2002, 64(4): 351-368.

[15] 李娜. 云南省山崩滑坡堵江灾害及其对策[C]//滑坡文集编辑委员会. 滑坡文集.第九集. 北京：中国铁道出版社，1992：50-55.

[16] Schuster R L. The 25 most catastrophic landslides of the 20th century, in Chacon[C]// Landslides, Proceedings of the 8th International Conference and Trip on the Landslides. Rotterdam: A. A. Balkema, 1996: 1-18.

[17] 段永候. 中国地质灾害的基本特征与发展趋势[J].第四纪研究，1999，19(3)：208-216.

[18] 王思敬. 工程地质学的任务与未来[J].工程地质学报，1999，7(3)：195-199.

[19] 段永候. 中国西部地质灾害现状、趋势和对策[J].经济研究参考，2000，58(2)：12-18.

[20] 将承崧. 中国地质灾害的现状与防治工作[J].中国地质，2000(4)：3-5.

[21] 陈生水. 土石坝溃决机理与溃坝过程模拟 [M].北京：中国水利水电出版社，2012.

[22] 张芝玲，谢亚光. 土石坝溃决模拟研究进展[J].水利科技与经济，2015(6)：9-11.

[23] 陈生水，陈祖煜，钟启明. 土石坝和堰塞坝溃决机理与溃坝数学模型研究进展[J]. 水利水电技术，2019，50(8)：27-36.

[24] Morris M W, Wallingford H R, Wallingford M H H. Conclusions and Recommendations from the IMPACT Project WP2: Breach Formation[EB/OL]. http://www.samui.co.uk/impact-project/wp2-technical.htm.

[25] 黄润秋，许强. 典型灾难性滑坡[M].北京：科学出版社，2008.
[26] 李媛，孟晖，董颖，等.中国地质灾害类型及其特征——基于全国县市地质灾害调查成果分析[J].中国地质灾害与防治学报，2004，15(2)：29-34.
[27] 李焯芬，陈虹.雨水渗透与香港滑坡灾害[J].水文地质工程地质，1997(4)：34-38.
[28] 常晓军，王德伟，唐业旗. 中国滑坡降雨试验的研究现状与发展趋势[J].沉积与特提斯地质，2010，30(1)：98-102.
[29] 张家发，张伟，朱国胜，等. 三峡工程永久性船闸高边坡降雨入渗实验研究[J].岩石力学与工程学报，1999，18(2)：137-141.
[30] 胡明鉴，张平仓，汪稔. 降雨对滑坡的激发作用实验研究——以蒋家沟流域滑坡堆积坡地为例[J].水土保持学报，1999，18(2)：137-141.
[31] 胡明鉴，汪稔，张平仓. 蒋家沟流域松散砾石土斜坡滑坡频发原因与试验模拟[J].岩石力学与工程学报，2002，21(12)：1831-1834.
[32] 陈晓清，崔鹏，冯自立. 滑坡转化为泥石流起动的人工降雨试验研究[J]. 岩石力学与工程学报，2006，25(1)：106-116.
[33] 魏丽，单九生，边小庚. 降水与滑坡稳定性临界值试验研究[J]. 气象与减灾，2006，29(2)：18-24.
[34] 魏丽，陈双溪，边小庚. 暴雨型滑坡灾害因素分析及预测试验研究[J]. 应用气象学报，2007，18(5)：682-688.
[35] 谭新，陈善雄，杨明.降雨条件下土坡饱和-非饱和渗流分析[J]. 岩土力学，2003，24(3)：381-384.
[36] 陈善雄，陈守义. 考虑降雨的非饱和土边坡稳定分析方法[J]. 岩土力学，2001，22(4)：447-450.
[37] 詹良通，吴宏伟，包承纲，等. 降雨入渗条件下非饱和膨胀土边坡原位监测[J]. 岩土力学，2003，24(2)：151-158.
[38] 周中，傅鹤林，刘宝琛，等. 堆积层滑坡野外模拟试验方案设计[J]. 公路，2006(1)：74-79.
[39] 周中，傅鹤林，刘宝琛，等. 堆积层边坡人工降雨致滑的原位监测试验研究[J].中国铁道科学，2006，27(4)：11-16.
[40] 谢妮，邓卫东，等. 非饱和土边坡的监测和人工降雨试验[J]. 武汉大学学报：工学版，2008，41(2)：81-85.
[41] 张常亮，李萍，李同录，等. 黄土中降雨入渗规律的现场监测研究[J].水利学报，2014，45(6)：728-734.
[42] 宋克强，孙超图，袁继国，等. 黄土滑坡的模型试验研究[J]. 水土保持学报，1991，5(2)：14-21.
[43] 朱宝龙，胡厚田，陈强，等. 降雨条件下固体废弃物边坡变形及破坏模式试验研究[J]. 工

程地质学报,2004,12(3):312-317.

[44] 李晓,廖秋林,郝建明,等.土石混合体力学特性的原位试验研究[J].岩石力学与工程学报,2007,26(12):2377-2384.

[45] 曾胜,李振存,韦慧,等.降雨渗流及干湿循环作用下红砂岩顺层边坡稳定性分析[J].岩土力学,2013,34(6):1536-1559.

[46] 韩同春,马世国,徐日庆.强降雨条件下气压对滑坡延时效应研究[J].岩土力学,2013,34(5):1360-1366.

[47] 张玉,徐卫亚,李德亮.大型滑坡演化机制及滑带剪切试验研究[J].岩石力学与工程学报,2013,32(S1):2606-2616.

[48] 林鸿州,于玉贞,李广信,等.土水特征曲线在滑坡预测中的应用性探讨[J].岩石力学与工程学报,2009,28(12):2569-2576.

[49] 廖红建,李涛,彭建兵.高陡边坡滑坡体黄土的强度特性研究[J].岩土力学,2011,32(7):1939-1944.

[50] 任伟中,陈浩.滑坡变形破坏机理和整治工程的模型试验研究[J].岩石力学与工程学报,2005,24(12):2136-2141.

[51] 卢坤林,朱大勇,扬扬.边坡失稳过程模型试验研究[J].岩土力学,2012,33(3):778-782.

[52] Horton R E. The role of infiltration of the hydrologic sycles[M]. Trans. Amer.Geophys. Union, 1993, 14: 446-460.

[53] 黄润秋,许强,戚国庆.降雨及水库诱发滑坡的评价与预测[M].北京:科学出版社,2007.

[54] Hoge R A, Freeze R A. Water flow system and slope stability[J]. Canadian Geo-technical Journal, 1997, 14: 466-476.

[55] Iverson R M, Major J J. Rainfall Ground water and seasonal movement at Minor Greek landslid[J]. Northwester California: physical interpretation of empirical relations, Bulletin of Geological Society of America, 1987,99: 579-594.

[56] Nieto A S, Brarany I. Catastrophic rain induced landslides in Riode Janier[J]. Brazil: Mechanisms and contributing factors. Geol. Soc. Am. Abstracts with Programs, 1998.20(7): 144-154.

[57] Krahn J, Fredlund D G, Klassen M J. Effects of soil suction on slope stability at North Hill[J]. Canadian Geotechnical Journal, 1989,26: 269-278.

[58] 吴宏伟,陈守义.雨水入渗对非饱和土坡稳定性影响的参数研究[J].岩土力学,1990,20(1):1-14.

[59] Alonso E, Gens A. Effect of rain infiltration on the stability of slopes[J]. Unsaturated soils, 1995, 1: 241-249.

[60] 陈守义. 考虑入渗和蒸发影响的土坡稳定性分析方法[J]. 岩土力学,1997,18(2):8-12.

[61] 陈善雄,陈守义. 考虑降雨的非饱和土坡稳定性分析方法[J]. 岩土力学,2001,22(4):447-450.

[62] 黄润秋,戚国庆. 非饱和土渗流基质吸力对边坡稳定性的影响[J]. 工程地质学报,2002,10(4):343-348.

[63] 朱文彬,刘宝琛. 降雨条件下土体滑坡的有限元数值分析[J]. 岩石力学与工程学报,2002,21(4):509-512.

[64] 廖秋林,李晓,李守定,等. 三峡库区千将坪滑坡的发生地质地貌特征成因及滑坡判据研究[J]. 岩石力学与工程学报,2005,24(17):3146-3153.

[65] 钟立勋. 意大利瓦依昂水库滑坡事件的启示[J]. 中国地质灾害与防治学报,1994,5(2):77-84.

[66] 刘宏,邓荣贵,张倬元. 四川宝珠寺水库库岸滑坡特征及成因分析[J]. 中国地质灾害与防治学报,2001,12(4):48-52.

[67] 中村浩之. 论水库滑坡[J]. 水土保持通报,1990,10(1):53-64.

[68] 钟立勋. 意大利瓦依昂水库滑坡事件的启示[J]. 中国地质灾害与防治学报,1994,77-84.

[69] 郑颖人,时卫民,孔位学. 库水位下降时渗透力及地下水浸润线的计算[J]. 岩石力学与工程学报,2004,23(18):3203-3210.

[70] 朱冬林,任光明,聂德新,等. 库水位变化下对水库滑坡稳定性影响的预测[J].水文地质工程地质,2002,3:6-9.

[71] 刘新喜,夏元友,张显书. 库水位下降对滑坡稳定性的影响[J]. 岩石力学与工程学报,2005,24(8):1339-1444.

[72] 汪斌,唐辉明,朱杰兵,等. 考虑流固耦合作用的库岸滑坡变形失稳机制[J]. 岩石力学与工程学报,2007,26(2):4484-4489.

[73] 宋琨,晏鄂川,朱大鹏,等. 基于滑体渗透性与库水位变动的滑坡稳定性变化规律研究[J]. 岩土力学,2011,32(9):2798-2802.

[74] 贾官伟,詹良通,陈云敏. 水位骤降对边坡稳定性影响的模型试验研究[J]. 岩石力学与工程学报,2009(9):1798-1803.

[75] 赵代鹏,王世梅,谈云志,等. 库水升降作用下浮托减重型滑坡稳定性研究[J]. 岩土力学,2013,34(4):1017-1024.

[76] 夏敏,任光明,马鑫磊,等. 库水位涨落条件下滑坡地下水渗流场动态特征[J]. 西南交通大学学报,2014,49(3):399-405.

[77] 王新刚,胡斌,连宝琴,等. 库水位骤变下滑坡-抗滑桩体系作用三维分析[J].岩石力学与工程学报,2013,32(12):2439-2446.

[78] 罗先启,刘德福,吴剑,等. 雨水及库水作用下滑坡模型试验研究[J]. 岩石力学与工程学报,2005,24(14):2476-2483.

[79] 李晓，张年学，廖秋林，等. 库水位涨落与降雨联合作用下滑坡地下水动力场分析[J]. 岩石力学与工程学报，2004，23(21)：3714-3720.
[80] 李邵军，Knappett J A，冯夏庭，等. 模拟库水位变化的抗滑桩加固边坡离心模型试验研究[J]. 岩石力学与工程学报，2009，28(5)：939-946.
[81] 张均峰，孟祥跃，朱而千. 水位变化引起分层边坡滑坡的实验研究[J]. 岩石力学与工程学报，2004，23(16)：2676-2680.
[82] Wang F W，Zhang Y M，Huo Z T. Movement of the Shuping landslide in the first four years after the initial impoundment of the Three Gorges Dam Reservoir，China[J]. Landslides，2008，5(3)：321-329.
[83] 周跃峰，龚壁卫，胡波，等. 牵引式滑坡演化模式研究[J]. 岩土工程学报，2014，36(10)：1855-1861.
[84] 唐辉明，马淑芝，刘佑荣. 三峡库区巴东县赵树岭滑坡稳定性与防治对策研究[J]. 中国地质大学学报：地球科学版，2002，27(5)：621-626.
[85] 柴军瑞，李守义. 三峡库区泄滩滑坡渗流场与应力场耦合分析[J]. 岩石力学与工程学报，2004，23(8)：1280-1284.
[86] 马崇武，刘忠玉，田君. 地下水位升高时黏性土无限边坡的水平位移[J]. 岩土力学，2008，29(5)：1249-1253.
[87] 王尚庆. 长江三峡滑坡监测预报[M]. 北京：地质出版社，1998.
[88] 宋克强，崔中兴，袁继国，等. 古刘滑坡的蠕变特征及其预报分析[J]. 岩土工程学报，1994，16(4)：56-64.
[89] 熊传治，徐诚. 富家坞露天矿边坡稳定性的二维离散元分析[J]. 矿冶工程，1999，19(1)：14-17.
[90] 丁继新，尚彦军，杨志法，等. 降雨型滑坡预报新方法[J]. 岩石力学与工程学报，2004，23(21)：3738-3743.
[91] 许东俊，陈从新，刘晓巍，等. 岩质边坡滑坡预报研究[J]. 岩石力学与工程学报，1999，18(4)：369-372.
[92] 刘辉文，范景伟. 用灰色系统理论预测和分析滑坡变形[J]. 成都科技大学学报，2008(2)：57-64.
[93] 王冬，黄鑫，王明东，等. 灰色GM(2，1)模型在滑坡变形预测中的应用[J]. 水文地质工程地质，2013，40(3)：122-125.
[94] 晏同珍，伍法权，殷坤龙. 滑坡系统静动态规律及斜坡不稳定性时空定量预测[J]. 地球科学，1989(2)：117-134.
[95] 孙景恒. Peral模型在边坡失稳时间预报中的应用[J]. 中国地质灾害与防治学报，1993，4(2)：34-41.
[96] 李天斌. 滑坡实时跟踪预报[M]. 成都：成都科技大学出版社，1999.

[97] 王旭华，陈守煜，陈晓云. 边坡变形曲线的正态特性及模糊优选法定权研究[J]. 岩石力学与工程学报，2005,24(9)：3487-3491.

[98] 陈剑，杨志法，刘横秋. 滑坡的易滑度分区及其概率预报模式[J]. 岩石力学与工程学报，2005,24(13)：2392-2396.

[99] 周国兵，马力，韩余. 基于地质灾害易发程度分区的滑坡预报模型[J]. 山地学报，2009,27(4)：466-470.

[100] 李媛，杨旭东. 降雨诱发区域性滑坡预报预警方法研究[J]. 水文地质工程地质，2006(2)：101-107.

[101] 马力，游扬声，缪启龙. 强降水诱发山体滑坡预报[J]. 山地学报，2008,26(5)：583-589.

[102] 陈洪凯，董平，高阳华，等. 重庆地区降雨型滑坡统计-降雨入渗耦合预报模型[J]. 重庆师范大学学报，2015,32(1)：46-51.

[103] 吴益平，滕伟福，李亚伟. 灰色-神经网络模型在滑坡变形预测中的应用[J]. 岩石力学与工程学报，2007,26(3)：632-636.

[104] 黄志全，张长存，姜彤，等. 滑坡预报的协同-分岔模型及其应用[J]. 岩石力学与工程学报，2002,21(4)：498-501.

[105] 秦四清，王思敬. 斜坡滑动失稳演化的非线性机制与过程研究进展[J]. 地球与环境，2005,33(3)：75-82.

[106] 周小平，钱七虎，张永兴，等. 基于突变理论的滑坡时间预测模型[J]. 工程力学，2011,28(2)：165-174.

[107] 贺可强，孙琳娜，王思敬. 滑坡位移分形参数 Hurst 指数及其在堆积层滑坡预报中的应用[J]. 岩石力学与工程学报，2009,28(6)：1107-1115.

[108] 童志怡，陈从新，肖国峰. 滑坡演化的逐代遗传模型[J]. 岩土力学，2007,28(1)：206-212.

[109] 王元汉，刘端伶. 边坡稳定性的 Fuzzy 综合评判法[J]. 华中理工大学学报，1998,26(1)：96-98.

[110] 万全，范书龙，林炎. 滑坡的多模型综合预测预报研究[J]. 水土保持研究，2005,12(5)：181-185.

[111] 孔纪名，李秀珍，刘正梁，等. 滑坡综合预报方法研究[J]. 山地学报，2009,27(4)：471-477.

[112] 李天文，吴琳，李家权. GPS 技术在滑坡监测中的应用[J]. 山地学报，2004,22(6)：713-718.

[113] 严忠权，王兰中. GPS 技术在傅家岩滑坡监测预报中的应用[J]. 人民长江，2008,39(16)：29-31.

[114] 钟洛加，肖尚德，周衍龙，等. WEBGIS 降雨型滑坡预警模型及关键技术研究[J]. 人民长江，2008,39(12)：48-86.

[115] Lumb P. Slope failure in Hong Kong[J]. Eengineering Geology, 1975(8): 31-65.
[116] Morgenstern N R, De M M. Stability of slopes in residual soils[C]. Proc. Fifth American Conf., Hawaii, 1975(3): 369-384.
[117] Boonsinsuk P, Yong R N. Analysis of Hong Kong residual soil slopes[C]. Engineering Conf., Hawaii, 1982: 463-482.
[118] Brand E W. Analysis and design in residual soils[C]. ASCE Speciality Conf., Hawaii, 1982: 89-43.
[119] Wolle C M. Slope stability[C]. First International Conf. On geomechanics in tropical lateritic and saprolitic soils, Progress report. Brazil, 1985: 164-221.
[120] 陈仲颐，周景星. 土力学[M]. 北京：清华大学出版社，1994.
[121] 方云. 土力学[M]. 武汉：中国地质大学出版社，2002.
[122] Fleureau J M, Kheirbek-Saoud S, Taibi S. Experimental aspects and modelling the behaviour of soils with a negative pressure. , in: Taibi, S. Proc. 1st Intl Conf. Unsaturated Soils, Paris, 1995, pp. 57-62.
[123] Oberg A L, Sallfors G. A rational approach to the determination of the shear strength parameters of unsaturated soils., in: Proc. 1st Intl Conf. Unsaturated Soils, Paris, 1995, pp. 151-158.
[124] Bolzon G, Schrefler A, Zienkiewicz O C. Elastoplastic soil constitutive laws generalized to partially saturated states.[J]. Geotechnique, 1996, 46(2): 279-289.
[125] Khalili N, Khabbaz M H. A unique relationship for c for the determination of the shear strength of unsaturated soils.[J]. Geotechnique, 1998, 48(5): 681-687.
[126] Jenning J E, Burland J B. Limitations to the use of effective stresses in partly saturated soils.[J]. Geotechnique, 1962, 12: 125-144.
[127] Fredlund D G, Morgenstern N R. Stress state variables for unsaturated soils[J]. Geotechque. 1997, 103(5): 447-466.
[128] Fredlund D G, Morgenstern N R, Widger A. Shear strength of unsaturated soil[J]. Canadian Geotechnical Journal , 1978, (15): 313-321.
[129] Oloo S Y, Fredlund D G. A method for determination of Φb for statically compacted soils [J]. Canadian Geotechnical Journal, 1996, 33: 272-280.
[130] Vanapalli S K, Fredlund D G, Pufahl D E, et al. Model for the prediction of shear strength with respect to soil suction. [J]. Canadian Geotechnical Journal, 1996, 33: 379-392.
[131] 张进平.大坝安全监测资料分析方法及信息处理技术的若干进展[J].大坝与安全，2003(6): 19-23.
[132] Luciano Telesca, Abuo El-Ela Amin Mohamed, Mohamed ElGabry, et al. Time

dynamics in the point process modeling of seismicity of a swan area (Egypt) Chaos[J]. Solitons & Fractals, 2012, 45(1): 47-55.

[133] 王德厚.大坝安全监测与监控[M].北京：中国水利水电出版社，2004.

[134] 方卫华.不同时期的大坝安全检测自动化[J].大坝与安全，2003(3)：26-28.

[135] 吴中如.水工建筑物安全监控理论及其应用[M].北京：高等教育出版社，2003.

[136] 徐洪钟，吴中如，李雪红.基于小波分析的大坝观测数据异常值检测[J].水电能源科学，2002(4)：20-21.

[137] 王建，伍元，郑东健. 基于多传感器信息融合的大坝监测数据分析[J]. 武汉大学学报：工学版，2004，27(1)：32-35.

[138] K Lehner, I Mittrup, D Hartmann. Data Mining Aspects of a Dam Monitoring Project [J]. Springer Berlin Heidelberg, 2005, 29: 745-754.

[139] 杨阳，王佳林，许后磊. 大坝监测信息的多维时空可视化[J]. 河海大学学报：自然科学版，2010，38(4)：364-368.

[140] Mrym Ilnloo. A comparative study of fuzzy logic approach for landslide susceptibility mapping using GIS: An experience of Karaj dam basin in Iran[J]. Procedi-Socil nd Behviorl Sciences, 2011(19): 668-676.

[141] Roger Ghnem, George Sd, lirez Doostn. Efficient solution of stochstic systems: ppliction to the embnkment dm problem[J]. Structurl Sfety, 2007, 29(3): 238-251.

[142] Lucino Telesc, buo Mohmed, Mohmed ElGbry, et al. Time dynamics in the point process modeling of seismicity of Aswan area (Egypt)[J]. Solitons & Frctls, 2012, 45(1): 47-55.

[143] Imbrogno David. Analysis of Dam Failures & Development of a Dam Safety Evaluation Tool[M]. Berlin: LAP Lambert Academic Publishing, 2015.

[144] 陈久宇，林见. 观测数据的处理方法[M]. 上海：上海交通大学出版社，1988.

[145] 吴中如. 水工建筑物安全监控理论及其应用[M]. 北京：高等教育出版社，2003.

[146] F Ganelli, A Beko, A Mordini.Structural Assessment of the Mignano Solid-Gravity Dam Based on the Monitoring Data[J]. Structural Engineering International, 2012, 22(1): 130-138.

[147] V Rankovi, N Grujović, D Divac, et al. Development of support vector regression identification model for prediction of dam structural behaviour[J]. Structural Safety, 2014, 48(48): 33-39.

[148] 杨阳，赵二峰. 基于 MatlabCOM 的大坝专家系统监控模型开发[J]. 水电能源科学，2009,8(4)：84-87.

[149] 郑东健，刘广胜，顾冲时. 大坝水平位移监控指标拟定的混合法[J]. 水电自动化与大坝观测，2002，26(2)：42-44.

[150] 杜效鹄，李斌，陈祖煜，等. 特高坝及其梯级水库群设计安全标准研究Ⅱ：高土石坝坝坡稳定安全系数标准[J]. 水利学报，2015(6)：640-649.

[151] 何金平. 信息熵理论与大坝健康诊断[J]. 大坝与安全，2015(4)：1-5.

[152] 徐昆振，何金平，夏万求. 基于粗糙集与条件信息熵的大坝安全融合评价模型[J]. 武汉大学学报：工学版，2014，47(1)：46-49.

[153] Y Kalkan，LV Potts，S Bilgi. Assessment of Vertical Deformation of the Atatürk Dam Using Geodetic Observations[J]. ournal of Surveying Engineering，2015(5)：23-29.

[154] Panagiotis Michalis，Stella Pytharouli，Spyros Raftopoulos. Long-term Deformation Patterns of Earth-fill Dams based on Geodetic Monitoring Data：the Pournari I Dam Case Study [R]. 3rd Joint International Symposium on Deformation Monitoring (JISDM)，2016.

[155] Viktor Mayer-Schonberger. Big Data，Transform How We Live，Work and Think[M]. London：Hodder Export，2014.

[156] 涂子沛. 数据之巅：大数据革命，历史、现实与未来[M]. 北京：中信出版社，2014.

[157] K Thompson，R Kadiyala. Leveraging Big Data to Improve Water System Operations[J]. Procedia Engineering，2014(89)：467-472.

[158] Ning Zhang，Zhongfei Chen. Sustainability Characteristics of China's Poyang Lake Eco-Economics Zone in the big data environment[J]. Journal of Cleaner Production，2016(1)：225-229.

[159] V Babovic. Data mining in hydrology[J]. Hydrological Processes，2005，19(19)：1511-1515.

[160] M Neto，R Villwock，S Scheer. Técnicas de mineração visual de dados aplicadas aos dados de instrumentação da barragem de Itaipu[J]. Gestão & Produção，2010，17(4)：721-734.

[161] 莫荣强，艾萍，吴礼福，等. 一种支持大数据的水利数据中心基础框架[J]. 水利信息化，2013(3)：16-20.

[162] 武建，高峰，朱庆利. 大数据技术在我国水利信息化中的应用及前景展望[J]. 中国水利，2015(17)：45-48.

[163] 王喜春，孙志禹. 基于大数据的水利水电云 GIS 平台概述[J]. 人民长江，2013(S1)：182-184.

[164] 冯吉平，陈微，官涤，等. 大数据技术在松辽流域水环境管理中的应用展望[J]. 水利发展研究，2014，14(9)：63-65.

[165] 钟登华，王飞，吴斌平，等. 从数字大坝到智慧大坝[J]. 水力发电学报，2015，34(10)：1-13.

[166] 沈丽琼，东方祥云，李胜.大数据和水利结合 72 小时预知洪灾 [EB/OL].[2015-12-04].

http://www.cbdio.com/BigData/2015/12/04/content_4266462.htm.

[167] 林林，王冠华，阎继军，等. 基于云平台的软件保护技术研究[P]//中国水力发电工程学会信息化专委会，水电控制设备专委会.2014 年会暨学术交流会论文集.2014.

[168] S N Jonkman, M M Hillen, R J Nicholls, et al. Costs of adapting coastal defences to sea-level rise: new estimates and their implications[J]. Journal of Coastal Research, 2013, 290(5): 1212-1226.

[169] 谢谟文，柴小庆，贾宁，等. 滑坡实时监测网络地理信息系统研发及应用[J]. 岩石力学与工程学报，2011，30(10)：2090-2102.

[170] Teikaei. 阿里云“跑赢”乌云 弘泰水利用大数据治水[EB/OL]. 中文业界资讯站，[2016-01-15]. http://www.cnbeta.com/articles/467089.htm.

[171] 佘亮亮，何亮，缪能斌. 基于 WebGIS 的宁波市历史台风相似路径分析[J]. 浙江水利科技，2014，42(1)：24-26.

[172] Vaskinn K, Lovell A, Hoeg K, et al. IMPACT: Physical modelling of breach formation: Large scale field tests[C]. Proceedings of the Association of State Dam Safety Officials: Dam Safety Conference, 2004.

[173] 付建康，罗刚，胡卸文. 滑坡堰塞坝越顶溢流破坏的物理模型实验[J].吉林大学学报：地球科学版，2018，48(1)：203-212.

[174] Hunt S, Hanson G, Cook K, et al. Breach widening observations from earthen embankment tests[J]. Transactions of the ASAE, 2005, 48(3): 1115-1120.

[175] 陆遐龄. 三峡工程防护问题研究的回顾[J]. 中国三峡建设，1995(2)：23-24.

[176] 陈生水，钟启明，任强. 土石坝漫顶破坏溃口发展数值模型研究[J]. 水利水运工程学报，2009(4)：53-58.

[177] 李云，李君. 溃坝模型试验研究综述[J]. 水科学进展，2009，20(2)：304-310.

[178] 陈生水，徐光明，钟启明，等. 土石坝溃坝离心模型试验系统研制及应用[J]. 水利学报，2012，39(2)：241-245.

[179] 段文刚，杨文俊，王思莹，等. 无黏性土坝漫顶溃决过程及机理研究[J]. 长江科学院院报，2012，29(10)：68-72.

[180] Singh V P. Dam Breach Modeling Technology [M]. Springer Netherlands, 1996.

[181] Morris M W. CADAM: A European Concerted Action Project on Dambreak Modelling [J]. Thomas Telford, 2000.

[182] Morris M, Hassan M, Kortenhaus A, et al. Breaching Processes: A state of the art review[J]. Hr Wallingford, 2009.

[183] Wu W, Altinakar M S, Al-Riffal M, et al. Earthen Embankment Breaching[J]. Journal of Hydraulic Engineering, 2011, 137(12): 1549-1564.

[184] Kirkpatrick G W. Evaluation guidelines for spillway adequacy; proceedings of the

Evaluation of Dam Safety; Proceedings of the Engineering Foundation Conference, F, 1977 [C].

[185] Service S C. Simplified dam-breach routing procedure[J]. Technical Release No 66, Rev 1, 1981.

[186] Hagen V K. Re-evaluation of design floods and dam safety[C]. Proceedings of 14th Congress of International Commission on Large Dam, 1982.

[187] Singh K P, SNORRASON A. Sensitivity of outflow peaks and flood stages to the selection of dam breach parameters and simulation models[J]. Journal of hydrology, 1984, 68(1-4): 295-310.

[188] Macdonald T C, Langridge-Monopolis J. Breaching charateristics of dam failures[J]. Journal of Hydraulic Engineering, 1984, 110(5): 567-586.

[189] Costa J E, Schuster R L. The formation and failure of natural dams[J]. Geological society of America bulletin, 1988, 100(7): 1054-1068.

[190] Evans S G. The maximum discharge of outburst floods caused by the breaching of man-made and natural dams[J]. Canadian Geotechnical Journal, 1986, 23(3): 385-387.

[191] Reclamation U B O. Downstream hazard classification guidelines[J]. ACER Technical Memorandum No, 1988.

[192] Von Thun J L, Gillette D R. Guidance on breach parameters [M]. US Department of the Interior, Bureau of Reclamation, 1990.

[193] Froehlich D C. Embankment Dam Breach Parameters and Their Uncertainties[J]. Journal of Hydraulic Engineering, 2008, 134(12): 1708-1721.

[194] Walder J S, O'connor J E. Methods for predicting peak discharge of floods caused by failure of natural and constructed earthen dams[J]. Water Resources Research, 1997, 33 (10): 2337-2348.

[195] Xu Y, Zhang L M. Breaching parameters for earth and rockfill dams[J]. Journal of Geotechnical & Geoenvironmental Engineering, 2009, 135(12): 1957-1970.

[196] Pierce M W, Thornton C I, Abt S R. Predicting peak outflow from breached embankment dams[J]. Journal of Hydrologic Engineering, 2009, 15(5): 338-349.

[197] Harris G W. Outflow from breached earth dams [D]. University of Utah, 1967.

[198] Ponce V M, Tsivoglou A J. Modeling gradual dam breaches [J]. Journal of the Hydraulics Division, 1981, 107(7): 829-838.

[199] Fread D L. DAMBRK: The NWS Dam-Break Flood Forecasting Model[R]. Sliver Spriger: National Weather Service (NWS) Report, NOAA, 1984.

[200] Singh V P, Scarlatos P D, Collins J G, et al. Breach erosion of earthfill dams (BEED) model[J]. Natural Hazards, 1988, 1(2): 161-180.

[201] Chen Y, Anderson B A. Development of a methodology for estimating embankment damage due to flood overtopping [M]. US Department of Transportation, Federal Highway Administration, 1987.

[202] Singh V P, Scarlatos P D. Analysis of gradual earth-dam failure[J]. Journal of hydraulic engineering, 1988, 114(1): 21-42.

[203] Fread D. An erosion model for earthen dam failures [M]. Hydrologic Research Laboratory, National Weather Service, NOAA, 1988.

[204] Mohamed M A A. Embankment breach formation and modelling methods [D]. Open University, 2002.

[205] Rozov A L. Modeling of washout of dams[J]. Journal of Hydraulic Research, 2003, 41(6): 565-577.

[206] Franca M J, Almeida A B. A computational model of rockfill dam breaching caused by overtopping (RoDaB)[J]. Journal of Hydraulic Research, 2004, 42(2): 197-206.

[207] Kraus N C, Hayashi K. Numerical morphologic model of barrier island breaching [M]. World Scientific, 2005: 2120-2132.

[208] Hanson G J. PHYSICAL MODELING OF OVERTOPPING EROSION AND BREACH FORMATION OF COHESIVE EMBANKMENTS[J]. 2005, 48(5): 1783-1794.

[209] Temple D, Hanson G, Neilsen M, et al. Simplified breach analysis model for homogeneous embankments: Part I, Background and model components [C]. Proceedings of the US Society on Dams Annual Meeting and Conference, 2005.

[210] Wu W. Introduction to DLBreach - A Simplified Physically-Based Dam/Levee Breach Model[J]. Clarkson University, NY, 2016.

[211] Wu W. Simplified Physically Based Model of Earthen Embankment Breaching[J]. Journal of Hydraulic Engineering, 2013, 139(8): 837-851.

[212] 黄金池. 堰塞坝漫顶溃口流量变化过程的数值模拟[J]. 水利学报, 2008, 39(10): 1235-1240.

[213] 黄金池, 王兆印, 刘之平. 水流冲刷与管道埋设 [M]. 北京: 中国建材工业出版社, 1998.

[214] 陈生水, 钟启明, 曹伟. 土石坝渗透破坏溃决机理及数值模拟[J]. 中国科学: 技术科学, 2012, 42(6): 697-703.

[215] 任强, 陈生水, 钟启明. 黏土心墙坝漫顶溃决数值模型研究[J]. 岩土工程学报, 2011, 32(4): 562-566.

[216] 钟启明, 陈生水, 邓曌. 均质土坝漫顶溃坝过程数学模型研究及应用[J]. 水利学报, 2016, 47(12): 1519-1527.

[217] Wang Z, Bowles D S. Three-dimensional non-cohesive earthen dam breach model. Part 1:

Theory and methodology[J]. Advances in Water Resources, 2006, 29(10): 1528-1545.

[218] Wang Z, Bowles D S. Three-dimensional non-cohesive earthen dam breach model. Part 2: Validation and applications [J]. Advances in Water Resources, 2006, 29 (10): 1490-1503.

[219] Cao Z, Yue Z, Pender G. Landslide dam failure and flood hydraulics. Part II: coupled mathematical modelling[J]. Natural Hazards, 2011, 59(2): 1021-1045.

[220] Sabbagh-Yazdi S R, Jamshidi M. Depth-Averaged Hydrodynamic Model for Gradual Breaching of Embankment Dams Attributable to Overtopping Considering Suspended Sediment Transport[J]. Journal of Hydraulic Engineering, 2013, 139(6): 580-592.

[221] WU W, MARSOOLI R, HE Z. Depth-Averaged Two-Dimensional Model of Unsteady Flow and Sediment Transport due to Noncohesive Embankment Break/Breaching[J]. Journal of Hydraulic Engineering, 2012, 138(6): 503-516.

[222] Odd N. Simulation of lagoon breakout[C]. Proceedings of the Proc. 26th Congress of the Int. Assoc. for Hydraulic Research, 1995.

[223] Toro E F, Toro E. Shock-capturing methods for free-surface shallow flows [M]. John Wiley New York, 2001.

[224] Wu W, Wang S S Y. One-Dimensional Modeling of Dam-Break Flow Over Movable Beds [J]. Journal of Hydraulic Engineering, 2007, 133(1): 48-58.

[225] Shigematsu T, Liu L F, Oda K. Numerical modeling of the initial stages of dam-break waves[J]. Journal of Hydraulic Research, 2004, 42(2): 183-195.

[226] D L Touzé, Marsh A, Oger G, et al. SPH simulation of green water and ship flooding scenarios[J]. Journal of Hydrodynamics, 2010, 22(5): 231-236.

[227] 李雷，盛金保. 沟后面板坝破坏机理及溃决过程分析[C].中国混凝土面板堆石坝十年学术研讨会,1995.

[228] 胡去劣，俞波. 面板坝溃决过程模拟计算[J]. 水动力学研究与进展，2000，15(2)：169-176.

[229] 陈生水，曹伟，霍家平，等. 混凝土面板砂砾石坝漫顶溃决过程数值模拟[J]. 岩土工程学报，2012，34(7)：1169-1175.

[230] Chiganne F, Marche C, Mahdi T F. Evaluation of the overflow failure scenario and hydrograph of an embankment dam with a concrete upstream slope protection [J]. Natural Hazards, 2014, 71(1): 21-39.

[231] 王廷，沈振中. 一种模拟面板砂砾石坝漫顶溃决的动床耦合分析模型[J]. 水利学报，2015，46(6)：699-706.

第 2 章 水库大坝滑坡多因素分析

目前，有关水库大坝边坡滑坡的研究主要集中在降雨引起的滑坡、库水位变化引起的滑坡和滑坡预测预报模型等方面。上述对边坡滑坡的研究主要考虑单一因素作用引起的滑坡，如降雨强度、降雨持时、雨型、土体渗性、库水位升降因素。实际上，滑坡是多因素相互作用的结果，边坡滑坡受到地形地貌、地层岩性、地质构造、边坡结构、库水位、地下水、植被、降雨、地震及人类活动等因素影响，对单一因素引起的边坡滑坡研究很难客观真实地反映实际边坡的滑坡特性。因此，只考虑单一因素作用即使是最主要的因素也势必影响对边坡滑坡的特性认识。

本章在综合分析滑坡影响因素、滑坡预测预报方法的基础上，结合水库大坝边坡滑坡特点研究降雨作用、降雨与库水位耦合作用、边坡冲刷作用下水库大坝边坡滑坡特性，选取降雨量、变形和坡角为预警指标，拟定了降雨量预警指标、变形预警指标和坡角预警指标，并将其应用于某水库大坝边坡稳定的监控预警。

2.1 滑坡的分类

根据滑坡物质组成、滑动层通过岩层情况、滑体厚度、滑动力学性质、形成原因、活动性、滑体规模、滑坡运动状态、岩体结构等方面对滑坡进行分类[1-2]，参见表 2.1。

表 2.1 滑坡分类方法

划分依据	类型	特征说明
滑坡物质组成	堆积层滑坡	各种不同性质的堆积层（包括坡积、洪积和残积）体内滑动，或沿基岩面的滑动，其中坡积层的滑动可能性大
	黄土滑坡	不同时期的黄土层中的滑坡，多群集出现，常见于高阶地前缘斜坡上，或黄土层沿下伏第三纪岩层滑动
	黏性土滑坡	黏性土本身变形滑动，或沿其他土层的接触面，或沿基岩接触面滑动
	岩层滑坡	较弱岩层组合物的滑坡，或沿同类基岩面，或沿不同岩层接触面以及较完整的基岩面滑动
	特殊滑坡	融冻滑坡、灵敏土滑坡、隘落滑坡、液化滑坡

续表

划分依据	类型	特征说明
滑动层通过岩层情况	同类土滑坡	也称均质滑坡，发生在层理不明显的均质黏性土或黄土中，滑动面均匀光滑
	顺层滑坡	沿层面或裂隙面滑动，或沿坡积体与基岩交界面及其岩间不整合面等滑动，大都分布在顺倾向岩层的山坡上
	切层滑坡	滑动面与岩层面相切，常沿倾向山外的一组断裂面发生，滑坡床多呈折线状，多分布在逆倾向岩层的山坡上
滑体厚度	浅层滑坡	滑坡体厚度在6 m以内
	中层滑坡	滑坡体厚度在6～20 m
	深层滑坡	滑坡体厚度在20～50 m
	巨厚层滑坡	滑坡体厚度超过50 m
滑动力学性质	推移式滑坡	上部岩层滑动，挤压下部产生变形，滑动速度较快，多具楔形环谷外貌，滑体表面波状起伏，多见于有堆积物分布的斜坡地段
	牵引式滑坡	下部先滑，使上部失去支撑而变形滑动，一般速度较慢，多具上小下大的塔式外貌，横向张性裂隙发育，表现多呈阶梯状或陡坎状，常形成沼泽地
形成原因	工程滑坡	由于开挖山体所形成的滑坡
	自然滑坡	(1) 老滑坡：坡体上有高大树木，残留部分环谷、断壁擦痕 (2) 新滑坡：外貌清晰，断壁新鲜
活动性	活滑坡	发生后仍在继续活动的滑坡，后壁及两侧有新鲜擦痕，体内有开裂、鼓起或前缘有挤出等形变，其上偶有旧房遗址，幼小树木歪斜生长等
	死滑坡	发生后已停止发展，一般情况下不可能重新活动，体上植被较茂盛，常有居民
滑体规模	小型滑坡	小于3万 m^3
	中型滑坡	3万～50万 m^3
	大型滑坡	50万～300万 m^3
	巨型滑坡	300万 m^3 以上
滑坡运动状态	缓慢式滑坡	滑坡移动缓慢，移动有连续、间歇
	崩塌性滑坡	滑坡的发生是急速的、骤然的，破坏在短时间内完成
岩体结构	块状岩体滑坡	包括岩浆岩和厚层岩滑坡，滑坡体为块状结构类型，岩体被不连续的节理裂隙切割，呈大块状，滑面为断层面、节理面和层面
	层状岩体滑坡	包括薄层状和层状岩坡，滑坡体为层状结构类型，岩体呈板状、层状，层理面极为发育，滑面为层面、断层面
	碎裂岩体滑坡	滑坡体为碎裂结构体，岩体呈中小碎块，发育多组不规则节理，但原始结构基本格架未破坏，滑面为断层面和层面
	松散岩体滑坡	包括黄土、黏土、碎石土、微风化破碎岩滑坡，滑坡体为散体结构类型松散岩体滑坡，松散土为未胶结土，碎石土和弱风化岩断层破碎岩等破坏了原结构，滑面一般情况下为圆弧状

（1）根据滑坡体物质组成和结构形式等主要因素对滑坡进行分类，见表 2.2。

表 2.2　根据滑坡体物质组成和结构形式等主要因素分类

类型	亚类	特征描述
堆积层（土质）滑坡	滑坡堆积体滑坡	由前期滑坡形成的块碎石堆积体，沿下伏基岩或体内滑动
	崩塌堆积体滑坡	由前期崩塌等形成的块碎石堆积体，沿下伏基岩或体内滑动
	崩滑堆积体滑坡	由前期崩滑形成的块碎石堆积体，沿下伏基岩或体内滑动
	黄土滑坡	由黄土构成，大多发生在黄土中，或沿下伏基岩面滑动
	黏土滑坡	由具有特殊性质的黏土构成，如昔格达组、成都黏土等
	残坡积层滑坡	由基岩风化壳、残坡积土等构成，通常为浅表层滑动
	人工填土滑坡	由人工开挖堆填弃渣构成，次生滑坡
岩质滑坡	近水平层状滑坡	由基岩构成，沿缓倾岩层或裂隙滑动，滑动面倾角小于 10°
	顺层滑坡	由基岩构成，沿顺坡岩层滑动
	逆层滑坡	由基岩构成，沿倾向坡外的软弱面滑动，岩层倾向山内，滑动面与岩层层面相反
	楔体滑坡	在花岗岩、厚层灰岩等整体结构岩体中，沿多组软弱面切割成的楔形体滑动
变形体	危岩体	由基岩构成，受多组软弱面控制，存在潜在崩滑面，已发生局部变形破坏
	堆积层变形体	由堆积体构成，以蠕滑变形为主，滑动面不明显

（2）根据滑坡体物质组成和结构形式等主要因素对滑坡进行分类，见表 2.3。

表 2.3　根据滑坡体物质组成和结构形式等主要因素分类

有关因素	名称类别	特征说明
滑坡厚度	浅层滑坡	滑坡体厚度在 6 m 以内
	中层滑坡	滑坡体厚度在 6～20 m
	深层滑坡	滑坡体厚度在 20～50 m
	巨厚层滑坡	滑坡体厚度超过 50 m
运动形式	推移式滑坡	上部岩层滑动，挤压下部产生变形，滑动速度较快，滑体表面皱状起伏，多见于有堆积物分布的斜坡地段
	牵引式滑坡	下部先滑，使上部失去支撑而变形滑动，一般速度较慢，多具上小下大的塔式外貌，横向张性裂隙发育，表面多呈阶梯状或陡坎状
发生原因	工程滑坡	由于施工或加载等人类工程活动引起的滑坡 （1）工程新滑坡：由于开挖坡体或建筑物加载所形成的滑坡 （2）工程复活古滑坡：原已存在，由于工程扰动引起复活的滑坡
	自然滑坡	由于自然地质作用产生的滑坡，按其发生的相对时代可分为古滑坡、老滑坡、新滑坡

续表

有关因素	名称类别	特征说明
现今稳定程度	活动滑坡	发生后仍继续活动的滑坡，后壁及两侧有新鲜擦痕，滑体内有开裂、鼓起或前缘有挤出等变形迹象
	不活动滑坡	发生后已停止发展，一般情况下不可能重新活动，坡体上植被茂盛，常有老建筑
发生年代	新滑坡	现今正在发生滑动的滑坡
	老滑坡	全新世以来发生滑动，现今整体稳定的滑坡
	古滑坡	全新世以前发生滑动，现今稳定的滑坡
滑坡体积	小型滑坡	小于 10 万 m^3
	中型滑坡	10 万～100 万 m^3
	大型滑坡	100 万～1 000 万 m^3
	特大型滑坡	1 000 万～10 000 万 m^3
	巨型滑坡	10 000 万 m^3 以上

2.2　滑坡的诱发因素

2.2.1　大气降水与滑坡关系的研究

大量的统计资料表明，大多数滑坡发生在降雨期间或降雨之后，一个地区的滑坡发育程度有随降雨量增多而增强的规律。

钟立勋在《中国重大地质灾害实例分析》一文中所列举的 27 例我国重大地质灾害中有 15 例是由于暴雨引起的。《中国典型滑坡》一书中列举的 90 多个滑坡实例，有 95%以上的滑坡都与降雨或地下水渗流有密切关系，其中相当一部分滑坡发生在雨季。

国内外一些学者从不同的角度对降雨与滑坡灾害的关系进行了研究，在滑坡与临界雨强关系的研究方面取得了不少的成果。Brand、Au 等在详细分析了 1963—1983 年的滑坡数目与 1～30 d 的累积降雨关系之后，认为中国香港地区的日均滑坡数量、滑坡伤亡人数与前期降雨量之间基本无关系可循，结论是中国香港地区的绝大多数滑坡是短时高强度的降雨引发的。70 mm/d 的降雨强度被看作是可能发生滑坡的临界雨强，若降雨强度超过100 mm/d，滑坡失稳数量显著增加。Malone 等指出预警系统控制的临界降雨强度不适用于大型深层滑坡(深度大于5 m)，这类滑坡明显与前期降雨量有关。Pun 等重新评定了以 Brand 的结果为依据建立的滑坡预警系统的有效性，得出的结论为：①75 mm/d 降雨强度不宜作为有居民的山坡地区的临界雨强；②滑坡发生概率与 15 d 前降雨量有关，相关程度随滑坡规模而变。Murry 和 Olsen 建议 70 mm/d的降雨强度可以作为巴布亚新几内亚滑坡发生的有效标准，在 24 h 降雨量超过 125 mm 时滑坡大量发生；在日本，累积降雨量超过 150～200 mm，或每小时降雨量超过 20～30 mm 时，大量边坡将会受降雨影响而发生滑动；美国 SarzBertlto 和 Alameda 认为过程降雨量累积超过 180～250 mm 为滑坡发生的临界值；加拿大滑坡发生的临界累积雨量值为超过 250 mm；巴西滑坡发生的临界累积雨量值为 250～300 mm。

在国内，对三峡库区滑坡的研究表明，当降雨强度大于 6 mm/h，日降雨量大于30 mm，一次降水过程累积降雨量大于 100 mm 时，即可能使浅层堆积体出现初滑迹象。柳源通过对中国几个重要暴雨滑坡集中取得的临界暴雨强度进行研究，得出四川盆地洪成分布区临界暴雨强度可确定为 200 mm/d，陕南则大致为 70 mm/d，鄂西为 100 mm/d，且前期降雨对滑坡滑动是否有明显影响取决于滑体的岩土性质、滑坡形成机制等多种因素，不可一概而论。文宝萍等通过对陕南地区典型滑坡的数值模拟得出临界暴雨强度为 75 mm/d。

综观上述研究成果，均从降雨历时、降雨量、降雨强度及降雨形式等方面进行分析，得出的成果具有特定的应用范围，一般适用于本区域或相类似地区。另外，对于不同物质组成的滑坡体，降雨过程对其影响也不同，这是因为不同的地质地貌条件下的渗透性和排泄能力不同，因此不能一概而论。

2.2.2 沟谷、河流、湖泊、海洋水的作用

边坡的形态，岩土类型、组成结构及地质构造条件、风化程度等，是影响边坡再造的内因。不同物质组成与结构的岩土边坡具有不同的抗剪强度和抗冲刷能力，它们决定着最终边坡再造的范围、作用强度和再造类型。而库水的涨落、水文地质条件的改变以及地震等因素则是边坡再造的外因，尤其是库水涨落、水文地质条件的改变不仅会导致岩土抗剪强度降低，而且会引起岩土自重及动、静水压力的变化，从而影响边坡的稳定。地震的影响也是显而易见的，它是诱发大规模边坡失稳的重要因素之一。就水库蓄水后影响边坡再造的外界因素而言，无疑是河水位变化所导致的一系列作用，它主要表现在以下几个方面：

(1) 水的长期浸泡作用。如前所述，特别对于细粒土来说，饱水强度远远低于天然含水时的强度。当岩(土)体强度逐渐降低，并达到一定程度时，边坡将产

生坍塌，甚至整体滑移型破坏。

（2）水波浪的冲刷作用。受其影响，边坡一般产生侵蚀-剥蚀型再造。岩质边坡一般表现为全风化带、强风化带岸体受冲刷后产生剥落；土质边坡则表现为波浪顺坡面回落，牵动表层土层并将其带入库中或造成坍滑。

（3）水涨落对水文地质参数的改变效应。库水的涨落导致岩（土）体中水文地质条件改变，也造成边坡中的地下水静、动水压力发生突变，这对覆盖层深厚且透水性较差的主库段影响较大，易发生整体滑移失稳。

（4）地表水、地下水的联合作用。暴雨期间，来自边坡流域内的地表水、地下水使土体饱水、富水，自重加大，一方面表现为水土流失，另一方面则起到肢解边坡岩土的作用，对各种类型边坡再造的发生均有一定的影响。

2.2.3　人为工程活动破坏坡体平衡作用

（1）开挖坡脚与增加荷载。建筑、填方、倾倒、筑堤等引起边坡超载。另外，边坡削方挖土、堆积物搬迁与增加荷载使坡脚压力增大，坡脚下部失去支撑，在斜坡上增加荷载使斜坡支撑不了过大的重量而失去平衡，沿软弱面下滑。

（2）地下采掘活动引起地表坡体失稳。地下大规模的开矿采空区及坑道密布，会造成山坡坡脚增大和引起顶板岩层的变形，进而引发滑坡。

（3）人为开挖形成斜坡或增大原有坡体的坡脚。在采石、修路、大型建筑场地及基础开挖等工程活动中，往往有破坏坡脚岩土人为增大斜坡角度的现象，或将原本不存在斜坡的山体或平台人工开挖后形成较陡峻的边坡，从而为滑坡创造了条件。

（4）人为提高地下水及地表水位，造成斜坡失稳。当水库区蓄水后，水位提高，加之边坡的再造，促使滑坡的发生。

（5）爆破、重型运输等引发的动力震动促进山坡失稳滑坡。

2.2.4　地震的作用

地震的作用表现为两方面：一是使斜坡承受的横向力发生改变；二是造成地表变形和裂隙增加，降低岩土的力学强度，引起地下水的变化。于是，在触发滑坡的滑动和促进滑坡体的形成等方面创造了条件。

2.2.5　乱砍滥伐人为活动

在山坡上乱砍滥伐使坡体失去保护，导致水体的渗入而诱发滑坡。

2.3 滑坡的危害

世界上滑坡（包括崩塌）最多、损失最重的国家和地区有中国、日本、美国、印度和欧洲阿尔卑斯山地区等。日本的滑坡点达 5 584 处，总面积为 1 433 km^2，可能发生崩塌的陡坡地带 7 400 处，每年滑坡损失达 40 亿美元；美国仅 20 世纪 70 年代的 10 年间，滑坡造成的经济损失就超过 100 亿美元；瑞士 20 世纪发生的滑坡灾害至少造成了 5 000 多人死亡。滑坡灾害每年给人类社会带来百亿美元以上的经济损失。

我国自古以来就是多滑坡灾害的国家。滑坡造成的危害既有直接的，也有间接的，有时还与地震、洪水相伴成灾或引发泥石流灾害。它不仅会掩埋村镇、堵塞江河、损坏道路、毁坏耕地，而且制造了许许多多的活埋人畜的惨剧。中国科学院成都山地灾害与环境研究所提供的最新资料表明，中国已发现新老滑坡近 30 万处，其中灾害性滑坡 1.5 万处，每年因滑坡灾害造成的经济损失达 10 多亿元。从 66 个大型滑坡灾害出现的周期性规律来看，愈接近现代，周期就愈短。如公元前 780 年至公元 1500 年的 2 280 年中，我国仅出现大型滑坡灾害 12 次，周期为 100～150 年，平均 190 年出现一次；而进入 20 世纪 50 年代以后，平均 3 年就会发生一次，其中 20 世纪 80 年代中仅 9 年时间就出现 7 次。

2.3.1 对水库大坝的危害

许多滑坡、崩塌发生在水电工程附近，它们毁坏水渠管道，破坏大坝、水电站、变电站以及其他设施。崩塌、滑坡体落入水库中常造成水库淤积，有时甚至激起库水翻越大坝冲向下游造成人员伤亡和损失，有些滑坡、崩塌还可能造成水库报废。例如，1980 年 6 月，甘肃省民乐县瓦房城水库发生 100 多万 m^3 的大滑坡，将钢筋混凝土结构的进水塔推倒，边坡护墙被毁，水库因此不能正常运营；又如 1978 年 9 月，甘肃省武都县（现为陇南市武都区）化马寨子沟发生滑坡，损坏 80 kW 电站一座。1959 年法国 Malpasset 大坝左侧坝肩岩体失稳，导致 500 余人死亡；1963 年意大利 Vajont 水库正常蓄水后，由于大坝上游边坡失稳激起了 220 m 巨浪，导致约 2 000 人死亡，1961 年中国柘溪水库塘岩光滑坡失稳并激起涌浪导致多人死亡，该滑坡是中华人民共和国成立后首例水库蓄水引发的大型滑坡。

2.3.2 对铁路的危害

铁路是遭受滑坡危害最频繁、最严重的工程。在我国，宝成线、陇海线的宝天段及成昆段几乎年年遭受滑坡、崩塌的袭击。据不完全统计，我国铁路沿线分布的大中型滑坡点有1 000多处，崩塌点数更多，致使铁路部门每年花费大量资金用以整治滑坡、崩塌地质灾害隐患点。如成昆铁路铁西滑坡的治理费用就高达2 300万元。滑坡、崩塌对铁路的危害主要表现为：摧毁铁路线、中断行车、危害站场、砸坏站房，毁坏铁路桥梁及其他设施，错断隧道、摧毁明硐，造成车翻人亡的行车事故。例如，1981年8月，宝成线略阳至王家沱间发生崩塌性滑坡，破坏线路100 m，轨道被推入江中，中断行车544 h；1979年4月成昆线K812处崩塌造成列车颠覆事故。

2.3.3 对公路的危害

山区公路也是遭受滑坡、崩塌危害最频繁且较严重的工程之一，其主要危害是：冲断或掩埋公路、砸坏路基及公路桥、中断交通；造成行车事故、引起人身伤亡。例如，1988年云南宜良县板桥发生滑坡，掩埋公路400余m，中断交通3个月，因公路中断而绕道行车运货，增加经费15万元。

2.3.4 对河运及海洋工程的危害

对河运的危害主要表现为：堵江断流，中断航运交通；形成江中险滩，威胁过往船只；激起涌浪，推翻船只，引起航运人员人身伤亡。对海洋工程的危害，最常见的是海底地基发生滑坡，引起海上钻井平台的下沉、滑移和倾倒事故，造成严重经济损失。例如，1982年9月在墨西哥海湾，飓风触发海底滑坡，使两座当时世界上工作水深最大的采油平台翻倒，仅在设备费上造成的经济损失就达1亿多美元；又如，我国"渤海湾二号"钻井平台，1973—1979年间曾因海底滑坡发生一次倾斜下沉，造成了严重经济损失。

2.3.5 对乡镇、农村及工矿企业的危害

中国地质环境监测院有关资料显示，滑坡、崩塌对乡村最主要的危害是摧毁农田、房舍，伤害人畜，毁坏森林、道路以及农业机械设施和水利水电设施等，有时甚至给乡村造成毁灭性灾害。例如，1984年12月20日，陕西省高陵县(现为西安市高陵区)蒋刘乡发生滑坡，死亡22人，毁坏耕地245亩①，房屋159间，整个村庄被毁；云南金沙江下游段大砂坝，历史上曾经是有名的米粮川，1754年发生一次大滑坡，淤埋了古县城，从此变成荒沙滩，由于物源量的增大、增多，每到汛期，该处

① 1亩≈666.7 m^2。

年年发生滑坡地质灾害。

2.4 滑坡的稳定性

2.4.1 滑坡发生的条件

滑坡是严重的斜坡变形破坏现象，其发生一方面取决于斜坡自身的基础条件，另一方面与斜坡受到的各种外界应力有关。因此，将滑坡的形成条件分为基本条件和外界条件两方面。

一般情况下，滑坡发生必须具备三个条件：易滑岩组、软岩结构面和有效临空面，这些条件决定了滑坡发生的必然性。外界条件是滑坡活动发生的诱发因素。滑坡发育过程中的常见诱发因素有：①水体作用。从作用类型上可以分为渗透应力作用、物理化学作用和水体径流作用等，而常说的降雨诱发因素，实际上是通过这些方式发生作用的。②外动力作用。主要有地震、人类活动等。人类活动对斜坡的破坏是通过开挖、堆压、爆破等作业改变了坡体的稳定条件或使原有的地表径流发生变化，诱发滑坡的发生。

2.4.2 影响滑坡稳定性的因素

滑坡实际上是某一项或某几项诱发滑坡发生的基本条件发挥作用而产生的，也是多个因素指标综合作用的体现[3-4]。

（1）岩土地质类型

结构松散，抗剪强度和抗风化能力低，在水作用下易发生变化的散覆盖层、黄土、黏土、页岩、泥岩、煤系地层、凝灰岩、片岩、板岩、千枚岩等是产生滑坡的内在物质基础。岩土力学强度较弱与较坚硬岩层互层结构的碎屑岩组亦利于滑坡的形成。

（2）地质构造及岩土结构

岩层中的各种节理、裂隙、岩性界面、断裂发育的斜坡，平行和垂直的陡倾构造面及顺坡缓倾的结构面是产生滑坡的内在地质环境条件。

（3）地形地貌

相对高差较大，山体坡角陡，即坡角大于 10°小于 45°、下陡中缓上陡、上部呈环状的坡形是产生山体滑坡的内在地貌环境条件。特别是在斜坡向与岩层结构面的倾向一致时滑坡易于形成。

（4）地下水位作用

地下水使岩土软化，降低岩土的抗剪和黏结强度，产生动水和孔隙水压力，潜蚀岩土，增大岩土容重，对透水岩石产生浮托力等是产生滑坡的水文地质条件。

表 2.4 中总结了影响边坡滑坡的主要因素。

表 2.4　影响边坡滑坡因素表

<table>
<tr><th>因素</th><th>类型</th><th>影响</th></tr>
<tr><td rowspan="4">内在因素</td><td>地形地貌</td><td>坡度
滑面倾向与前缘临空面倾向的关系
沟谷切割深度
洼地封闭状况
坡高
坡面形态</td></tr>
<tr><td>地层及岩性</td><td>地层岩性
岩石强度
岩土体结构</td></tr>
<tr><td>地质构造</td><td>区域构造
新构造活动性
结构面发育程度</td></tr>
<tr><td>边坡结构</td><td>结构类型
软弱岩层
软弱面控制程度</td></tr>
<tr><td rowspan="5">外在因素</td><td>地下水及地表水</td><td>地下水位
河流地质作用
地表水体
库水作用</td></tr>
<tr><td>植被</td><td>植被覆盖率
根劈作用</td></tr>
<tr><td>降雨</td><td>一次最大降雨强度
日降雨强度
月降雨强度</td></tr>
<tr><td>地震</td><td>地震烈度
地震的破坏程度</td></tr>
<tr><td>人类工程活动</td><td>活动强度
人口密度
地下采矿采空率
开挖堆填</td></tr>
</table>

2.4.3　滑坡的变形破坏机理

我国对滑坡模式的划分基本上采用张倬元先生对斜坡变形机理的划分模式：

蠕滑-拉裂、滑坡-压致拉裂、滑移-拉裂、滑移-弯曲、弯曲-拉裂、塑流-拉裂这 6 种模式的相互复合模式。国外的 Douglas Stead 和 Eberhardt 在总结露天高边坡的破坏机理时，将其分为如下 6 类：①双曲面破坏；②梨起破坏；③弯折破坏；④逐步破坏；⑤平面形失稳；⑥旧有构筑失效。这个分类方法直观易懂，具有一定的价值。

2.4.4 库水位对边坡的劣化机理研究

库水在与边坡长期接触作用的过程中，与边坡岩土体发生物理和化学作用，改变了边坡岩土体的渗透性和吸水性，以及岩土体的物质组成、结构、化学成分和边坡的完整性，从而可能会导致岩土体抗剪强度等物理力学指标衰减，诱发水库滑坡。

(1) 库水位对岩土物理劣化机理

库水对边坡岩土体的物理作用表现在多个方面，这主要包括：水对土颗粒表面、断层面等不连续界面的润滑作用、结合水强化作用、岩体结构面充填物的软化泥化作用和水对岩土体矿物颗粒间的胶结扩散运移作用等。水对岩土体的物理劣化作用主要体现在岩土体浸水后性能的软化。

(2) 库水位对岩土化学劣化机理

当水体与岩土体长时间接触，可能会促使岩土体发生水解水化、溶解、离子交换或者氧化还原等复杂的水化学作用。水对岩土体化学作用的强弱不仅与溶液性质有关，还受岩土体矿物成分、结构以及所处的环境温度和应力场等因素影响。水岩(土)的化学作用破坏了岩土体的微观结构，导致岩土体的力学特性发生变化。

(3) 库水位波动下边坡失稳机理

库水位周期性波动导致边坡遭受干湿循环作用的影响。周期性饱水和失水的环境可能会引起边坡的岩土体物质组成、物理力学性质以及矿物组成等发生显著变化，而坡体内的物质组成和结构又决定了岩土体基本物理参数。干湿循环下岩土体内的部分细粒物质被水流带走，改变了土体结构，使得土体的渗透系数、密度和孔隙度等基本参数发生变化。

2.4.5 滑坡的变形阶段及宏观变形破坏迹象

滑坡与自然界的任何事物一样，其存在是一个孕育、发展和消亡的演化过程。滑坡从开始变形到剧滑的全过程，一般可以分为四个阶段：缓慢蠕动阶段、匀速变形阶段、加速变形阶段和临滑阶段。斜坡在发展演化过程中，不同阶段将出现不同的宏观变形破坏迹象。根据斜坡的宏观变形破坏迹象，可以从定性的角度判断斜坡所处的演化阶段及其稳定性状况。表 1.2 为王尚庆等建立的新滩滑坡的变形阶段评判标准。

2.4.6　滑坡的宏观前兆异常现象

与地震、火山等其他自然灾害相似，滑坡失稳前(尤其是大滑坡发生前)也表现出多种宏观前兆，如地下水异常(包括滑坡体及前缘泉点数目增加或减少，水位跃变，水质、水量、水温、水的颜色发生变化等)、地气(包括滑坡区冒出的有味或无味的热气等现象)、动物异常(包括蛇出洞、鸡飞、犬吠、家蜂外逃、耕牛惊叫、老鼠搬家、麻雀搬迁等现象)等。由于这些现象在临滑发生前表现直观，易于人类捕捉，所以将其用于临滑预报十分有效。如用这种方法对宝成铁路须家河滑坡进行预报取得了成功(1963 年 9 月 13 日)。滑动前具有明显宏观前兆异常的滑坡见表 1.2。

影响滑坡的因素很多，据已有的滑坡研究成果，影响滑坡的主要因素一般分为内在因素和外在因素两大类。其中内在因素是属于边坡本身在较长的历史时期内具备的或潜在的有利于滑坡发生的地质、地貌等条件；外在因素即工程导致滑坡发生的外界因素和诱发因素。结合水库大坝边坡预警指标体系和某水库边坡滑坡特点，本次选取了降雨量、变形和坡角为边坡预警指标，构建了边坡滑坡预警指标体系。

主要参考文献

[1] 商真平，魏玉虎，姚兰兰.滑坡防治技术理论探讨与工程实践[M].郑州：黄河水利出版社，2009.

[2] R.L.舒斯特，R.L.克利泽克.滑坡的分析与防治[M].北京：中国铁道出版社，1987.

[3] 黄润秋，许强，戚国庆.降雨及水库诱发滑坡的评价与预测[M].北京：科学出版社，2007.

[4] 李长冬，龙晶晶，姜茜慧，等.水库滑坡成因机制研究进展与展望[J].地质科技通报，2020，39(1)：67 - 77.

第3章
水库大坝边坡安全监测技术

3.1 概述

水库坝坡、泄水建筑物、输水建筑物进出口边坡、库区岸坡等都属于水库大坝边坡。

水库大坝边坡安全监测是发现边坡潜在隐患、降低滑坡风险、减少事故的重要手段。水库大坝滑坡灾害的诱发因素复杂,但通常情况下,大多是由于未能及时获取边坡岩土体和边坡基础的实际状况,在降雨和库水位变化等因素影响下造成的。大部分的水库大坝滑坡过程都不是瞬时的,而是缓慢地从量变逐渐达到质变,潜在滑坡体内部通常存在先天缺陷,未能被勘察发现,或在设计或施工上存在不足,造成安全隐患。通过地勘、现场检查、监测、分析、评价,能及时了解和掌握边坡及周围环境变化,发现水库大坝滑坡的病险隐患征兆,采取有效处理措施。因此,对边坡及其周边相关结构运行状态的监测是保证边坡稳定、发现滑坡隐患的重要手段[1-2]。

3.2 水库大坝滑坡隐患的巡视检查

水库大坝滑坡隐患具有全面性、及时性和直观性等特点,巡视检查是采用仪器监测所不能代替的,同时也是安全监测中的首要工作。

3.2.1 巡视检查分类和基本要求

(1) 巡视检查分为日常巡视检查、年度巡视检查和特别巡视检查三类[3]。工程施工期、初蓄期和运行期均应进行巡视检查。

(2) 巡视检查应根据工程的具体情况和特点,制定切实可行的检查制度。具体规定巡视的时间、部位、内容和方法,并确定其路线和顺序,应由有经验的技术人员负责进行。

(3) 针对不同工程等别,日常巡视检查的频次不同,同时遇特殊情况和工程出现不安全征兆时,应增加巡查频次。

(4) 年度巡视检查应在每年的汛前、汛后、冰冻较严重地区的冰冻期和融冰期,按规定的检查项目,对水库大坝边坡进行全面或专门的巡视检查。检查次数建议每年不应少于两次。

(5) 特别巡视检查应在坝区遇到大洪水、大暴雨、有感地震、库水位骤变、高水位运行以及其他影响水库大坝安全运行的特殊情况时进行,必要时应组织专人对可能出现险情的部位进行连续监视。

3.2.2　巡视检查项目和内容

(1) 水库大坝边坡巡视检查应包括以下各项:

① 坡顶有无裂缝、异常变形等现象;如有防浪墙,应检查墙体有无开裂、挤碎、架空、错断、倾斜等情况。

② 迎水坡护面或护坡是否损坏;有无裂缝、剥落、滑动、隆起、塌坑、冲刷等现象;近坝坡的水面有无冒泡、变浑等异常现象。块石护坡有无块石翻起、松动、塌陷、垫层流失、架空或风化变质等损坏现象。

③ 背水坡及坝趾有无裂缝、剥落、滑动、隆起、冒水、渗水坑或流土、管涌等现象;表面排水系统是否通畅,有无裂缝或损坏;滤水坝趾、减压井(或沟)等导渗降压设施有无异常或破坏现象;排水反滤设施是否堵塞和排水不畅,渗水有无骤增骤减和发生浑浊现象。

(2) 基础和周边巡视检查应包括以下各项:

① 基础排水设施的工况是否正常;渗漏水的水量、颜色、气味及浑浊度、酸碱度、温度有无变化。

② 坝坡与岸坡连接处有无错动、开裂及渗水等情况;两岸坝端边坡有无裂缝、滑动、滑坡、崩塌、溶蚀、隆起、塌坑、异常渗水等。

③ 下游坝坡、坝址近区有无阴湿、渗水、管涌、流土或隆起等现象;排水设施是否完好。

④ 两端岸坡有无裂缝、塌滑迹象;护坡有无隆起、塌陷或其他损坏情况;下游岸坡地下水露头及绕坝渗流是否正常。

⑤ 有条件时应检查上游铺盖有无裂缝、塌坑。

(3) 穿过坝坡的输泄水洞(管)巡视检查应包括以下各项:

① 引水段有无堵塞、淤积、崩塌。

② 进水口边坡坡面有无新裂缝、塌滑发生,原有裂缝有无扩大、延伸;地表有无隆起或下陷;排(截)水沟是否通畅、排水孔工作是否正常;有无新的地下水露头,渗水量有无变化。

③ 进水塔(或竖井)混凝土有无裂缝、渗水、空蚀或其他损坏现象;塔体有无倾斜或不均匀沉降。

④ 洞(管)身有无裂缝、坍塌、鼓起、渗水、空蚀等现象;原有裂(接)缝有无扩大、延伸;放水时洞内声音是否正常。

⑤ 工作桥是否有不均匀沉陷、裂缝、断裂等现象。

(4) 坐落在坝肩岸坡的溢洪道巡视检查应包括以下各项:

① 进水段(引渠)有无坍塌、崩岸、淤堵或其他阻水现象;流态是否正常。

② 堰顶或闸室、闸墩、胸墙、边墙、溢流面、底板有无裂缝、渗水、剥落、冲刷、磨损、空蚀等现象;伸缩缝、排水孔是否完好。

(5) 近坝岸坡检查应包括以下各项:

① 岸坡有无冲刷、开裂、崩塌及滑移迹象。

② 岸坡护面及支护结构有无变形、裂缝及位错。

③ 岸坡地下水露头有无异常,表面排水设施和排水孔工作是否正常。

3.2.3 巡视检查方法

常规检查方法主要为眼看、耳听、手摸、鼻嗅、脚踩等直观方法,或辅以锤、钎、钢卷尺、放大镜、石蕊试纸等简单工具器材,对工程表面和异常现象进行检查。对安装了视频监控系统的土石坝,可利用视频图像辅助检查。检查应符合以下要求:

(1) 日常巡视检查人员应相对稳定,检查时应带好必要的辅助工具和记录笔、簿以及照相机、录像机等影像设备。

(2) 汛期高水位情况下对大坝表面(包括坝脚、镇压层)进行巡查时,宜由数人列队进行拉网式检查,防止疏漏。

3.2.4 巡视检查的记录和报告

(1) 每次巡视检查均应做好详细的现场记录。如发现异常情况,除应详细记述时间、部位、险情和绘出草图外,必要时应测图、摄影或录像。对于有可疑迹象部位的记录，应在现场就地对其进行校对，确定无误后才能离开现场。

（2）日常巡视检查中发现异常现象时，应分析原因，及时上报主管部门。

（3）各种巡视检查的记录、图件和报告的纸质文档和电子文档等均应整理归档。

3.3　水库大坝边坡监测基本要求

3.3.1　监测的类型

采用仪器对水库大坝边坡进行监测，按监测物理量类型可分为两大类[3-4]，其一为环境量，是边坡滑坡的影响因素；其二为效应量，如边坡变形、边坡内部渗流、应力应变数据，是边坡滑坡的响应变化信息。边坡的环境量主要包括：降雨、径流、水位等；效应量主要按照监测项目划分，常规监测主要分为：变形监测、渗流渗压监测、应力应变监测等。此外，对边坡工程还有专项监测，例如：变形控制网监测、地应力监测、水质监测、振动爆破监测等，见表 3.1。

表 3.1　不同边坡监测项目选型

序号	监测项目	人工边坡		天然边坡		
		施工期	运行期	前期	加固期	加固后
1	大地测量水平变形	√	√	√	√	√
2	大地测量垂直变形	√	√	√	√	
3	正锤倒锤线		√			
4	表面倾斜	√		√		
5	地表裂缝	√	√	√	√	
6	钻孔深部位移	√	√	√	√	
7	爆破影响监测	√		√		
8	渗流渗压监测	√	√	√	√	
9	雨量监测	√	√	√	√	
10	水位监测		√	√	√	√
11	松动范围监测	√				
12	加固效果监测	√	√		√	√
13	巡视检查	√	√	√	√	√

(1) 环境量监测

降雨、径流、水位(江河水位)是对水库大坝边坡作用的外在因素。降雨量是引起边坡水位上升的主要原因,同时降雨历时、降雨强度等对边坡材料的弱化及受力平衡有重要影响。因此,降雨、径流及水位等是不可忽视的因素,应建立有效的监测手段。为了解水库大坝边坡上下游水位、雨量等环境量的变化,分析其对边坡变形、渗流等工程性态的影响,需要进行水库大坝的环境量监测,环境量监测包括上下游水位、降雨量等。

① 上下游水位观测应根据水文观测的有关规范和观测手册在水库大坝上下游选择合适的观测点。水位观测最直观的测读装置是水尺。此外,遥测水位计,包括浮子式、传感器式都能应用于江河、湖泊、水库等的水位测量。

② 降雨量观测应根据水雨情观测的有关规范和观测手册在坝址区设雨量站,按规定进行观测。降雨量的测量包括用雨量器直接测定以及用天气雷达、卫星云图估算降水的间接方法。径流观测可采用水面线观测方法,通过水位高度计算流量,也可采用流速观测方法,结合断面尺寸获得流量数据。通常在缺少降雨径流观测设施的情况下,可以参照当地水文站点获取相关数据。

(2) 变形监测

① 表面变形:为了解水库大坝边坡在运行过程中是否稳定和安全,应对其进行变形监测,以掌握它的变形规律,进而分析其是否存在裂缝、滑坡、滑动和倾覆等异常变化趋势。表面变形包括竖向位移和水平位移。

② 内部变形:内部变形包括竖向位移和分层水平位移。

③ 坝基变形:为了解大坝在自重和水压力作用下的变形情况,需对坝基进行变形监测。

④ 裂缝及接缝:水工建筑物在设计和施工中均留有一些接缝,如混凝土面板的接缝和周边缝等。

⑤ 混凝土面板变形:对于边坡上覆盖有混凝土面板的边坡,需进行变形观测,混凝土面板的变形观测包括面板的表面位移、挠度、接缝和裂缝等。

⑥ 岸坡位移:对于危及大坝、输泄水建筑物及附属设施安全和运行的库岸滑坡体应进行观测,以监视其发展趋势,必要时采取处理措施。岸坡位移观测主要包括表面位移、裂缝及深层位移等。

(3) 渗流监测

渗流监测是指对在上下游水位差作用下产生的水库大坝边坡内部渗流场的监测,还有渗流压力、渗流量监测。渗流监测主要包括边坡渗流、基础渗流、库岸绕渗和坝后渗流量监测等。

① 边坡渗流：坝体渗流观测是为了掌握坝体浸润面的变化情况，如果高于设计值，就可能造成滑坡失稳。

② 基础渗流：坝基渗流观测可以检验有无管涌、流土及接触面的渗流破坏，判断大坝防渗设施的效果。

③ 库岸绕渗：绕渗除影响两岸山体边坡本身的安全外，对大坝边坡和基础的渗流也可能产生不利影响，如抬高岸坡部分坝体的浸润面或使坝基的渗流压力增大，在坝体与岸坡或混凝土建筑物的接触面上可能产生接触渗透破坏等。

④ 渗流量：渗流量的变化能直观全面地反映坝的工作状态，据以分析水库大坝边坡的安全性，所以渗流量一般是必测项目。

渗流压力一般采用测压管和埋设渗压计的方法进行监测。渗流量一般采用量水堰进行监测，且宜分区进行。根据具体情况，当流量为 1～70 L/s 时，可采用三角堰；当流量为 10～300 L/s 时，可选用梯形堰；当流量大于 50 L/s 时，可采用矩形堰。

（4）应力应变监测

应力应变监测包括锚杆应力、锚固力、钢筋应力、混凝土应力应变、界面压力监测等。对边坡治理中采用的预应力锚杆(索)，应布置锚杆(索)测力计监测。对边坡治理中采用了抗滑桩、抗剪洞塞与锚固洞、挡土墙等加固措施时，应对加固效果进行相应的钢筋应力、混凝土应力应变、界面压力监测。

3.3.2　监测断面要求

通常根据监测需求进行监测设计，在需要监测的边坡不同部位，预先埋设或安装监测仪器和监测设施，按照规定的监测频次进行量测，获取反映大坝边坡及临近结构运行性态变化的监测数据。监测仪器及设施应重点布置在边坡地质条件或结构形式相对薄弱的部位、对边坡安全分析具有代表性的部位或存在加固措施的工程断面，能够反映边坡变形动态和加固结构的受力特点，且将表面和内部监测相结合，构成立体监测系统。监测断面宜与勘探剖面相结合，根据规范要求，1 级边坡应结合规模和地质条件布置监测断面，2 级、3 级边坡不应少于 1 个监测断面，宜与潜在滑动面的滑移方向或地下水渗流方向综合考虑。断面通常分为关键部位或断面、重要部位或断面、一般部位或断面。

3.3.3　监测频次要求

边坡及滑坡的安全监测频次可参考土石坝监测频次，根据监测类别及不同时期的要求设定，同时应按照工程实际运行情况进行增减，在水位骤变情况下应当加密观测。边坡及滑坡安全监测频次见表 3.2。

表 3.2　边坡及滑坡安全监测频次

监测类别	监测项目		施工期	初期运行期	运行期
变形监测	表面位移	边坡及滑坡	1 次/月	2 次/周	1 次/月
		岸坡	1 次/月	1 次/周	1 次/季
	内部位移	边坡及滑坡	1 次/月	2 次/周	1 次/季
		岸坡	1 次/月	2 次/周	1 次/季
	倾斜		1 次/月	2 次/周	1 次/月
	裂缝开合度		1 次/周	2 次/周	1 次/月
渗流监测	地下水位		1 次/月	1 次/周	1 次/季
	渗透压力		1 次/周	1 次/d	2 次/月
	渗流量		1 次/周	1 次/d	2 次/月
应力应变监测	锚杆应力		1 次/月	1 次/周	1 次/季
	锚索预应力		1 次/月	1 次/周	1 次/季
	抗滑措施应力应变		1 次/月	1 次/周	1 次/季
	抗滑桩界面压力		1 次/月	1 次/周	1 次/季

3.4　环境量监测

降雨的空间分布具有显著的地域性，降雨量虽与高程具有一定的相关性，然而不同的地区高程与降雨量的关系不同，而且影响降雨的因素并不是单一的，大气环流、水汽含量、山脉、气温、太阳辐射、地形的陡缓等对降雨量的影响也很大。

3.4.1　降雨量监测

(1) 一般观测点布置

降雨量观测场地面积一般应不小于 4 m×4 m，应避开强风区，其周围应空旷、平坦，不受突变地形、树木和建筑物以及烟尘的影响，使在该场地上观测的降雨量能代表水平地面上的水深。

在山区，观测场不宜设在陡坡上或峡谷内，要选择相对平坦的场地，使仪器器口至山顶的仰角不大于 30°。难以找到符合上述要求的观测场时，条件可酌情放宽，即障碍物与观测仪器的距离不得少于障碍物与仪器器口高差的 2 倍，且应力求在比较开阔和风力较弱的地点设置观测场，或设立杆式雨量器(计)。如在有障碍物处设立杆式雨量器(计)，应将仪器设置在当地雨期常年盛行风向过障碍物的侧风区，杆位离开障碍物边缘的距离至少为障碍物高度的 1.5 倍。在多风的高山、出山口、近海岸地区的雨量站，不宜设置杆式雨量器(计)。

(2) 不同高程观测点布置

山洪易发区降雨量与高程有一定的相关性，不同地区高程与降雨量的关系不同，而且大气环流、水汽含量、山脉、气温、太阳辐射、地形的陡缓等对降雨量的影响也很大。因此，山洪易发区降雨量观测点布置应该考虑高程与降雨量关系，根据本地区生活条件、设站目的、地形等条件确定，根据实际需要考虑降雨量观测布置测点数。

(3) 降雨量观测仪器

降雨量主要采用雨量器或雨量计来观测。我国使用的观测降雨量的仪器有雨量器、虹吸式雨量计和翻斗式雨量计，目前普遍使用的是翻斗式雨量计，其承雨器口内径为 200 mm，允许误差为 0～0.6 mm。承雨器口呈内直外斜的刀刃形，刃口锐角为 40°～45°。

翻斗式雨量计结构简单、性能可靠，可把降雨量转换成电信号，便于自动采集数据，已广泛应用于水文自动测报系统和雨量固态存储系统等自动化采集系统中。

3.4.2　水位监测

水位监测分为水库水位和河道控制断面水位监测。

(1) 测站设置

水位站的站址选择应满足监测的目的和观测精度的要求，水位观测断面宜选在岸坡稳定、水位具有代表性的地点。水位观测的水准基面应与水工建筑物的水准基面一致。

① 上游(水库)水位观测

水位观测站应设在水面平稳、受风浪和泄流影响较小、便于安装设备和观测的地点。一般设置在岸坡稳固处或永久性建筑物上，能代表坝前平稳水位的地点。

② 河道控制断面水位观测

河道控制断面水位观测站应与测流断面统一布置，一般选择在水流平顺、受泄流影响较小、便于安装设备和观测的地点。

(2) 观测方法

根据水位测点的地形、水流条件等，水位观测一般可采用水尺、浮子式水位计、压力式水位计和雷达式水位计等方式。

① 水尺

每个水位测点必须设置水尺进行水位观测，即使采用其他水位观测方式，也应设置水尺，它是水位测量基准值的来源，也可以定期进行比对和校测。

水尺根据安装使用方式的不同，可分为直立式水尺、倾斜式水尺和矮桩式水尺。

水尺设置完成后，对设置的水尺必须统一编号，各种编号的排列顺序应为组号、脚号、支号、支号辅助号。水尺编号应标在直立式水尺的靠桩上部、矮桩式水尺的桩顶上或倾斜式水尺的斜面上的明显位置。

② 浮子式水位计

浮子式水位计具有简单可靠、精度高、易于维护等特点。浮子式水位计用浮子感应水位，浮子漂浮在水位井内，随水位升降而升降。浮子上的悬索绕过水位轮悬挂一平衡锤，由平衡锤自动控制悬索的位移和张紧。悬索在水位升降时带动水位轮旋转，从而将水位的升降转换为水位轮的旋转，使得直线位移量准确地转换为相应的数字量。浮子式水位计可以用于能建水位井的所有水位观测点，并必须安装在水位井内。浮子式水位计适合于泥沙淤积小、测井内不结冰、无干扰的环境。

③ 压力式水位计

压力式水位计的优点是安装方便，无须建造水位测井。压力式水位计按压力传递方式分为投入式和气泡式水位计。投入式水位计是将压力传感器直接安装于水下，通过通气电缆将信号引至测量仪表；气泡式水位计是通过一根气管向水下的固定测点吹气，使吹气管内的气体压力和测点的静水压力平衡，通过量测吹气管内压力实现水位的测量，其传感器置于水面以上。

④ 雷达式水位计

雷达式水位计传感器发出短微波脉冲，然后接收从水面反射回来的信号，并将信号转化为传感器到水面的距离，再用传感器安装高程减去这个距离即得到水位。

3.4.3 流量监测

(1) 观测布置

流量观测断面应选择断面稳定、水流顺直的河段，必要时还应对测流断面进行人工处理，如修直河道、建设宽顶堰等。

（2）观测方法

① 转子式流速仪法

转子式流速仪是水文测验中使用最广泛的常规测量仪器。转子式流速仪由旋转、发讯、身架、尾翼和悬挂等部件组成。转子式流速仪是根据水流对转子的动量传递进行工作的，将水流直线运动能量通过转子转换成转矩。在一定的流速范围内，流速仪转子的转速与水流速度呈近似的线性关系。即：

$$v = Kn + C \tag{3-1}$$

式中：v 为水流流速，m/s；n 为流速仪转子的转率，r/s；K 和 C 均为常数，通过流速仪检定水槽得到。

② 量水建筑物测流法

量水建筑物测流法的测验河段应选择顺直平缓河段，水流处于缓流状态，顺直河段长度一般应不小于过水断面总宽的 3 倍，当堰闸宽度小于 5 m 时，顺直河段长度应不小于最大水头的 5 倍。行近槽段内应水流平顺，河槽断面规则，断面内流速分布对称均匀，河床和岸边无乱石、土堆、水草等阻水物。当天然河道达不到以上要求时，必须进行人工整治使其符合量水建筑物测流的水力条件，并应避开陡峻、水流湍急的河段。

水尺高程设置及高程测量应按照国家标准《水位观测标准》(GB/T 50138—2010)和有关水文测量现行规范的规定执行。应根据现场率定和同类型综合的流量系数推求流量，建立水位-流量关系曲线。

3.5　边坡表面变形监测

常见的边坡变形破坏主要有松弛张裂、蠕动变形、崩塌、滑坡等主要类型，除此之外边坡的塌滑、错落、倾倒等也时有发生。在边坡的破坏形式中，滑坡是分布最广、危害最大的一种。滑坡是指边坡土体在重力作用下沿贯通的剪切破坏面发生滑动破坏的现象。它在坚硬或松软岩层、陡倾或缓倾岩层以及陡坡或缓坡地形中均可发生。

水库大坝边坡的滑坡破坏会使边坡表面和内部均出现变形变化。变形监测是了解水库大坝边坡变形性态，发现征兆异常的重要手段。变形监测主要包括边坡表面变形、内部变形。在传统监测仪器的基础上，近年来还出现了大量应用新技术、新方法的边坡变形监测手段。

3.5.1 表面变形监测的基本要求

(1) 变形监测用的平面坐标及水准高程应与设计、施工和运行等阶段的控制网坐标系统相一致。

(2) 表面竖向位移及水平位移观测一般应共用一个测点。深层竖向及水平位移观测应尽量与表面位移结合布置,并应配合进行观测。

(3) 建筑物上各类测点应和建筑物牢固结合,能代表建筑物变形,测点应有可靠的保护装置。

(4) 观测基点应设在稳定区域内,应埋设在新鲜或微风化基岩上,保证基点稳固可靠,基点应有可靠的保护装置。

(5) 变形观测的正负号应遵守以下规定:

① 水平位移:向下游为正,向左岸为正,反之为负;岸坡向河床变形为正,向两岸变形为负。

② 竖向位移:向下为正,向上为负。

③ 裂缝和接缝三向位移:对开合,张开为正,闭合为负;对滑移,向坡下为正,向左为正,反之为负。

④ 倾斜:向下游转动为正,向左岸转动为正,反之为负。

(6) 观测测次应满足《土石坝安全监测技术规范》(SL 551—2012)的规定。

3.5.2 变形测点的布置

为了解水库大坝边坡不同时期的稳定和安全,应对其进行表面变形监测,以掌握它的变形规律,研究有无裂缝、滑坡、滑动和倾覆等趋势。表面变形包括竖向方向和水平方向。水平方向通常按照边坡土体下滑力作用方向,分为顺滑移方向和垂直滑移方向。

(1) 土石坝表面变形监测设计

① 观测纵断面

土石坝表面变形监测的观测纵断面一般不少于 4 个,通常在上游坝坡正常蓄水位以上布设 1 个(一般在正常蓄水位以上 1 m 处),坝顶布设 1 个(一般布置在下游坝肩,切不可布置在防浪墙上),下游坝坡半坝高以上布设 1～3 个,半坝高以下布设 1～2 个(含坡脚 1 个)。对于软基上的土石坝,还应在下游坝趾外侧增设 1～2个,其具体位置应根据坝坡抗滑稳定计算的结果确定。

② 观测横断面

土石坝表面变形监测的观测横断面一般布置在最大坝高处、原河床处、合龙段、地形突变处、地质条件复杂处、坝内埋管或水库运行时可能发生异常处。

坝长小于300 m时，观测横断面的间距宜为20～50 m；坝长大于300 m时，观测横断面的间距宜为50～100 m，一般观测横断面不少于3个。对“V”形河谷中的高坝和两坝端，以及坝基地形变化陡峻坝段，应适当加密。

③ 观测点

每个观测横断面和纵断面交点处布设表面变形观测点。

④ 工作基点和校核基点

工作基点应在每一纵排测点两端岸坡的延长线上布设，其高程宜与测点高程相近。

采用视准线法进行横向水平位移观测时，应在两岸每一纵排测点的延长线上各布设一个工作基点；当坝轴线为折线或坝长超过500 m时，可在坝身每一纵排测点中增设工作基点(可用测点代替)，工作基点的距离保持在250 m左右。当坝长超过1 000 m时，一般可用三角网法观测增设工作基点的水平位移，有条件的，宜用测边网、测边测角网法或倒锤线法进行观测。

水准基点一般在土石坝下游1～3 km处布设2～3个。

采用视准线法观测的校核基点，应在两岸同排工作基点连线的延长线上各设1～2个。

(2) 近坝区岩体及滑坡体变形监测设计

① 近坝区岩体观测点

在两岸坝肩附近的近坝区山体垂直于坝轴线方向各布设1～2个观测横断面。每个横断面上布设3～4个观测点，一般坝轴线或上游1个，下游2～3个。

② 滑坡体观测点

在滑坡体顺滑移方向布设1～3个观测断面，每个观测断面上布设不少于3个观测点，一般布设在滑坡体后缘至正常蓄水位之间。

③ 工作基点和校核基点

工作基点和校核基点可设在观测点附近的稳定岩体上。

(3) 观测设施及其安装

① 观测设施

观测点和基点的结构必须坚固可靠，且不易变形，并力求美观大方、协调实用。测点可采用柱式或墩式，其立柱应高出坝面0.6～1.0 m，立柱顶部应设有强制对中底盘，其对中误差均应小于 0.2 mm。工作基点和校核基点布设一般采用整体钢筋混凝土结构，立柱高度应大于 1.2 m，立柱顶部强制对中底盘的对中误差应小于 0.1 mm。土基上的测点或基点，可采用墩式混凝土结构。在岩基上基点，可凿坑就地浇筑混凝土。在坚硬基岩埋深大于 5～20 cm 情况下，可采用深埋双金属管柱作为基点。水平位移观测的觇标，可采用觇标杆、觇牌或电光灯标。

② 观测设施的安装

观测点和土基上基点的底座埋入土层的深度不小于 0.5 m，冰冻区应深入冰冻线以下。观测设施应采取可靠措施防止雨水冲刷、护坡块石挤压和人为碰撞。观测设施埋设时，应保持立柱铅直，仪器基座水平，并使各测点强制对中底盘中心位于视准线上，其偏差不得大于 10 mm，底盘调整水平，倾斜度不得大于 4′。

3.5.3 水平位移监测

边坡变形中水平位移监测可采用交会法、精密全站仪坐标法、视准线法、GPS 测量和多摄站摄影测量方法等，应根据边坡形体和其他外在环境条件合理选择观测方法。

对于大坝边坡水平位移监测，目前多采用视准线法、引张线法等方法。视准线法进行观测和数据计算更为简便，但是较易受外界环境的影响。如果当视线距离不长，通常在 500 m 内时，其观测精度相对较高，比较适用于观测。引张线法的仪器和观测设施简单，埋设安装较为方便，能观测不同高程位置的边坡水平位移变化，同时受外界因素影响较小，精度高、速度快，可重复进行，可通过遥测、自记和数字显示等方法获取数据。激光准直观测法的方向性较强，观测精度也相对较高，缺点是随着准直距离的增大，光斑直径扩大，当准直距离达 500 m 时，光强减弱，受大气抖动等因素影响而发生漂移，导致观测精度降低。

边坡的水平位移可根据边坡情况采用适宜的方法观测，也可将前述的多种方法有机地结合使用。

(1) 视准线法

视准线法用于水平位移及高差的观测，即以边坡远端基岩作为不动点，以工作基点的连线为基准，测量边坡在外界荷载作用下位移标点的水平位移。特点是操作简便，成果可靠，费用低廉。在连线转折处需布设非固定工作基点，观测时分别测定标点偏离非固定工作基点以及非固定工作基点偏离两岸固定基点的位置变化，然后求得各标点的水平位移量，这是目前常规的表面变形观测方法。可选用全站仪、水准仪、经纬仪进行观测，获取水平角、垂直角、距离(斜距、平距)、高差等观测信息。

视准线观测方法因其原理简单、方法实用、实施简便、投资较少的特点，在水平位移观测中得到广泛应用，并且派生出了多种多样的观测方法，如分段视准线、终点设站视准线法等。视准线观测法受外界条件影响较大，对较长的视准线而言，由于视线长，照准误差增大，甚至照准困难，因而精度低，不易实现自动观测。而且这种方法要求变形值(位移标点的位移量)不能超出该系统的最大偏距值，否则无法进行观测，所以此方法要求地形适合以下条件：

① 滑坡两侧都适合布置监测网点；

② 监测网点之间要互相能通视；

③ 从监测网点能观测到视准线上所有的测点。

(2) 交会法

交会法是根据坐标已知的点测定待定点平面位置的一种方法，根据不同使用条件分为联合交会法、边交会法、角前方交会法。

① 联合交会法

联合交会法结合了角后方交会法和角侧方交会法。在监测点上设站，均匀地观测周围 4 个监测网点，计算监测点坐标的观测方法为角后方交会法。其优点是只需在监测点上(不需在监测网点上)设站观测；在同一滑坡上的不同监测点可同时施测而互不干扰；观测精度较高。该法的缺点是要求观测人员素质好；观测工作量大；监测网点分布要均匀，否则会影响监测点的精度。

通常受地形所限，不一定能满足所有监测点都能均匀地观测到周围 4 个监测网点。为此，需要采用角侧方交会法为辅，以提高监测点的精度。所谓角侧方交会法，是在少数监测网点上设站观测监测点的一种方法。

联合交会法的多数测点可设在监测点上，无须过江或爬高山；少数监测点可通过选择最有利的监测网点实施角侧方交会法来实现提高观测精度的要求。

② 边交会法

边交会法是以 2 个以上的监测网点为基准，观测这些监测网点到某测点的距离与高差。该法观测方便、精度高，可实现观测自动化。但这种方法要求到监测网点的交通方便。

③ 角前方交会法

角前方交会法是在 2 个以上的监测网点上设站观测某一个监测点，求取该监测点坐标的一种方法。该法的优点是观测人员只需在监测网点上设站观测，不需要上滑坡体。因此，这种方法特别适合于滑坡快要发生，观测人员不便上滑坡进行监测的情况下。此法对于交通不便、观测距离太远、图形条件不好等情况不适用。

几种水平位移监测方法比较见表3.3。

表3.3　水平位移监测方法比较

名称	布置方法	优势和不足	适用环境
视准线法	沿垂直滑坡滑动方向布点，两端点为监测网点，中间为监测点	优点是观测工作量小，缺点是要求滑坡两侧宜布置网点；网点间能通视；从网点上能看到视准线上所有测点	不适用于范围大、狭长的滑坡或滑坡任何一侧找不到稳定基点的滑坡
联合交会法	监测点上设站为主，在少数网点上设站为辅	观测精度高、速度快，但要求观测人员素质高，工作量稍大，网点分布要均匀	适用于上监测网点交通不方便，上监测点交通方便的滑坡
边交会法	以2个以上监测网点为基准，观测这些网点到某一监测点的距离与高差	观测方便、精度高；但要求测距仪精度高、交通方便	适用于交通方便的滑坡
角前方交会法	在2个以上的监测网点上设站观测某一个监测点	优点是无须去监测点上设站，因而临滑前也可观测，但观测距离远，精度受影响	适合于监测点交通不便和滑坡临滑前

3.5.4　垂直位移监测

垂直(沉降)位移是大坝变形监测中的主要项目之一。大坝在外界因素作用下，沿铅直方向产生位移，坝体沿某一铅直线(垂直)或水平面还会产生转动变形。为掌握大坝及基础变形情况，对于一般中小型水库的大坝，垂直(沉降)位移是变形监测的必测项目。

垂直(沉降)位移监测方法有精密水准法、静力水准法和三角高程法。在基础垂直(沉降)位移监测中，多采用多点基岩变位计测量基础内部沿铅直向的位移。深层位移监测可采用钻孔测斜、多点位移计方法。地表裂缝监测可采用巡视检查、测距高程导线方法。

(1) 精密水准观测

精密水准测量直观性好，精度高，适合于较平坦的地区。当比高较大时，设站很多，工作量大。当滑坡体的横断面沿等高线走向，比高不大时，精密水准测量的测线采取沿横断面布置较为合适。

（2）测距高程导线法

测距高程导线法是测定两点之间的距离以及高度角，以计算两点之间高差的方法。该方法的优点是可以直接确定相互通视的两点高差。其缺点是要求仪器精度高、观测人员素质好。规模大、沿滑动方向窄长且比高大、沿横断面的两端布置水准点困难的边坡和滑坡宜采用测距高程导线法。采用这种方法时通常以高程工作基点为基准，采用附合、闭合和支线等组成测线；为保证精度，应尽量使相邻两点间的比高小、距离短。

3.5.5　表面倾斜监测

表面倾斜监测可采用表面倾斜仪，即倾角计。对岩石坚硬完整的人工边坡可选用灵敏度高、量程小的倾角计，对岩石破碎、软弱的人工边坡或天然滑坡可采用灵敏度较低但量程大的倾角计。

3.5.6　三维表面变形监测

（1）全站仪监测

全站仪可进行大坝表面变形的三维位移监测，它能够自动整平、调焦、正倒镜观测、误差改正、记录观测数据，并能自动进行目标识别，操作人员不再需要精确瞄准和调焦，一旦粗略瞄准棱镜后，全站仪就可搜寻到目标，并自动瞄准，大大提高工作效率。

（2）自动全站仪监测

自动全站仪是通过对全站仪进行集成而实现的，是一种集目标自动识别、自动照准、自动测角测距、自动跟踪、自动记录功能为一体的综合测量设备。它包括电子全站仪（电子电路模块、光学系统部分、软件系统部分）、自动目标照准传感装置、电动马达。目标照准传感装置可以通过内置在全站仪中的阵列传感器识别被反射棱镜返回的红外光，当判别接受后，马达驱动全站仪自动转向棱镜，并实现自动精确照准。自动测量机器人能够识别红外光，能够在夜间、雾天甚至雨天（保证镜面无雨水）等复杂天气进行测量，因而可实现常规监测网测量的全自动化。

针对不同的监测工程对象和要求，自动全站仪可组成以下监测方式。

① 移动式监测方式

计算机与全站仪连接，设备不需要固定在被测对象某一个位置，可以进行移动测量，同时可将数据通过网络传输。移动式监测方式成本低，在需要临时测量的边坡中应用较好。

② 固定式监测方法

固定式监测就是将全站仪长期固定在测站上，并设置监测管理房、通信及电力设施，实现长期无人值守、全天候连续监测，同时实现数据的自动处理、自动告警、远程监控等功能，常应用于大型工程边坡运行时的长期持续监测。

(3) 组网测量

组网测量即多台自动测量机器人通过网络组网，通过网上数据共享解算各测站点的坐标信息，然后再结合基准点坐标，对各个变形点监测数据进行统一差分处理，解算各站点的坐标及变形量。组网测量系统非常适合较大区域内，尤其是结构复杂、单台设备无法完成的大型工程或边坡变形的监测，但组网测量设备多、维护难度大、成本高。

(4) GNSS 变形监测

GNSS 的全称是全球导航卫星系统(Global Navigation Satellite System)，它是泛指所有的卫星导航系统，包括全球的、区域的和增强的，如美国的 GPS、俄罗斯的格洛纳斯、欧洲的伽利略、中国的北斗卫星导航系统，以及相关的增强系统，如美国的 WAAS(广域增强系统)、欧洲的 EGNOS(欧洲静地导航重叠系统)和日本的 MSAS(多功能运输卫星增强系统)等，还涵盖在建和以后要建设的其他卫星导航系统。国际 GNSS 系统是个多系统、多层面、多模式的复杂组合系统。GNSS 技术可以向全球任何用户全天候地连续提供高精度的三维坐标、三维速度和时间信息等技术参数，目前在各类变形监测中已得到了广泛的应用。

GNSS 系统由空间部分、地面监控部分和用户接收部分组成。空间部分即一系列在轨运行的卫星，由 21 颗卫星和 3 颗备用卫星组成；地面监控部分由全球分布的 5 个地面站组成，由监测站、主控站和注入站组成，起到整个系统的管理、调整、导航及时间校正等功能；用户部分即接收机，用于接受卫星信号，获取导航和定位信息及观测数据。

GNSS 的定位测量原理比较简单，即基于空间三维后交会法。设备利用卫星星历计算出某时刻 3 颗卫星空间三维坐标，结合接收机观测数据，计算接收机的坐标。由于接收机钟差在某一时间为未知常数，因此至少要同时观测出 4 颗卫星。通常为了提高精度，可设置同时观测 6～8 颗卫星。观测 3 颗卫星时，计算公式为：

$$\begin{cases} L_1 = \sqrt{(X-X_1)^2+(Y-Y_1)^2+(Z-Z_1)^2} \\ L_2 = \sqrt{(X-X_2)^2+(Y-Y_2)^2+(Z-Z_2)^2} \\ L_3 = \sqrt{(X-X_3)^2+(Y-Y_3)^2+(Z-Z_3)^2} \end{cases} \tag{3-2}$$

式中：L_1、L_2、L_3 分别为地面点与 1 号、2 号、3 号卫星的距离；X、Y、Z 为地面点的空间坐标；带下标的 X、Y、Z 为对应卫星的空间坐标。

传统的基于卫星定位的技术存在以下误差：

① 轨道误差，是指卫星星历所提供的卫星空间位置与实际位置的偏差。

② 时钟误差，是指卫星星历时间与标准时间的偏差。

③ 电离层延迟误差，是指卫星信号穿越大气层产生的观测误差。

④ 对流层延迟误差，与电离层延迟误差相似。

⑤ 多路径误差，是指测站周围的反射物所反射的卫星信号进入接收机天线，和直接来自卫星的信号产生干涉而带来的误差。

⑥ 接收机噪声，是指接收机在测量距离时带入的误判。

正是由于这一系列误差，基于卫星的定位精度只能达到米级。

RTK(Real-time kinematic)即实时动态载波相位差分技术，是实时处理两个测量站载波相位观测量的差分方法，是将基准站采集的载波相位发给用户接收机，进行求差解算坐标。这是一种新的常用卫星定位测量方法，以前的静态、快速静态、动态测量都需要事后进行解算才能获得厘米级的精度，而 RTK 是能够在野外实时得到厘米级定位精度的测量方法，它采用了载波相位动态实时差分方法，是 GPS 应用的重大里程碑，它的出现为工程放样、地形测图，各种控制测量带来了新的测量原理和方法，极大地提高了作业效率。RTK 设备的精度通常在 2～3 cm，达不到边坡变形监测精度要求，一般不适用于边坡变形监测。

PPK(Post Processed Kinematic)即动态后处理技术，是对 RTK 技术的补充。其原理是利用进行同步观测的一台基准站接收机和至少一台流动接收机对卫星的载波相位进行测量，事后在计算机中利用 GPS 处理软件进行线性组合，形成虚拟的载波相位观测量值，确定接收机之间厘米级的相对位置，然后进行坐标转换得到流动站在地方坐标系中的坐标。

大量的实际应用表明，为了提高精度，可采用静态测量法，即将多台接收机同时安置在各观测点上同步观测一定时间，并进行解算和平差，通过优化监测方式和进行数据的后处理，水平位移观测矢量可获得小于±2 mm 的精度，高程测量也可获得不大于±10 mm 的精度，达到四等水准观测的要求，基本满足水库大坝边坡的变形监测需求。

3.6 内部变形监测

3.6.1 内部变形监测基本要求

水库大坝边坡内部变形监测主要内容是裂缝监测及深层岩土体的位移监测。深层岩土体位移包括垂直(沉降)位移和分层水平位移。垂直(沉降)位移是指人工填筑边坡的固结和沉降;分层水平位移是指边坡垂直坝轴线方向或平行坝轴线方向的位移，以及在水压力作用下不同层面的水平位移，或由于边坡岩土体抗剪强度低而产生的侧向位移。

(1) 分层竖向位移监测

断面应布置在最大横断面及其他特征断面(主河槽、合龙段、地质及地形复杂段、结构及施工薄弱段等)上，一般可设 1～3 个断面。每个监测断面上可布设1～3 条观测锤线，其中一条宜布设在坝轴线附近。监测锤线的布置应尽量形成纵向观测断面。

(2) 分层水平位移监测

布置与分层竖向位移监测相同。监测断面可布置在最大断面及两坝端受拉区，一般可设 1～3 个断面。监测锤线一般布设在坝轴线或坝肩附近，或其他需要测定的部位。测点的间距，对于活动式测斜仪为 0.5 m 或 1.0 m;对于固定式测斜仪，可参考分层竖向位移监测点间距，并宜结合布设。

(3) 接缝或交界面位移监测

该监测通常布设在水库大坝坝体与岸坡连接处、防渗体和坝壳料交界处、不同土石边坡型体交界处、土石与混凝土建筑物连接处，用于监测界面上两种材料相对的错动、抬升和张开变化。

3.6.2 内部水平位移监测

(1) 测斜仪

测斜仪广泛适用于测量土石坝、面板坝、边坡、土基、岩体滑坡等结构物的内部水平位移，该仪器配合测斜管可反复使用。测斜仪由倾斜传感器、测杆、导向定位轮、信号传输电缆和测读显示部分等组成，它是用于测量水平向测斜管轴线垂直位移的高精度仪器。

测斜仪又有活动式和固定式两种。活动式测斜仪用同一个探头在测斜管内移动，固定间隔地分段测出各段处发生位移后的测斜管轴线与初始状态的夹角，求出该段的位移，经累计得出位移量及沿管轴线整个孔深位移的变化情况。它的特点是一套测斜仪可供多个测孔使用，使用成本较低；但要人工操作，无法实现自动化，且劳动强度也较大。

固定式测斜仪是把测斜仪固定在测斜管某个位置上，测量该位置夹角的变化，进而求出该位置的位移，若要得到测斜管轴线上多个位置上连续的位移，则要在测斜管中安装多个测头。它的特点是测头要固定在测孔内，一个测头只能测一个点，使用成本较高；但可以实现连续、实时的自动化监测，项目完成后可以回收。

（2）钢丝水平位移计

钢丝水平位移计适用于土石坝、土堤、边坡等土体内部的位移观测，是了解被测物体稳定性的有效监测设备。钢丝水平位移计可单独安装，亦可与水管式沉降仪联合安装进行观测。

钢丝水平位移计由锚固板、铟合金钢丝、保护钢管、伸缩接头、测量架、配重机构、读数游标卡尺等组成。被测结构物发生水平位移时将会带动锚固板移动，通过固定在锚固板上的钢丝卡头传递给钢丝，钢丝再带动读数游标卡尺上的游标，用目测方式将位移数据读出。测点的位移量等于实时测量值与初始值之差，再加上观测房内固定标点的相对位移量。观测房内固定标点的位移量由视准线测出。

3.6.3　内部垂直位移监测

（1）水管式沉降仪

水管式沉降仪适用于长期观测土石坝、土堤、边坡等土体内部的沉降，是了解被测物体稳定性的有效监测设备。它是利用液体在连通管内的两端处于同一水平面的原理而制成的，在观测房内所测得的液面高程即为沉降测头内溢流口液面的高程，可用目测的方式在玻璃管刻度上直接读出也可自动读出。被测点的沉降量等于实时测量高程读数相对于基准高程读数的变化量，再加上观测房内固定标点的沉降量即为被测点的最终沉降量。观测房内固定标点的沉降量由视准线测出。

（2）振弦式沉降仪

振弦式沉降仪可自动测量不同点之间的沉降，它由储液罐、通液管和传感器组成。储液罐放置在固定的基准点并用两根充满液体的通液管把它们连接在沉降测点的传感器上，传感器通过通液管感应液体的压力，并换算为液柱的高度，由此可以实现在储液罐和传感器之间测量出不同高程任意测点的高度。通常可以用它来测量堤坝、公路填土及相关建筑物的内外部沉降。

(3) 连杆式分层沉降仪

连杆式分层沉降仪是在坝体内埋设沉降管，在沉降管不同高程处设置沉降盘，沉降盘随坝体的沉降而移动，可采用电磁式、干簧管式测量仪表来测量沉降盘的高程变化，从而得到坝体的分层沉降值。沉降管随坝体填筑埋设时，可采用坑式埋设法和非坑式埋设法。对于软基及已建水坠坝，可采用带叉簧片的沉降环，用钻孔法埋设。

(4) 垂直测斜仪

测斜仪分垂直测斜仪和水平测斜仪两种。垂直测斜仪是通过测量垂直向测斜管轴线与铅垂线之间夹角变化量，来监测土、岩石和建筑物内部滑动的位置和位移方向及位移量。

3.6.4 锤线监测

正倒锤线一般用于大型人工边坡运行期的锤线监测，布置在地质条件差或边坡高度大的部位的马道上。使用时，宜开挖专门的竖井，以避免和其他竖井(如电梯井)共用而相互干扰，且正倒锤线互相配合，互相验证。或在倒锤线旁布置正锤线，或在各监测断面相邻马道间布置正锤线，利用连续锤线监测边坡的水平位移。正倒锤线可与进行深部位移监测的钻孔倾斜仪和多点位移计的监测相互配合、印证。

3.6.5 面板变形监测

混凝土面板变形监测可采用斜坡测斜仪或水管式沉降仪。水管式沉降仪测头采用坑式埋设法埋设在面板之下的垫层中。斜坡测斜仪由测斜传感器和测斜管组成，测斜管道宜采用铝合金管。在安装测斜管道时一般将管道直接安设在面板表面，并将其下端固定于趾板上。在寒冷地区也可将管道设于面板之下，但在浇筑面板时应严加保护。

3.6.6 边坡裂缝监测

裂缝包括断层、裂隙、层面的裂缝监测，其监测包括裂缝的张开、闭合和剪切、位错等。一般用于施工期;对于重大的裂缝断层,运行期也应继续监测,此类裂缝的观测一般使用多点位移计等进行测量。

对已建坝的表面裂缝(非干缩、冰冻缝),凡缝宽大于 5 mm、缝长大于 5 mm、缝深大于 2 m 的纵、横向缝,都必须进行监测。混凝土面板堆石坝接缝观测点一般应布设在正常高水位以下。周边缝的测点布置,一般在最大坝高处布置 1～2 个点;在两岸坡大约 1/3、1/2 及 2/3 坝高处各布置 2～3 个点;在岸坡较陡、坡度突变及地质条件差的部位应酌情增加。受拉面板的接缝也应布设测缝计,高程分布与周边缝相同,且宜与周边缝测点组成纵横观测线。

接缝位移观测点的布置,还应与坝体垂直(沉降)位移、水平位移及面板中的应力应变观测结合进行,便于综合分析和相互验证。

土石坝表面裂缝,可在缝面两侧埋设简易测点(桩),采用皮尺、钢尺等简单工具进行测量。对深层裂缝,当缝深不超过 20～25 m 时,宜采用探坑、竖井或配合物等方法检查,必要时也可埋设测缝计(位移计)进行监测。

测缝计适用于长期埋设在水工建筑物或其他混凝土建筑物内或表面,测量结构物伸缩缝或周边缝的开合度(变形)。加装配套附件可组成基岩变位计、表面裂缝计等测量变形的仪器。

测缝计由前后端座、保护筒、信号传输电缆、传感器等组成。当结构物发生变形时,通过前、后端座传递给传感器使测缝计产生位移变化,变化信号经电缆传输至读数装置,即可测出被测结构物的变形量。

3.7　三维空间变形监测

3.7.1　三维激光扫描技术

传统的水库大坝边坡变形测量通常测量的是点或者一条测线,观测数据通过绘制过程线、平面等高线等方式输出;采用的测量仪器如全站仪、GPS 测量仪,测量的数据直接输出成电子文档。相对于这些二维信息,三维激光扫描技术能够获得水库大坝边坡的三维信息,比传统监测数据具有非常大的优势。

三维激光扫描技术也可称为物体实景复制技术,是在 GPS 技术之后的再次革新。三维激光扫描技术采用的是高速激光实现远程、非接触式测量,无须在被测物体上设置标记,能够在复杂空间环境中对被测结构进行快速激光扫描,获取被测结构表面的三维点数据，形成空间云数据。三维激光扫描技术突破了现有的点、线测量的不足和局限，具有高精度、高效率、非接触、数据量大的多种优势。三维激光扫描技术能够获取高精度、高分辨率的数字地形图，对于水库大坝的边坡变形监测，可以获取边坡表面整体状况，实现长时间序列数据的获取和分析评价，还能用于对水库大坝边坡变形和滑坡的预测预警。此外，三维激光扫描技术还能获取被测对象表面的 R、G、B 颜色数据及物体表面反射率等信息；针对水库大坝边坡受周边环境影响、边坡渗水等情况，三维激光扫描技术可以全面地最大限度地实景还原，这个优势是目前其他测量方式无法达到的。

国外对三维激光扫描技术有较早的研究，针对海岸边坡受到海水冲刷侵蚀破坏的过程，Hobbs 等人应用激光扫描海岸边坡，获取边坡表面的空间位置信息，在此基础上建立边坡三维激光扫描系统，实现了海岸边坡表面变形的监测和稳定性分析。在此之后，Pesci 等人研究了 GPS、数字摄影测量和三维激光扫描技术在边坡变形监测中的优劣，选取两个不同的边坡，研究了 3 种测量技术的成本、精度、适用性。学者 Pieraccini 将三维激光扫描技术和 InSAR 技术应用于某个高边坡的监测，证明三维激光扫描技术具有极大优势。Miller 等人将数值模型分析结合三维激光扫描技术监测分析边坡形态，预测边坡失稳的发展演化趋势。Teza G 等学者应用三维激光扫描技术对岩质边坡进行监测，通过分析监测数据并建立分析模型，实现了岩质边坡失稳后滑坡形貌预测。大量研究人员应用 RS 影像技术、遥感、三维激光扫描技术进行滑坡的监测、预报和预警研究。国内的研究起步较晚，董秀军等最早利用将三维激光扫描技术进行高边坡变形监测；徐进军等人在三峡库区库岸边坡监测中应用了此类技术。目前，三维激光扫描技术应用在国内逐步推进，边坡、建筑物等变形监测应用范例较多。

三维激光扫描技术依托的是激光测量，其原理是：三维发射器通过发射激光，照射到被测结构表面后，激光接收器接收被测物体表面的反射光，测量光波来回的时间差和平面镜的旋转角度，从而实现三维测量的目的。例如，测量激光脚点与三维激光扫描仪的距离为 s，后经过激光束水平角 α 和垂直角 β 的计算即可得到激光脚点 P 在三维激光扫描仪局部坐标系下的三维坐标，如图 3.1 所示。

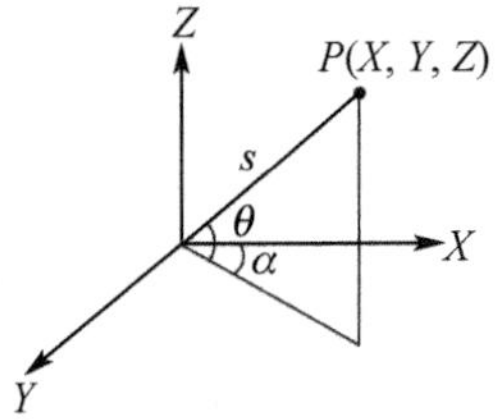

图 3.1　三维激光扫描仪局部坐标图

$$\begin{cases} X = S\cos\theta\cos\alpha \\ Y = S\cos\theta\sin\alpha \\ Z = S\sin\theta \end{cases} \tag{3-3}$$

从基本原理可以拓展出脉冲式测距、相位测距、测角法等不同方法。

(1) 脉冲式测距

脉冲式测距基本原理为：扫描仪内部激光脉冲二极管发射一束激光脉冲，经由棱镜反射，射向被测物体，而后由扫描仪内部探测器接收返回的激光脉冲，并计算激光脉冲传播时间差 Δt，计算扫描仪距被测物体的距离，公式如下：

$$s=\frac{c\Delta t}{2} \tag{3-4}$$

式中：c 为光在真空中的传播速率；s 为发射器距目标物的距离。

(2) 相位测距

相位式测距是通过调节光的波长，然后根据波长的不同计算相位延迟来测量距离的一种方法。相位延迟是由于光的相位在透过具有二相性或多向性的物质时发生偏转所产生的相位延后作用产生的，它的原理仍然是量测光从扫描仪到目标物的时间，相位法测距原理如下式所示：

$$D=\frac{c}{2}\left(\frac{\varphi}{2\pi f}\right) \tag{3-5}$$

式中：φ 表示检测相位差；f 表示填充脉冲的频率。

从公式可知，相位测距是通过测量发射光波与反射光波的相位差，进而测量扫描仪距被测物体距离的方法。相对脉冲测距法，相位测距法精度高，但测距量程较小。这种方法常用于精密测量工程之中。

(3) 测角法

激光三角法测距基于的是平面三角几何原理。激光发射器发出的激光束照射在被测物体表面时发生激光散射，散射的激光穿过成像透镜成像在高分辨率光电检测器件(CCD、CMOS、PSD 等)上。当被测物体产生移动时，光电检测器件上的光斑位置发生移动，通过光斑位置的变化以及激光发射器、被测物体、光电检测器件之间的三角几何关系可以间接求得激光发射器与被测物体间的距离。

3.7.2 D-InSAR 监测技术

合成孔径雷达监测技术(D-InSAR)以无线电波为监测手段，实现远程主动微波遥感测量。通过合成孔径雷达技术，探测对象的散射系数特征；通过双天线系统或重复轨道法，基于相位和振幅观测值，能够实现雷达测量。在此基础上，利用同一地区的两幅干涉图像(其中一幅是被测对象结构发生变形前的图像，另一幅是结构发生变形之后的图像)，对其进行处理，除去地球曲面、地形起伏等因素的影响，最终获取地表微量变形。合成孔径雷达监测技术可以用来监测地表面水平和垂直位移、大型工程的形变等。

此项技术具有全时段、非接触、成本低、范围广的特点，不需人员进入测量区域，由一幅图像可以提取有效分辨率下数万平方公里的地表形变数据，拥有其他大地测量方法所不能比拟的优势。但受到卫星轨道误差、大气层延迟误差、系统热噪声等多种因素的影响，该技术数据质量、精度也会降低，实际技术应用中还有部分困难。此外，由于卫星具有固有的运行周期，不能满足时间域上的高分辨率，不适合高动态的边坡变形监测。

3.8 渗流监测

为了确定水库大坝边坡在受地下水位、降雨等影响下是否稳定和安全，以便采取正确的运行方式或进行必要的处理和加固保证工程安全，水库大坝边坡渗流监测项目主要包括坡体浸润线、渗流压力、渗流量及渗流水质等。

3.8.1 渗流监测一般要求

(1) 各项渗流监测应配合进行，并应同时监测邻水面水位。

(2) 浸润线和渗流压力可采用测压管或埋入式渗压计进行观测。测压管的滞后时间主要与土体的渗透系数 (k) 有关。当 $k \geqslant 10^{-3}$ cm/s 时，可采用测压管，其滞后时间的影响可以忽略不计；当 10^{-5} cm/s $\leqslant k \leqslant 10^{-4}$ cm/s 时，采用测压管要考虑滞后时间的影响；当 $k \leqslant 10^{-6}$ cm/s 时，由于滞后时间影响较大，不宜采用测压管。

(3) 采用渗压计量测渗流压力时，其精度不得低于满量程的 5/1 000。

(4) 渗流量的观测可采用量水堰或体积法。当采用水尺法测量量水堰堰顶水头时，水尺精度应不低于 1 mm；采用水位测针或量水堰计量测堰顶水头时，精度应不低于 0.1 mm。

3.8.2 渗流监测设计及设施安装

坡体渗流压力观测包括边坡内部和基础。

(1) 坡体渗流压力观测设计

① 观测横断面宜选在边坡最大断面处、结合段、地形或地质条件复杂坝段，

与变形观测断面相结合。

② 观测横断面上的测点应根据水库大坝边坡结构、断面大小和渗流场特征布置，一般位置是：坡顶、坡中部和坡脚缘各 1 条；有防渗体的，防渗体前后需布置。

③ 观测铅直线上的测点，应根据需要监测的范围、渗流场特征，并考虑能通过流网分析确定浸润线位置，沿不同高程布置。一般原则是：在强透水料区，每条铅直线上可只设 1 个观测点，高程应在预计最低浸润线之下；在渗流进、出口段，渗流各向异性明显的土层中，以及浸润线变幅较大处，应根据预计浸润线的最大变幅，沿不同高程布设测点，每条铅直线上的测点数一般不少于 2 个。

(2) 坝体渗流压力观测设施安装

观测坝体渗流压力，应根据不同的观测目的、土体透水性、渗流场特征以及埋设条件等，选用测压管或渗压计。

① 测压管及其安装

测压管宜采用镀锌钢管或硬塑料管，内径采用 50 mm。测压管由透水段和导管组成，其透水段一般长 1～2 m，当用于点压力观测时应小于 0.5 m。测压管面积开孔率约 10%～20%（孔眼形状不限，但须排列均匀、内壁无毛刺），外部包扎能防止土颗粒进入的无纺土工织物，管底封闭，不留沉淀管段，透水段与孔壁之间用反滤料填满。测压管埋设前，应对钻孔深度、孔底高程、孔内水位、有无塌孔以及测压管加工质量、各管段长度、接头、管帽情况等进行全面检查并做好记录。测压管封孔完成后，应向孔内注水进行灵敏度试验，合格后方可使用。

在从造孔始至灵敏度检验合格止的全过程中，应随时记录和描述有关情况及数据，必要时需取样进行干密度、级配和渗透等试验。竣工时需提交完整的测压管钻孔柱状图和考证表，并存档妥善保管。

② 渗压计及其安装

坝体内埋设渗压计有两种方法，一是随坝体的填筑直接埋设，另一种是钻孔埋设。渗压计埋设前，应取下仪器端部的透水石，在钢膜片上涂一层黄油或凡士林以防生锈（但要避免堵孔）。渗压计安装前需在水中浸泡 24 h 以上，使其达到饱和状态，测读其零压状态下的读数。

a. 在坝体中埋设渗压计方法

清理好渗压计埋设点处的基础面后，开挖埋设坑，坑底尺寸为 15 cm×40 cm，深度 40 cm。将坑底部先铺 10～15 cm 干净的中粗砂，并注水饱和，测头埋入后，周围回填中粗砂，注水饱和，并小心用人工击实。中粗砂以上可填筑坝体土料，坑深高度以内用人工分层夯实，其压实密度和含水量同坝体填土。在反滤层粗砂和沙砾料排水带中，以及河槽砂卵石坝基表面埋设渗压计方法基本同上，依反滤关系，渗压计周围亦可用粗砂填筑。

b. 钻孔中埋设渗压计方法

在埋设点位置垂直钻孔至预定深度以下 50 cm，孔径 110 mm。安装渗压计的钻孔均不得有泥浆钻进。成孔后，在孔底用干净的细砂回填至渗压计端头以下 15 cm。将渗压计封装在饱水的透水砂袋中，放入钻孔内预定深度，用干净的砂回填至测头以上 30 cm，记录埋设高程并确定仪器正常后，上部用膨胀泥球回填封孔。

（3）坝基渗流压力观测设计

坝基渗流压力观测，包括坝基天然岩土层、人工防渗和排水设施等关键部位渗流压力分布情况的观测。观测横断面的选择，主要取决于地层结构、地质构造情况，断面数一般不少于 3 个，并宜顺流线方向布置或与坝体渗流压力观测断面相重合。观测横断面上的测点布置应根据建筑物地下轮廓形状、坝基地质条件以及防渗和排水型式等确定，一般每个断面上的测点不少于 3 个。

（4）坝基渗流压力观测设施安装

坝基渗流压力观测设施及其安装与坝体渗流观测基本相同。但当接触面处的测点选用测压管时，其透水段和回填反滤料的长度宜小于 0.5 m。

3.8.3 渗流量监测

（1）渗流量观测布置

坡脚有渗出水时，一般在坝脚下游能汇集的地方设置集水沟，在集水沟的出口处布置量水堰，如集水沟后接有排水沟，量水堰也可设置在排水沟内。这种布置观测得到的渗流量是出逸总水量，还有一部分渗流是从基础内向下游渗出的水量（潜流），但由于地下潜流的渗流坡降随水库水位的变化不大，因而可以将潜流流量视为常数，观测渗流量加潜流流量即为总渗流量。

（2）渗流量观测方法

根据渗流量的大小和汇集条件，渗流量一般可采用容积法、量水堰法或流速法进行观测。

容积法适用于渗流量小于 1 L/s 的情况，量水堰法适用于渗流量为 1～300 L/s的情况。量水堰可采用三角堰、梯形堰或矩形堰。流速法适用于渗水能引到具有比较规则的平直排水沟内的情况。

3.9　内部监测

边坡内部监测主要包括土压力、岩体应力应变、混凝土(包括混凝土面板)构件应力应变、锚杆(锚索)应力、钢筋应力、钢板应力及温度场等监测。

(1) 土压力

土压力观测的目的是了解坝体填土中的内部土体压力。可采用埋入式土压力计进行观测。土压力观测测量的是土体总应力,如需测量土体内的有效应力,在埋设土压力计的同时,应埋设孔隙水压力计进行观测。

(2) 接触土压力

观测接触土压力的目的是了解土与建筑物的作用压力大小和分布情况,包括边坡挡墙、穿坡建筑物接触压力以及大坝边坡心墙、斜墙、混凝土结构、垫层之间的作用力等,接触土压力一般采用接触式土压力计进行观测。

(3) 混凝土应力应变

大部分边坡包含一些混凝土结构,如边坡挡墙、槽、沟渠等。这些混凝土结构的应力应变一般采用压应力计和应变计等进行观测,用应变计观测混凝土应力时,需安装压应力计。

(4) 锚杆(锚索)及钢筋应力、钢板应力

锚杆(锚索)及钢筋应力一般采用锚杆测力计或钢筋计观测。钢板应力采用钢板计观测。

(5) 岩体应力应变

边坡岩体及基岩的应力应变一般采用应变计或变位计观测。

3.10　其他监测

在人工边坡施工期、自然边坡加固期或其他特殊时段,需要对水库大坝边坡进行不同目的的监测。

(1) 爆破震动监测

一般只用于施工期采取爆破开挖的工程,只用于爆破开挖的施工阶段,其目

的在于控制爆破规模、检验爆破效果、优化爆破工艺、减小爆破对边(滑)坡的影响，避免超挖和欠挖，确保施工期边(滑)坡的稳定和安全。

爆破震动监测一般包括质点运动参数监测和质点动力参数监测，前者常以质点振动速度监测为主，加速度监测为辅，后者一般进行动应变测量。

(2) 松动范围监测

它是指测定由于爆破的动力作用、边坡开挖地应力释放引起的岩体扩容所导致的边坡表层的松动范围。监测结果可以作为锚杆、锚索等支护设计和岩体分层计算的依据。

主要参考文献

[1] 汝乃华，牛运光.土石坝的事故统计和分析[J].大坝与安全，2001(1)：31-37.

[2] 黄红女，周琼，华锡生.大坝安全监控理论与技术研究现状综述[J].大坝与安全，2005(2)：54-57.

[3] 中国水利水电科学研究院.土石坝安全监测技术规范：SL 551—2012[S].北京：中国水利水电出版社，2012.

[4] 中国电力企业联合会.土石坝安全监测资料整编规程：DL/T 5256—2010[S].北京：中国电力出版社，2011.

第4章 水库大坝边坡监测数据分析和评价

水库大坝边坡监测数据分析和评价是大坝边坡监测的一个重要环节。监测数据分析和评价的目标是通过实测数据来评价水库大坝边坡的安全状况[1-2]。首先依据现场情况对监测数据做初步分析，分析检查监测系统、仪器、测点、测值是否正常；其次，对监测数据进行整编计算；最后采用多种分析方法对监测数据进行分析。常规的分析方法包括：监测数据过程线分析法、断面监测数据空间分布规律分析法以及回归分析法、时间序列分析法、灰色系统分析法、统计模型分析法、反分析法。通过对监测数据的分析和评价，保证大坝边坡稳定，发现滑坡隐患，验证设计理论[3]。

4.1 监测系统分析评价

4.1.1 监测系统数据精度级可靠性分析

1. 误差的计算

标准偏差(又称均方误差)是衡量观测系列精度的主要指标之一。观测值与其真值之差称为真误差。定义真误差平方的算术平均值的平方根为一列观测值的标准偏差或标准误差，习惯上常称为观测中误差。

观测中误差的计算公式如下：

$$\sigma = \pm\sqrt{\frac{\sum_{i=1}^{n}\delta_i^2}{n}} \tag{4-1}$$

式中：δ_i 为变形实测值的真误差；n 为测点数。

对于等精度观测序列，可以用全序列观测值的标准偏差来衡量其观测精度。

但是，由于观测值的真误差一般是未知的，为此，通常用观测值的残差代替真误差。对于一列测值，被测量的最或然值（最接近于真值的量）就是这列观测值的算术平均值 $\bar{x}$，则有残差：

$$v_i = x_i - \bar{x} \tag{4-2}$$

得到测值序列 $\{x_i\}$ 用残差表示的标准偏差（即观测中误差）公式为：

$$\sigma = \pm\sqrt{\frac{[v_i^2]}{n}}, \quad i = 1, 2, \cdots, n \tag{4-3}$$

式中：高斯符号［　］表示求和。

根据以上原理，可以对变形、渗流等观测资料进行误差分析，并以此评价各监测量的精度和可靠性。表 4.1 为观测项目的中误差建议限值。

2. 监测数据可靠性评价

误差产生的原因有观测者方面的因素，有测量仪器和工具方面的因素，也有外界条件的影响，如温度、湿度、大气折光等。观测误差是客观存在、不可避免的。

根据现场检测和测值历史过程线能够进行监测数据的误差计算，参照仪器精度、量程及相关规范，提出监测数据可靠性评价标准。

表 4.1　观测项目的中误差建议限值

备注	观测仪器	中误差限值	
		合格	优良
变形监测	表面变形垂直位移计(mm)	±3	±2
	多点位移计(mm)	±0.30	±0.15
	沉降仪(mm)	±1.00	±0.50
	测缝计(mm)	±0.20	±0.10
	界面变位计(mm)	±0.20	±0.10
渗流监测	渗压计(m)	±0.20	±0.10
	测压管(m)	±0.20	±0.10
	量水堰(m^3/d)	±60	±30

续表

备注	观测仪器	中误差限值	
		合格	优良
应力应变监测	应变计(με)	±10	±5
	堤应变计(με)	±1.0	±0.5
	无应力计(με)	±10	±5
	钢筋计(MPa)	±10	±5
	锚杆测力计(MPa)	±10	±5
	钢板计(MPa)	±5.0	±2.5
	锚索测力计(kN)	±5.0	±2.5
	土压力计组(kPa)	±10	±5
	总压力盒(kPa)	±10	±5
	边界土压力计(kPa)	±10	±5

注：对于滑坡体变形，“合格”“优良”的中误差限值可放宽到±5 mm 和±3 mm。

3. 监测数据规律性分析和数据误差剔除

监测成果是否符合基本变化规律，数值是否合理可信，可以通过监测量的对比分析、数据过程线绘图分析、特征值统计计算、力学和统计模型分析等方法来确定。

(1) 监测量的对比

边坡在一定条件下的变形、渗流、应力应变以及温度等的大小应在一定范围内，可靠的监测数据应当符合一些基本规律。

① 对超越仪器测量范围（量程）的测值，可认为不符合规律，可考虑予以剔除。但是需注意，对于钢板计、钢筋计等内观仪器，一般有 50%的超载裕度，对此类超过仪器量程的数据应首先分析其受力状态再进行判别。

② 与温度水位等环境量对比，不同工况测值应当在一定范围内，若违反基本的边坡工作状况，则测值不合理，有可能是仪器或系统误差。

③ 对比分析，主要包括同断面、同高程或近似部位监测数据、同比环比监测数据、同荷载监测数据的互相类比，监测数据与设计报告数据、物理模型实验数据的分析对比；对一些大型工程，还可以与国内外类似工程的同类近似部位监测量

类比。如明显超过类比测值,应考虑剔除。

(2) 数据过程线绘图分析

根据监测数据绘制相应的时间序列过程线、效应量影响量的相关图(如水位-渗流压力、水位-渗流量)、平面断面分布图等,此方法能够直观地了解和分析测值变化大小和规律,包括测值随时间变化的过程线、测值沿边坡某一横断面轴线分布、测值三维空间的分布等。

(3) 特征值统计

当边坡受到气温影响,或者受到以年为周期变化的水位影响,可以按照年为周期,进行特征值分析,特征值包括测值序列中的最大值、最大值日期、最小值、最小值日期、年变幅、年均值,可对特征值出现的时间与外在环境荷载最不利工况时间进行对比,分析其出现的时间是否一致,也可以将同类型测值进行对比,判别出现的时间是否一致,从而判定测值的规律性是否正确。

(4) 粗差判别

判别粗差的准则,较为有效的是拉依达准则(3 s 准则)。拉依达准则(3 s 准则)中,当测量数据呈正态分布时,误差大于 3 s 的概率仅为 0.002 7,为小概率事件;若测量次数为有限次,测量误差(通常用残差表示)大于 3 s 即可判定该测量数据含有粗差,应予以剔除。该准则简单实用,但不适合于测量次数 $n \leqslant 10$ 的情况,因为当 $n \leqslant 10$ 时,残差总是小于 3 s。

(5) 相关性模型

对于受到水位、气温等影响变化的测值,可用数学模型评价其合理性,首先建立影响量(地下水位、气温、降雨量等)与效应量(变形、渗流、应力应变等)之间的统计模型,然后定量分析测值的规律性和可靠性。

(6) 力学规律分析

边坡的变化符合一般的变形和渗流变化规律,需结合相应的力学知识分析,对于测值稳定性较好但是其他方法无法识别的数据,可以通过力学规律,建立渗流或者变形力学模型,从而评价其合理性。

4.1.2 监测仪器和数据传输性能评价

(1) 差阻式仪器

差阻式仪器的核心为差动电阻式传感器,通常用于监测应力应变、渗透压力、温度、裂缝等物理量变化情况。国内安全监测普遍使用差动电阻式仪器,仪器测量方式原为 4 芯,后期升级为 5 芯,5 芯仪器测量不再受芯线电阻的影响,延长了测量距离。

① 电阻值及电阻比值

差阻式仪器包括应变计、无应力计、渗压计、锚杆测力计等，可采用数字电桥测量仪器的电阻值及电阻比值。正常情况下电阻值一般应为实测 0℃时的电阻值（卡片上读数）与由于温度变化引起的电阻值变化量之和（不计电缆电阻时，约在30～35 Ω之间），电阻比应在 9 500～10 500 之间。如果电阻值太高或无穷大，则为断路；如果电阻值太低或接近 0，则为短路或接地故障；如果电阻值在正常范围内，而没有读数，则一般为传感器故障。电缆故障均可利用通信电缆故障检测仪大致测量故障点位置。

当用电桥测量时，系统的电阻比（Z）与电阻值（R_l）分别为：

$$Z=\frac{R_1}{R_2},\quad R_l=R_1+R_2 \tag{4-4}$$

式中：R_1、R_2 为测量得到的电阻值。

由以上各测量值可进一步算得正反测电阻比之和（$Z+Z'$）、仪器的分线电阻 R_1、R_2、计算电阻比 $Z_{计}$ 和电缆芯线电阻 $r_{白}$、$r_{绿}$、$r_{红}$ 等，将它们与规定的质量控制指标和正常情况下的测值进行比较，可以判定仪器是否正常或确定产生不正常变化的原因。

② 绝缘电阻测试

由于不能直接接触到传感器外壳，因此只能通过大地传感器外壳进行连接。用兆欧表一头夹住仪器电缆头，另一头接地，测定仪器电缆的绝缘度，以判断电缆是否受潮或进水。

③ 分析评价

差阻式仪器工作状态评价是在综合分析仪器正反测电阻比误差、电缆芯线电阻变差、仪器绝缘度、仪器历年测值过程线的基础上进行的。评价标准主要包括：

用标准兆欧表对每支仪器进行测试，根据已有工程经验，$R_{绝}\leqslant 0.1$ MΩ 时为不合格，0.1 MΩ$<R_{绝}\leqslant 2$ MΩ 时为合格，$R_{绝}>2$ MΩ 时为优良。

根据正测电阻比 Z 和反测电阻比 Z' 之和为 $20000\pm A^2\pm 2$ 来控制观测质量，其中 $A=(10\,000-Z)/100$，评定标准参考相关要求。

(2) 振弦式仪器

振弦式仪器包括渗压计、土体位移计、土压力计（组）、界面变位计、应变计、测缝计、锚杆测力计、钢板计、量水堰、无应力计、钢筋计、倾角计、多点位移计，其测试方法与差阻式仪器类似。当用万用表检测线路（即检查线圈电阻）时，正常情况下电阻值为线圈电阻(190 Ω±5 Ω)加上电缆的电阻(电缆电阻约 8 Ω/100 m)。若电阻值太高或无穷大,则为断路;如果电阻值太低或接近 0,则为短路或接地故障;如果电阻值在正常范围内,而没有读数,则一般为传感器故障。电缆故障均可利用通信电缆故障检测仪大致测量出故障点位置,此外,还可利用兆欧表测量电缆、仪器的绝缘性。

(3) 表面变形监测仪器

表面变形自动化测量通常使用引张线,主要检查各测点是否设保护,线体是否受阻挡;精度测试主要是采用读数仪器对比测量评价仪器性能。

(4) 传输电缆的性能评价

一般而言,通信电缆产生故障的原因有以下几类:

① 电缆本身的故障。电缆在生产过程中因扭矩、绝缘材料结构不均匀会导致产品质量缺陷,个别线对出现接地、断线、混线等故障;或电缆护套有砂眼等漏洞,使电缆浸水,造成绝缘不良等故障。

② 施工过程中造成的故障。在施工过程中由于电缆芯线接续造成线对混线、接地或断线等故障;线对因叉接、反接(跳接)等,产生了芯线间电容不平衡,电阻不平衡,造成故障;由于芯线去潮不当,造成绝缘不良故障,或因封焊不良,电缆发生浸水故障等。

③ 外力影响造成的故障。土建施工时会挖坏和碰坏电缆;行驶的车辆、不均匀沉陷也往往会造成电缆的损伤;有时外力损伤并不立刻引起线路故障,在一段时间以后,损伤部位才发展成为故障。

④ 电击及雷击造成电缆故障。电缆被高压电线烧伤或遭到雷电损伤,会造成电缆芯线出现接地、混线、断线、绝缘不良和电缆铅皮漏气、浸水等故障。严重时,电缆会烧毁几处,甚至熔断。

⑤ 自然灾害造成的故障。如地震、洪水、台风、冰冻等。

⑥ 其他。人为造成的故障等。

(5) 传输电缆故障分析评价

根据电缆产生故障的不同原因,电缆故障通常可分为:

① 绝缘不良故障。电缆芯线之间以空气、纸或塑料为绝缘材料。绝缘材料受到水和潮气的侵袭,使绝缘电阻下降,致使信号电流外溢,造成通信不良,甚至阻断通信,这种现象称为绝缘不良故障。其原因一般是由于接头在封焊前驱潮处理不当,或因电缆护层受伤引起浸水,以及电缆充气维护中充入气体湿度过高,使芯线绝缘突然或长期缓慢下降,造成绝缘纸发霉变色,甚至出现黑斑的电击穿

现象。

② 断线故障。电缆芯线中一根或数根断开，以致阻断通信，称为断线故障。这种现象一般是由于接续或敷设时不慎，使芯线折断；或受外力损伤，或受强电流、雷击之后造成断线；铝芯电缆有时因接线不良，芯线两端形成高电阻的氧化铝而造成断线。

③ 混线故障。混线故障有“自混”和“他混”两种。同一线对的芯线由于绝缘层脱离，以致相互接触造成短路，称为“自混”故障；不同线对的相邻两根导线之间失去绝缘能力相互碰触，称为“他混”故障。混线故障的发生，一般是由于电缆接续工艺不良或电缆受外力作用的影响，芯线绝缘层受伤，造成混线故障。

④ 接地故障。电缆芯线由于绝缘层损坏而碰触电缆铝皮（铝皮是接大地的）而造成阻断通信的故障，称为接地故障。接地故障的发生往往是由于电缆接续不善或受外力磕、碰、砸、磨等原因损坏电缆芯线绝缘，致使电缆芯线直接或通过其他途径间接地接触铝皮，造成故障。

在线路出现故障后，使用电缆检测仪、兆欧表、万用表等确定线路故障性质与严重程度，以便分析判断故障的大致范围和段落。电缆故障查找的主要方法有电桥法、放音法、查漏法、脉冲反射法和综合测试仪器法等。其中脉冲法相对较为简单可行，脉冲反射法又叫雷达法或回波法，即向电缆发送一电压脉冲，利用发送脉冲与故障点反射脉冲的时间差与故障点距离成正比的原理确定故障点。通信电缆线路为传输线，当电缆线路发生故障时，会造成阻抗不匹配。根据电磁波在传输线中的传播理论，电磁波会在故障点产生反射。利用该现象，即可测量线路的故障点位置。由脉冲反射法测试方法可得几种典型线路故障的脉冲反射波形，包括断线故障、短路故障、低阻故障脉冲反射波形。

4.1.3　监测系统评价

（1）监测项目的完备性

水库大坝边坡安全监测项目应包括：现场检查、环境量监测、表面变形监测、渗流监测、应力应变监测，此外对于不同工程还可进行地震反应监测、边坡支护监测等监测，以确保监测项目的完备。

（2）自动化采集系统功能评价

评价针对安全监测数据采集装置和数据自动采集系统两部分进行，主要包括功能要求检查和监测系统的可靠性检查。功能要求检查主要针对数据自动采集装置的基本功能进行检查，通过现场检测，得到功能要求检查表 4.2。

表 4.2 功能要求检查表

项目	检查结果	项目	检查结果
是否具有备用电源自动切换功能		是否具有信号防雷功能	
MCU 内部实时时钟误差		是否具有通信防雷功能	
是否有单点测量功能		是否具有人工测量接口	
是否有巡测功能		是否有安全监测管理系统软件	
是否有定时测量功能		是否具有抗电磁干扰功能	
是否有上传功能		采集通道数	
数据存储容量		最短和最长采集周期	
掉电后是否具有数据保护功能		单通道最长采集时间	
是否有参数的设置功能		是否具有日志(运行、故障)记录功能	
是否具有电源防雷功能		通信线路是否畅通、可靠	

① 平均无故障工作时间

系统可靠性可用平均无故障工作时间评价。平均无故障工作时间(MTBF)是指两次相邻故障间的正常工作时间。系统控制监测仪器数据采集的单元不能正常工作,造成所控制的单个或多个测点测值异常或停测,即为采集单元故障。若单元不能正常工作,但短时间内能恢复,则不认为是故障。采集单元平均无故障时间(考核期一年)计算如下:

$$\mathrm{MTBF}=\sum_{i=1}^{n}t_i\Big/\left(\sum_{i=1}^{n}r_i\right) \tag{4-5}$$

式中:t_i 为考核期内第 i 个单元的正常工作时数;r_i 为考核期内第 i 个单元出现的故障次数;n 为系统内数据采集单元的总数。

单个测点平均无故障工作时间采用下式计算:

$$T_{\mathrm{MTBF}}=\frac{t-t_0}{r+1}\times 24 \tag{4-6}$$

式中:t 为考核期天数;t_0 为考核期内故障天数;r 为考核期内测点出现的故障次数。

采集单元及观测子系统平均无故障工作时间采用下式计算:

$$T=\sum_{i=1}^{n}T_{\mathrm{MTBF}}^{i}/n \tag{4-7}$$

式中：n 为测点数。

参照《大坝安全监测自动化技术规范》(DL/T 5211—2005)和《大坝安全监测系统鉴定技术规范》(SL 766—2018)，平均无故障工作时间应大于 6 300 h。故以平均无故障工作时间小于 6 300 h 为不合格；结合工程实际以及类似工程经验，以平均无故障工作时间大于 6 300 h 而小于 7 000 h 为合格；大于 7 000 h 则为优良。

② 采集数据缺失率

数据缺失率是指未测得的数据个数(包括无效数据个数)与应测得的数据个数之比。数据缺失率 FR 采用下式计算：

$$\mathrm{FR}=\frac{\mathrm{NF}}{\mathrm{NM}} \tag{4-8}$$

式中：NF 为未获取的数据个数与测得的无效数据个数之和；NM 为应测得的数据个数。

根据相关规范，采集数据缺失率应小于 3%。故以采集数据缺失率大于 3%为不合格；结合工程实际以及类似工程经验，以平均无故障工作时间小于 3%而大于 1%为合格；小于 1%为优良。

4.2　数据监测及基本换算

4.2.1　观测基准值的确定

各种观测仪器的计算皆为相对计算，所以每个仪器必须有个基准值。基准值也就是仪器安装埋设后开始工作前的观测值。基准值的确定是观测的重要环节之一。基准值确定得适当与否直接影响以后资料分析的正确性，因为确定不当会引起很大程度的误断。因此，基准值不能随意确定，必须考虑仪器安装埋设的位置、所测介质的特性、仪器的性能及环境因素等，然后从初期数次观测及考虑以后一系列变化或稳定情况之后，才能确定。确定基准值一般必须注意不要选择由于观测误差而引起突变的观测值。

(1) 应变计基准值的确定

在混凝土内，确定应变计基准值的主要原则是考虑弹性土的平衡。对九向应变计组，4 组 3 个直角应变的和相差不超过 15 ～ 25 $\mu\varepsilon$ 范围时，可认为已达到平衡状态；四方向和五方向应变计组，相差范围要在 10 $\mu\varepsilon$ 之内；单向应变计应与同层附近的应变计组达到平衡的时间相同。此时，埋设点的温度也达到均匀时的测值，即可确定为基准值。如果测混凝土的膨胀变形，可以用混凝土初凝时的测值作为基准值。

在岩体内，应变计一般在埋设 12 h 以上，水泥砂浆终凝后或水化热基本稳定时的测值可作为基准值。

(2) 测缝计基准值的确定

测缝计埋设后，混凝土或水泥砂浆终凝时的测值可作为基准值。

(3) 钢筋计基准值的确定

钢筋计的基准值可根据使用处的结构而定，一般取混凝土或砂浆固化后，钢筋和钢筋计能够跟随其周围材料变形时的测值作为基准值，一般取 24 h 后的测值。

(4) 压力计基准值的确定

压力计埋设后，其周围材料的温度达到均匀时的测值为基准值。

(5) 渗压计基准值的确定

渗压计以其埋设后的测值为基准值。

(6) 位移计基准值的确定

位移计安装埋设后，根据仪器类型和测点锚头的固定方式确定基准值的观测时机，一般在传感器和测点固定之后开始测基准值。采用水泥砂浆固定的锚头，埋设灌浆后 24 h 以上的测值可作为基准值。基准值观测应取 3 次连续读数，其差小于 1%(FS)时的平均值。

(7) 倾角计基准值的确定

倾角计基准板安装固定之后，观测其稳定的初始读数，若 3 次读数差小于 1% (FS)，则取其平均值作为基准值。

(8) 测斜仪基准值的确定

测斜仪导管安装埋设的回填料固化后，经 3 次以上的稳定观测，若两次测值差小于仪器精度，则取其平均值作为基准值。

4.2.2 观测读数和误差

各种仪器的读数应按照仪器说明书进行测读，观测数据用专门表格记录。观测应系统、连续地进行，严格遵守对观测频率的规定。每次读数时，必须立即同前次测值对照检查，读数值应是稳定值。在观测中若发现异常，要及时进行复测，分析原因，记录说明。

(1) 误差分类

观测误差有过失误差、系统误差、随机误差 3 种，取决于测量系统各个误差的综合影响，对误差的控制要消除以下产生误差的原因：

① 仪器设备经常标定、修正其各部分的误差。

② 定期对仪器设备标定、检修，确保性能稳定，消除仪器设备各种物理性质变化产生的误差。

③ 定期对基准点检测，修正由温度、腐蚀、震动等因素引起的基准点移动。

④ 制订操作技术规程，进行人员培训，更换人员和仪器时做好交接，克服观测方法不同和人员设备不同而产生的误差。

⑤ 若仪器性能超限，应及时检修更换。

(2) 误差判别

观测读数的误差判断十分重要，现场常用的简易判断方法有：

① 本次读数与以前测值比较，在原因参量没有较大变化时，效应参量变化速率不会很大，有异常变化时应复测。

② 原因参量变化较大，但效应参量的变化超出了其可能的变化限度，应复测分析。

③ 读数超出仪器限量，如仪器读数大于仪器量程的上限值或小于下限值均为有错。

④ 通过测斜仪和倾角计正反测，可以确定相对成对读数的表面误差，并且误差应大致恒定不变。这一方法可用来检验读数的可信度。

⑤ 差动电阻式仪器正反测电阻比读数之和远大于或小于 200 000(0.0%)时，该测值有错。

⑥ 弦式仪器可根据仪器标定的量程频率范围(厂家标定的或自检的)来判断读数的可信度。

(3) 误差计算原理

标准偏差(又称均方误差)是衡量监测系列精度的主要指标之一。监测值与真值之差称为真误差。定义真误差平方的算术平均值的平方根为一系列监测值的标准偏差或标准误差，习惯上常称为监测中误差，其计算方法见 4.1.1 节。

4.2.3　差动电阻式仪器

差动电阻式传感器是美国人卡尔逊研制成功的，因此，它又通常被称为卡尔逊式仪器。这种仪器利用其内部张紧的弹性钢丝作为传感元件，将仪器得到的物理量转变为模拟量，所以国外也称这种传感器为弹性钢丝式(Elastic Wire)仪器。

当钢丝受到拉力作用产生弹性变形时，其变形与电阻变化之间有下列等式：

$$\Delta R/R=\lambda\Delta L/L \tag{4-9}$$

式中：ΔR 为钢丝电阻变化量；R 为钢丝电阻；λ 为钢丝电阻应变灵敏系数；ΔL 为钢丝变形增量；L 为钢丝长度。

钢丝长度的变化和钢丝的电阻变化是线性关系，测定电阻变化后，利用上式可求得仪器承受的变形量。

钢丝还有一个特性，当钢丝感受不太大的温度改变时，钢丝电阻随其温度变化之间有线性关系：

$$R_T=R_0(1+\alpha T) \tag{4-10}$$

式中：T 为钢丝温度；R_T 为温度为 T℃时的钢丝电阻；R_0 为温度为 0℃的钢丝电阻；α 为电阻温度系数，一定范围内为常数。

只要测定了仪器内部钢丝的电阻值，就可以计算出仪器所在环境的温度。

差动电阻式传感器基于上述两个原理，利用弹性钢丝在力的作用和温度变化下的特性设计而成，把经过预拉长度相等的两根钢丝用特定方式固定在两根方形断面的铁杆上，钢丝电阻分别为 R_1 和 R_2，因为钢丝设计长度相等，R_1 和 R_2 近似相等。

当仪器受到外界的拉压而变形时，两根钢丝的电阻产生变化，一根钢丝受拉，电阻增加，另一根受压，电阻减少，两根钢丝的串联电阻不变，电阻比 R_1/R_2 发生变化，测量两根钢丝电阻的比值，就可以求得仪器的变形或应力。

当温度改变时，两根钢丝的电阻变化是同方向的，即温度升高时，两根钢丝电阻都减少。测定两根钢丝的串联电阻，就可求得仪器测点位置的温度。

差动电阻式传感器的读数装置是电阻比电桥(惠斯通型)，电桥内有一可以调节的可变电阻 R，还有两个串联在一起的 500 Ω 固定电阻。差动电阻式仪器以一组差动的电阻 R_1 和 R_2 与电阻比电桥形成桥路，从而测出电阻比和电阻值两个参数，来计算出仪器所承受的应力和测点的温度。

4.2.4 振弦式仪器

振弦式传感器的敏感元件是一根金属丝弦(称为钢弦、振弦，或简称“弦”)。常用高弹性弹簧钢、马氏不锈钢或钨钢制成，它与传感器受力部件连接固定，利用钢弦的自振频率与钢弦所受到的外加张力关系式测得各种物理量。由于它结构简单可靠，设计、制造、安装和调试都非常方便，而且在钢弦经过热处理之后其蠕变极小，零点稳定，因此备受工程界青睐。近年来，振弦式传感器已基本替代了其他类型的传统传感器。

振弦式传感器所测定的参数主要是钢弦的自振频率，常用专用的钢弦频率计测定，也可用周期测定仪测周期，二者互为倒数。在专用频率计中加上平方，电路或程序也可直接显示频率平方。

振弦式仪器是根据钢弦张紧力与谐振频率成单值函数关系设计而成的。钢弦的自振频率取决于它的长度、钢弦材料的密度和钢弦所受的内应力，其关系式为：

$$f=(1+2L)\sqrt{\sigma/\rho} \tag{4-11}$$

式中：f 为钢弦自振频率；L 为钢弦有效长度；σ 为钢弦的应力；ρ 为钢弦材料密度。

可见，当传感器生产后，其钢弦材料参数和钢弦的直径有效长度均为不变量。钢弦的自振频率仅与钢弦所受的张力有关。因此，张力可用频率 f 来表示：

$$F=K(f_x^2-f_0^2)+A \tag{4-12}$$

式中：F 为钢弦张力；K 为传感器灵敏系数；f_x 为张力变化后的钢弦自振频率；f_0 为传感器钢弦初始频率；A 为修正常数。

可见，钢弦的张力与自振频率的平方差呈线性关系。但不同的传感器中钢弦的长度、材料的线性度很难加工得完全一样。因此，修正常数相对于每只传感器也都不尽相同，造成以后资料整理时的起始值不一致，通常根据资料的要求人为设 A 值等于“0”，使一个工程中的多只传感器起点一致，以方便计算中的数据处理。

振弦式传感器的激振一般由一个电磁线圈（通常称磁芯）来完成。经过把各类物理量转换为拉（或压）力作用在钢弦上，改变钢弦所受的张力，在磁芯的激发下，钢弦的自振频率随张力变化而变化。通过频率的变化可以换算出被测物理量的变化值。由于钢弦被置于电测原件“磁芯”的磁场中，当其振动时就在接收线圈中产生感应电动势 U，测出它的频率就确定了被测钢弦的自振频率，即可换算成相应的物理量。

振弦式传感器利用电磁线圈铜导线的电阻值随温度变化的特性可以进行温度测量，也可在传感器内设置可兼测温度的元件，同样可以达到目的。

振弦式传感器的优点是钢弦频率信号的传输不受导线电阻的影响，测量距离比较远，仪器灵敏度高，稳定性好，自动检测容易实现。

4.2.5 光纤传感仪器

(1) 光纤传感器特点

光纤传感技术是在光通信技术和电子技术发展的带动下产生的一种新兴技术，光纤通信技术和电子技术的发展为光纤传感技术提供了丰富的物质基础和手段。传统机电类传感器的开发已相当成熟，可靠性和成本已得到公认，并已经被广泛应用，但是光纤传感器本身所具有的电磁绝缘、高灵敏度、易复用、传输损耗低等诸多优势，使得光纤传感技术在很多领域有着很好的应用前景。

① 利用光纤传送损耗小、传输距离远的优点，可以将传感器布置在远离解调仪的现场，而不需要中继放大，这是其他传感器难以实现的。

② 光纤中的某些物理效应可以实现连续分布式的温度和应变分布测量，分布距离可以达到数公里长，这也是传统手段没有办法达到的。

③ 光纤的直径很小，可以以此为材料研制尺寸极小的多种传感器。

④ 在一些具有特定需求，诸如强电磁场、煤矿、油库类防爆要求较高的场合，具有本质安全防爆、抗强电磁干扰、无源的光纤类传感器在竞争中会有明显优势。

⑤ 光纤可移植性强，可以制成不同物理量的传感器，包括声场、磁场、压力、温度、加速度、位移、液位、流量等。

目前，光纤传感器领域的研究比较注重与实际应用的密切结合。光纤光栅型传感器、FP腔传感器和分布式光纤传感系统是比较有代表性的几种技术。对于光纤光栅传感技术的工程应用，主要的问题还是解决封装工艺的稳定可靠，以及如何利用光纤光栅实现多种物理量的精确测量。

根据被测物理量来划分，应用于水工隧洞工程安全监测的传感器大致可以分为应变、压力、温度、加速度等若干种传感器。具体的传感器可以通过物理量之间的传递，将被测量的位移、压力等物理量，转换成光波的物理特征参量，如强度(功率)、波长、频率、相位和偏振态等。

分布式光纤传感是光纤传感的一种较为特殊的形式，可以沿光纤按照一定的空间分辨率测量出应变或者温度的分布。因此，也有的研究者将光纤传感按照分布方式分成准分布式和分布式两种。这里，准分布式是指测量不同物理量的光纤传感器之间用传输光纤连接起来的方式。

(2) 常用光纤传感器类型

① 光纤光栅传感器

光纤光栅是通过在一小段光纤的纤芯上形成周期性的折射率分布形成的光栅，这个光栅可以反射特定波长的光波，或者滤除特定波长的透射光。这个特定波长与应变和温度相关。因此光纤光栅传感器可以直接测量温度或应变，是目前在岩土工程中应用最多的一种光纤传感器。

② FP 腔传感器

在光学上，FP(Fabry-Perot)腔泛指由两个反射面形成的谐振腔，这是光学上常用到的一种光学结构。FP 腔的透射光必须满足谐振条件才能透射，透射峰之间有一定的波长间隔，通过测量波长间隔就可以间接测量腔长的变化。利用这一原理在两根光纤之间或者光纤的端部形成空腔，就可以使之成为 FP 腔传感器，这个传感器可以用来测量应变、压力和温度。FP 腔的透射波往往是一系列透射峰，同光纤光栅传感器相比，其波长复用性要差，一个测量通道一般只能测量一只传感器。

③ 分布式光纤传感器

当光波在光纤中传播时会产生两类非弹性散射：拉曼散射和布里渊散射。所谓非弹性散射是指散射光的光频率发生变化，不再与入射光相同。拉曼散射是受介质中的分子振动和转动作用形成，布里渊散射则是受声子的作用产生。通过测量拉曼频移可以测量沿光纤的温度变化，通过测量布里渊频移能够测量沿光纤分布的应变和温度变化。

(3) 光纤光栅传感器工作原理

光纤传感器感受应变、温度或压力等外界物理量的变化，解调仪器通过监控光纤传感器向光学特性的变化测量出相应物理量的变化。比如光栅类传感器通过测量反射波长、FP 腔类传感器通过测量腔长变化、分布式传感通过测量散射光频移来实现物理量和光学特性之间的转换。

光纤光栅就是一段光纤，其纤芯中具有折射率周期性变化的结构。根据模耦合理论，波长为 $\lambda_B=2n\Lambda$ 的波就被光纤光栅所反射回去(其中 λ_B 为光纤光栅的中心波长，Λ 为光栅周期，n 为纤芯的有效折射率)。

反射的中心波长信号 λ_B，跟光栅周期 Λ、纤芯的有效折射率 n 有关，所以当外界的被测量引起光纤光栅温度、应力改变都会导致反射中心波长的变化。也就是说，光纤光栅反射光中心波长的变化反映了外界被测信号的变化情况。光纤光栅的中心波长与温度和应变的关系为：

$$\frac{\Delta\lambda_B}{\lambda_B}=(\alpha_f+\xi)\Delta T+(1-P_e)\Delta\varepsilon \tag{4-13}$$

式中：α_f 为光纤的热膨胀系数；ξ 为光纤材料的热光系数；P_e 为光纤材料的弹光系数；$\Delta\lambda_B$ 为中心波长变化量；ΔT 温度变化量；$\Delta\varepsilon$ 为应变变化量。

中心波长在 1 550 nm 附近，中心波长的温度系数约为 10.3 pm/℃，应变系数为 1.209 pm/$\mu\varepsilon$。如果将传感器封装在温度增敏材料中，可以提高它温度系数的灵敏度，进而得到更大的测量精度。

传感器波长指的就是 FBG 反射谱中尖峰的中心波长。这些波长峰值随着应变和温度的改变而改变。当温度升高或应变增大时，FBG 传感器的波长峰值变长。如果一个波长峰值为 1 535.050 nm 的传感器从 25℃加热到 35℃，传感器的波长峰值将增加到 1 535.150 nm(每℃变化 10 pm)。大多数 FBG 查询系统工作在 50 nm 范围内，从 1 520 nm 到 1 570 nm。

传感器的中心波长是通过光纤光栅传感分析仪进行解调，转换为数字信号的。光纤布喇格光栅传感器包括宽谱光源(如 SLED 或 ASE)将有一定带宽的光通过环行器入射到光纤光栅中，由于光纤光栅对波长具有选择性作用，符合条件的光被反射回来，再通过环行器送入解调装置测出光纤光栅的反射波长变化。当用布喇格光纤光栅做探头测量外界的温度、压力或应力时，光栅自身的栅距发生变化，从而引起反射波长的变化，解调装置即通过检测波长的变化推导出外界被测温度、压力或应力。

4.2.6 其他类型传感器

除了上述几种最常用的传感器类型外，还有一些利用其他原理制成的安全监测仪器。例如电容式传感器、压阻式传感器、伺服加速度计传感器、电位器传感器、电感式传感器、电阻应变片式传感器等都被用来制成安全监测仪器。这些仪器的基本原理都是可以把输入的各种机械物理量如位移、振动、压力、应变、流量、比重等参数转换成电量输出从而实现监测测量。

4.2.7 表面变形监测数据的方向换算

对于使用 GPS 监测的空间三维坐标监测数据，其中 X 为正北方向，Y 为正东方向，H 或 Z 为竖直方向；需要考虑边坡受力和变形规律，对水平位移按照平行和垂直边坡坡面方向进行转换。

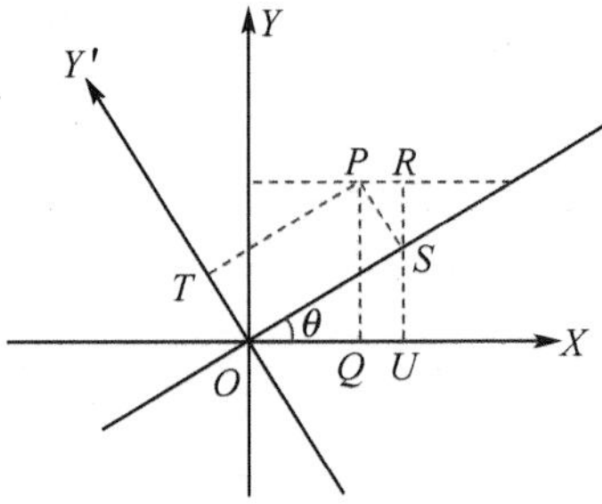

图 4.1 监测数据方向

例如表面变形监测得的水平位移(如图 4.1 中的 Y'、X' 方向位移)需要转化为径、切水平位移，如图中径向（Y 向）、切向（X 向）位移则应进行如下转换：

$$
\begin{aligned}
\overline{OQ} &= \overline{OU} - \overline{QU} = \overline{OS}\cos\theta - \overline{PS}\sin\theta \\
&= X'\cos\theta - Y'\sin\theta \\
\overline{PQ} &= \overline{RS} + \overline{SU} = \overline{PS}\cos\theta + \overline{OS}\sin\theta \\
&= X'\sin\theta + Y'\cos\theta
\end{aligned} \tag{4-14}
$$

则有（顺时针旋转公式）

$$
\begin{aligned}
X &= X'\cos\theta - Y'\sin\theta \\
Y &= X'\sin\theta + Y'\cos\theta
\end{aligned} \tag{4-15}
$$

可解得（逆时针旋转公式），得到垂直于坝轴线和平行于坝轴线的表面变形量为：

$$
\begin{aligned}
X' &= X\cos\theta + Y\sin\theta \\
Y' &= -X\sin\theta + Y\cos\theta
\end{aligned} \tag{4-16}
$$

4.2.8　测缝计数据换算

边坡裂缝和接缝监测需布设测缝计。如图 4.2 所示，对于三向测缝计，每套测缝计组采用 3 支位移计传感器，这 3 支位移计传感器的一端固定在平行于缝的一个平面上（ABC 平面），3 根刚性拉杆的交会点（D 点）安装在缝的另一侧，拉杆长度 90 cm，左侧三角形支架高 60 cm。3 支位移计传感器均受到闸墩接缝的张开（水平面垂直接缝方向）、错动（水平面平行接缝方向）和抬升（竖直方向）的影响。

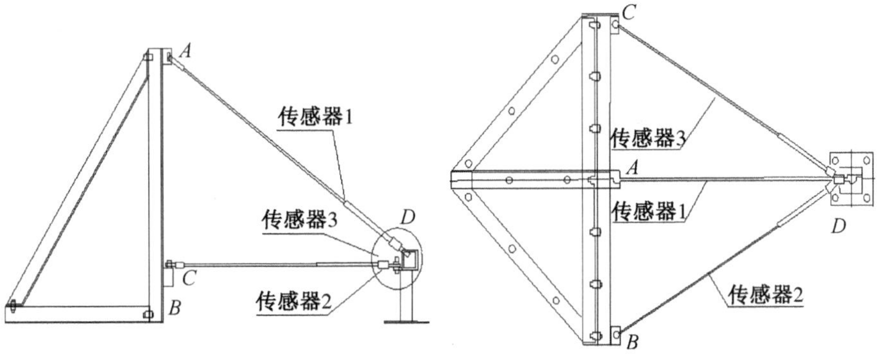

图 4.2　三向测缝计安装原理图

三向测缝计组的3支位移计无法单独测量出接缝3个方向的位移值，需要综合3支位移计的测值，通过空间几何公式换算出闸墩接缝3个方向的变化量。将该仪器的具体结构概化为空间关系坐标，见图4.3。

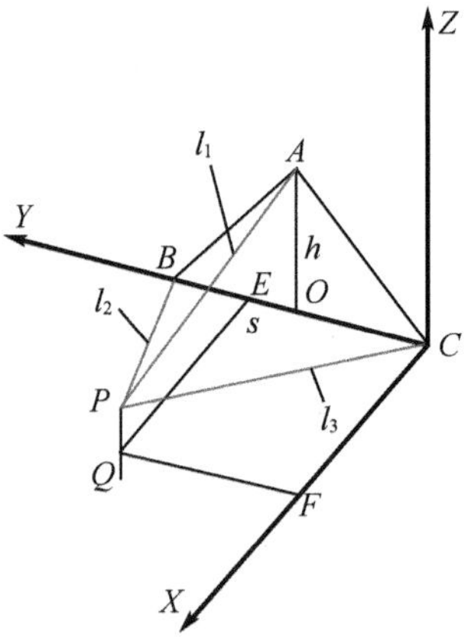

图 4.3　空间关系坐标图

在图4.3所示的坐标系统中，AP、BP、CP 分别安装1支刚性拉杆位移计，其中 C 点为坐标原点，X 轴垂直于缝，Y 轴平行于缝，P 点为缝另外一侧的动点，P 点在面 YCX 上的投影为 R 点。$AO=h$，$AB=AC$，$BC=s$，$BO=CO=s/2$，$AP=l_1$，$BP=l_2$，$CP=l_3$。以 x、y、z 表示测缝计的张开、错动和抬升。根据空间投影的几何关系，可得：

$$y=\frac{l_3^2-l_2^2+s^2}{2s} \tag{4-17}$$

$$z=\frac{h^2+l_3^2-l_1^2-y^2-y+\frac{s}{2}}{2h} \tag{4-18}$$

$$x=\sqrt{l_3^2-y^2-z^3} \tag{4-19}$$

4.3　监测数据分析评价方法

4.3.1　特征值统计分析

水库大坝边坡受到年周期温度变化、降雨、水位等因素的影响，在最不利荷载工况下会出现变形、渗流压力、应力等的极值，统计此类极值，分析其最大包络线变化的范围并与最不利荷载极值进行对比分析，能够评估边坡安全状况。

（1）极值统计

历史极值统计是统计同一个区域或一个特征断面上各个测点在历史上的最大值，或者历史上最不利荷载出现时的监测值。年极值统计是统计同一个区域或一个特征断面上各个测点在一年内的最大值，或者一年内最不利荷载出现时的监测值。

（2）变幅

对于初始值有变化或者存在系统误差的监测数据，最大值或最小值无法反映测值变化趋势，则应统计时段内（一般为一年）的最大变幅，变幅一般有两个，其一为测值的年极大值减去极小值，其二为最不利工况下对应的正负监测值差值。

（3）均值变化

均值的变化描述了监测数据的整体变化水平，通过统计均值变化，能够分析监测量在多年的变化趋势。

（4）方差

统计荷载（影响量）和监测数据（效应量）的方差变化，可以评估监测量的离散程度，反映检测仪器或水库大坝边坡内部安全状况的变化。

（5）极值统计分析

从监测数据中选择不利荷载组合时的监测效应量 X_{mi}（例如水库大坝边坡水平位移），则 X_{mi} 为随机变量，由监测资料系列可得到一个子样数为 n 的样本空间：

$$X=\{X_{m1},\ X_{m2},\ \cdots,\ X_{mn}\} \tag{4-20}$$

可用下列两式估计统计量的统计特征值：

$$\overline{X}=\frac{1}{n}\sum_{i=1}^{n}X_{mi} \tag{4-21}$$

$$\sigma_x=\sqrt{\frac{1}{n-1}\left(\sum_{i=1}^{n}X_{mi}^2-n\overline{X}^2\right)} \tag{4-22}$$

然后，用统计检验方法（如 A－D 法、K－S 法），对其进行分布检验，确定其概率密度 $f(x)$ 的分布函数 $F(x)$（如正态分布、对数正态分布以及极值Ⅰ型分布等）。

令 X_m 为监测效应量的极值，若 $X>X_m$ 时，大坝将要出现异常或险情，其概率为：

$$P(X>X_m)=P_\alpha=\int_{\alpha_m}^{+\infty}f(x)\mathrm{d}x \tag{4-23}$$

求出 X_m 的分布后，估计 X_m 的主要问题是确定失事概率 P_α（以下简称 α），其值根据大坝的重要性而定，混凝土坝一般取 $\alpha=1\%$和 5%。确定 α 后，由 X_m 的分布函数直接求出 $X_m=F^{-1}(\overline{x},\ \sigma_x,\ \alpha)$。

4.3.2 相关性分析

（1）监测数据过程线相关性分析

相关性分析是指对两个或多个具备相关性的变量元素进行分析，从而衡量其相关密切程度。相关性的元素之间需要存在一定的因果关系或者统计角度的相关性，才可以进行相关性分析。通过监测数据可知，水库大坝边坡监测数据的边坡渗流压力、渗流量通常与水位或降雨有较为明显的同步变化，可进行相关性分析，通过绘制相关图进行量化计算，可知其一般存在线性或者指数相关性。如图4.4和图4.5所示。

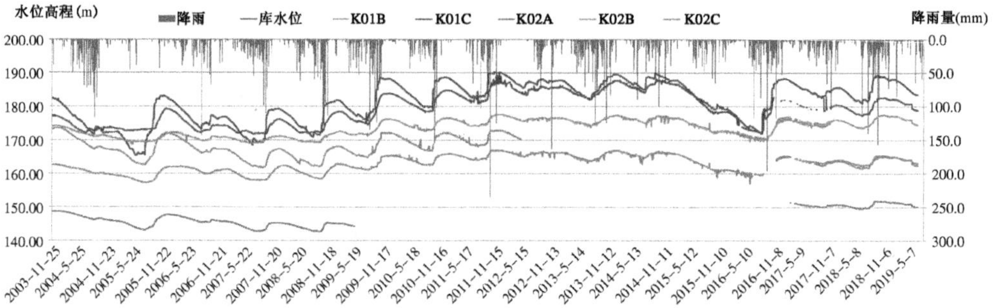

图 4.4　降雨量、水位和渗流压力变化同步性

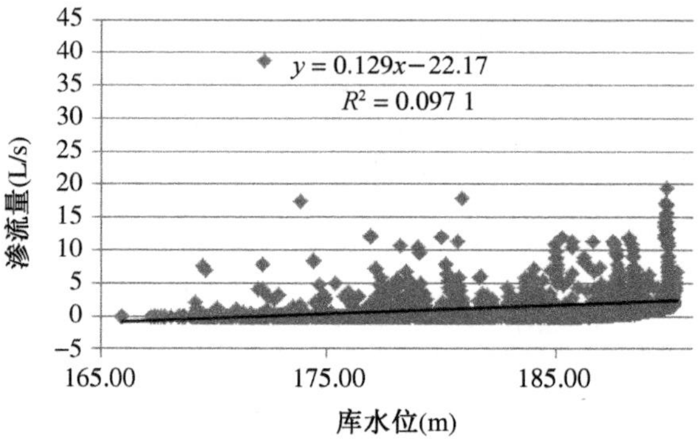

图 4.5　水位与渗流量相关图

（2）渗流量分析

对于设有渗流量监测的情况，为分析同等水头条件下渗流量变化趋势，需绘制单位水头差下的渗流量即化引流量，其计算公式为：

$$q = Q/(h_1 - h_2) \tag{4-24}$$

式中：q 为引流量，L/(s·m)；Q 为渗流量，L/s；h_1 为库水位，m；h_2 为下游水位，m。

在此基础上绘制化引流量和降雨量的相关性，如化引流量主要受降雨量影响，则水库大坝边坡渗流量变化正常。

同时，对应降雨渗流较为明显的情况，剔除降雨当天的渗流量，做上下游水头差与渗流量关系图，以曲线进行拟合，分析渗流量和单位水头的相关性，如图 4.6 和图 4.7 所示。

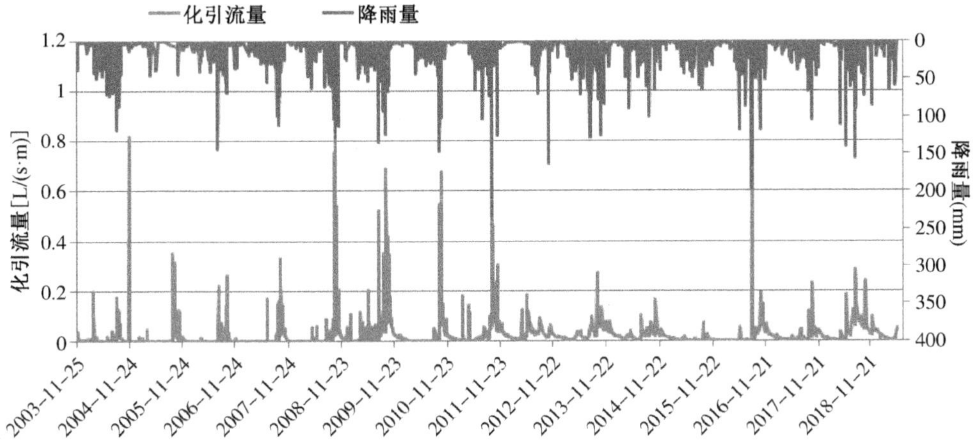

图 4.6　化引流量和降雨量过程线

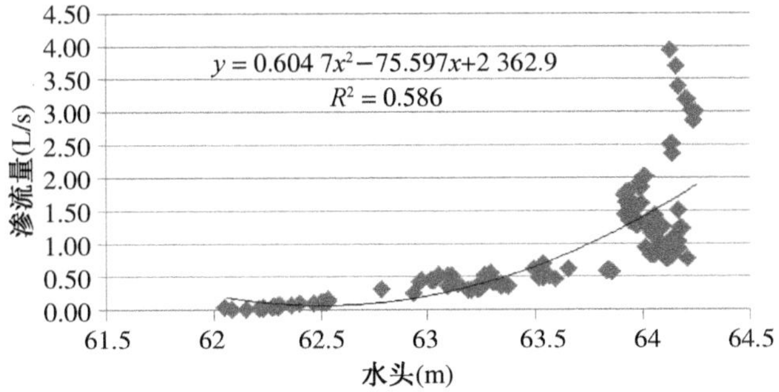

图 4.7　渗流量和单位水头相关性

4.3.3　统计模型及耗散过程分析

统计模型是以概率论为基础，采用数学统计方法建立的模型。有些过程无法用理论分析方法导出其模型，但可通过获取监测数据，经过数理统计法求得因变量和自变量之间的函数关系，称为统计模型。以下以水库大坝边坡渗流监测数据分析为例。

水库大坝边坡渗流主要受水压、降雨量以及时效等因素的影响，其回归模型可以表示为：

$$P = P_H + P_U + P_\theta \tag{4-25}$$

式中：P 为边坡渗流测孔水位的实测值；P_H、P_U、P_θ 分别为水位分量、降雨分量和时效分量。

库水位变化对渗流监测孔水位有较大影响，渗流监测孔水位相对库水位有一定滞后效应。因此，选择监测日前期水位平均值作为水位分量因子，即：

$$P_H = \sum_{i=1}^{6} a_i (h_{ui} - h_{u0i}) \tag{4-26}$$

式中：a_i 为上游水位分量的回归系数（$i=1, 2, \cdots, 6$）；h_{ui} 为监测日与监测日前 1 d、前2～ 4 d、前 5～10 d、前 11～15 d、前 16～30 d 的上游平均水位（$i=1, 2, \cdots, 6$）；h_{u0i} 为初始监测日上述各时段对应的上游水位平均值（$i=1, 2, \cdots, 6$）。

降雨的一部分渗入地下形成地下径流，从而对两岸绕坝渗流测孔水位的变化产生较大的影响。由前面的定性分析可知，这种影响相对降雨有一定时间的滞后。因此可选取渗流监测日前期降雨量的均值作为降雨因子，即：

$$P_U = \sum_{i=1}^{6} [c_i (U_i - U_{0i})] \tag{4-27}$$

式中：U_i 为监测日当天与监测日前 1 d、前 2～4 d、前 5～10 d、前 11～15 d、前 16～30 d 的降雨量平均值（$i=1, 2, \cdots, 6$）；U_{0i} 为初始监测日上述各时段对应的降雨量平均值（$i=1, 2, \cdots, 6$）；c_i 为降雨因子回归系数（$i=1, 2, \cdots, 6$）。

时效分量 P_θ 的组成比较复杂，它与渗流监测孔周围的岩性、裂隙和构造分布及产状有密切联系，参照有关文献，时效分量采用如下公式：

$$P_\theta = d_1(\theta - \theta_0) + d_2[\ln(1+\theta) - \ln(1+\theta_0)] \tag{4-28}$$

式中：d_1、d_2 为时效分量回归系数；θ 为监测日至始测日的累计天数 t 除以 100；θ_0 为建模资料序列第一个测值日至始测日的累计天数 t_0 除以 100。

通过回归分析对模型进行计算，可以得到模型参数，建立渗流和影响因素（水位、降雨量、时效)的关系方程,能够表征边坡的渗流性态。对应未来某一时段的实测数据 X,通过模型可以建立此时段的渗流预报值 Y,实测数据中隐含了未来时段的边坡劣化耗散的状态,而预报数据则表征了在同样外在因素影响下历史耗散状态在变形效应上的作用效果。

为了避免监测数据变化范围不同对相关性分析结果产生影响,首先对监测数据进行归一化处理,第 t_j 次监测数据的归一化向量 $\boldsymbol{x}(t_j)$ 为:

$$\boldsymbol{x}(t_j)=[x_1(t_j)-\bar{x}_1,\ \cdots,\ x_i(t_j)-\bar{x}_i,\ \cdots,\ x_m(t_j)-\bar{x}_m]^{\mathrm{T}} \tag{4-29}$$

式中:$\bar{x}_i$ 为第 i 列数据的均值,$\bar{x}_i=\sum_{j=1}^{n}x_i(t_j)/n$。

则得到监测数据的 $m\times m$ 相关矩阵 $\boldsymbol{R}$:

$$\boldsymbol{R}=\sum_{j=1}^{m}\boldsymbol{x}(t_j)\boldsymbol{x}\ (t_j)^{\mathrm{T}} \tag{4-30}$$

计算数据相关矩阵 $\boldsymbol{R}$ 的特征值λ 和特征向量 $\boldsymbol{v}_i$,一般满足以下公式:

$$(\boldsymbol{R}-\lambda_i\boldsymbol{I})\boldsymbol{v}_i=0,\quad i=1,\ 2,\ \cdots,\ m \tag{4-31}$$

式中:$\boldsymbol{I}$ 为$m\times m$ 的单位矩阵。

由于渗流监测数据相关矩阵 $\boldsymbol{R}$ 正定,则存在矩阵 $\boldsymbol{R}$ 的m 个实特征值λ 和对应的m 个实特征向量 $\boldsymbol{v}_i$。降序排列特征值$\lambda_1>\lambda_2>\cdots>\lambda_m>0$,则可将变形监测数据矩阵 X 表示为:

$$\begin{aligned}\boldsymbol{U}&=\boldsymbol{X}\boldsymbol{V}^{\mathrm{T}}\\&=[\boldsymbol{X}_1\boldsymbol{v}_1\quad \boldsymbol{X}_2\boldsymbol{v}_2\quad \cdots\quad \boldsymbol{X}_m\boldsymbol{v}_m]\end{aligned} \tag{4-32}$$

用矩阵$\boldsymbol{U}$ 来表示监测数据矩阵$\boldsymbol{X}$,即将变形数据矩阵 $\boldsymbol{X}$ 分解为m 个向量的外积之和,表示为:

$$\begin{aligned}\boldsymbol{X}&=U(V^{\mathrm{T}})^{-1}\\&=\boldsymbol{t}_1\boldsymbol{p}_1^{\mathrm{T}}+\boldsymbol{t}_2\boldsymbol{p}_2^{\mathrm{T}}+\cdots+\boldsymbol{t}_m\boldsymbol{p}_m^{\mathrm{T}}\end{aligned} \tag{4-33}$$

式中:$\boldsymbol{t}_i$ 为U 的分量,代表了原始坐标空间变换后的各个方向;$\boldsymbol{p}_i$ 为原始变形数据信息在各个方向上的投影值。

由于监测数据矩阵 $\boldsymbol{X}$ 内部数据存在一定程度的相关性,$\boldsymbol{X}$ 包含的变形信息主要体现在前L 个方向量上,后 $m-L$ 个方向主要包含了噪声等随机因素,可以将此部分略去。在得到 L 的基础上,可将监测数据矩阵 $\boldsymbol{X}$ 改写成两部分之和的形式:

$$\begin{aligned}\boldsymbol{X}&=\boldsymbol{t}_1\boldsymbol{p}_1^{\mathrm{T}}+\cdots+\boldsymbol{t}_L\boldsymbol{p}_L^{\mathrm{T}}+\boldsymbol{t}_{L+1}\boldsymbol{p}_{L+1}^{\mathrm{T}}+\cdots+\boldsymbol{t}_m\boldsymbol{p}_m^{\mathrm{T}}\\&=\sum_{i=1}^{L}\boldsymbol{t}_i\boldsymbol{p}_i^{\mathrm{T}}+\sum_{i=L+1}^{m}\boldsymbol{t}_i\boldsymbol{p}_i^{\mathrm{T}}\\&=\boldsymbol{X}_L+\boldsymbol{X}_e\end{aligned}\tag{4-34}$$

式中：$\boldsymbol{X}_L$ 代表监测数据的主要信息，这部分具有较强的相关性，相当于图 4.8 中 u_1 方向的监测数据信息；$\boldsymbol{X}_e$ 则代表监测数据离散甚至不相关的部分，相当于图 4.8 中 u_2 方向的监测数据信息。

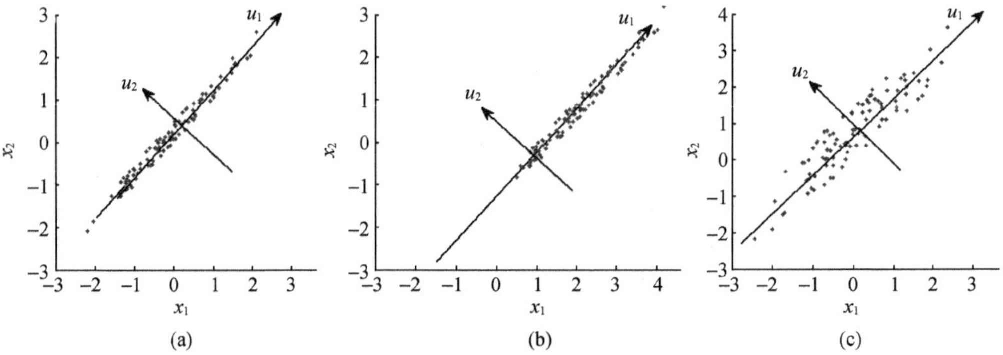

图 4.8　耗时过程相关性图

当水库大坝边坡监测数据的离散性部分 $\boldsymbol{X}_e$ 变大，而相关性部分 $\boldsymbol{X}_L$ 不变，则此部位的渗流性态通常具有统一的变化趋势；若监测量的相关性突然降低，则可判断个别监测部位性态出现异常，表现了耗散系统的“微涨落”。当监测数据的相关性部分 $\boldsymbol{X}_L$ 产生过大变化，而离散性部分 $\boldsymbol{X}_e$ 不变，对应图 4.8 中(a)到(b)的变化过程，说明原始监测数据整体产生了变化，则可认为此部位安全性态整体出现变化，在排除监测系统和仪器问题后，说明水库大坝边坡整体安全性降低。

4.3.4　安全评价准则分析

(1) 历史极值评判准则

由于监测数据的最大值、最小值在一定程度上反映了边坡经历极端荷载的工作性态，因此可以统计某监测时间段内重要监测项目(渗流压力、渗漏量、关键部位的应力应变等)的极值，判断当前测值是否超出边坡安全状况。

① 当本次测值 y_i 大于历史时段内最大值 $y_{\max}$ 或小于历史最小值 $y_{\min}$ (除扬压力外)时，则测值为异常。$\varepsilon_{中}$ 为观测中误差。

$$y_i \geqslant y_{\max}+\sqrt{2}\varepsilon_{中} \text{ 或 } y_i \leqslant y_{\min}-\sqrt{2}\varepsilon_{中}\tag{4-35}$$

② 当本次测值处于历史极值与观测中误差 $\varepsilon_{中}$ 外区间（除扬压力外）时，则测值为基本正常，但应进行进一步观测分析。

$$y_{max}-\sqrt{2}\varepsilon_{中}\leqslant y_i<y_{max}+\sqrt{2}\varepsilon_{中} \text{ 或 } y_{min}-\sqrt{2}\varepsilon_{中}<y_i\leqslant y_{min}+\sqrt{2}\varepsilon_{中} \tag{4-36}$$

③ 当本次测值处于历史极值与观测中误差内区间（除扬压力外）时，则测值为正常。

$$y_{min}+\sqrt{2}\varepsilon_{中}<y_i<y_{max}-\sqrt{2}\varepsilon_{中} \tag{4-37}$$

（2）测值变化速率评判准则

测值变化速率反映了测点测值的变化趋势，因而可以根据测点当前和历史测值，计算所测物理量的变化速率，研究速率的限值或设置测点测值可能变化的最大速率，以此评判实测数据的速率是否超限，进而评判测值是否异常。测值变化速率的计算公式如下：

$$v_i=\frac{y_i-y_{i-1}}{t_i-t_{i-1}} \tag{4-38}$$

式中：v_i 为测值变化速率；y_i 为本次测值，y_{i-1} 为上一次测值；t_i 为本次监测时间，t_{i-1} 为上一次监测时间，单位均为 d。通常以测值速率极大极小值和中误差进行分析评价。

（3）时空分布评判准则

将本次测值与本测点在历史测值序列中环境量较相近时间点的测值比较，判别异常是否出现同步性，据此评判测值是否异常，主要分为趋势性识别和突变识别。

① 趋势性识别

当本次测值与超过一年以上且环境量基本相同的前一次测值相比，差值大于 $\sqrt{2}\varepsilon_{中}$ 时，则测值基本正常；进一步观测分析，跟踪监测 2～3 次，仍大于 $\sqrt{2}\varepsilon_{中}$，则为趋势性变化，测值基本正常。

② 突变识别

当本次测值与前一次测值差值大于 $\sqrt{2}\varepsilon_{中}$，测值基本正常；进一步观测分析，跟踪监测 2～3 次，仍大于 $\sqrt{2}\varepsilon_{中}$，则为突变值，测值异常。

4.3.5 设计值分析

（1）渗流压力和渗透坡降

按照设计工况计算边坡渗流分布，分析边坡内部和基础的渗流压力实测值是否在设计范围之内。同时根据实测值计算渗透坡降，判别是否小于允许渗透坡降，以评估水库大坝边坡的安全性。

(2) 应力应变

计算最不利荷载工况下边坡内应力和应变量，对比监测数据，以评估边坡的安全状况。

4.3.6 关联评判准则

经对相邻不同监测量测值变化量的比较，判别异常是否出现同步性，据此评判测值是否异常。

(1) 趋势性识别

当本次测值与超过一年以上且环境量基本相同的前一次测值相比，若差值大于$\sqrt{2}\varepsilon_{中}$时，则测值基本正常；进一步观测分析，跟踪监测 2～3 次，仍大于$\sqrt{2}\varepsilon_{中}$，则为趋势性变化，测值基本正常。即：

$$|y_i - y_{i-1}| > \sqrt{2}\varepsilon_{中} \tag{4-39}$$

式中：y_{i-1} 为与 y_i 的环境量(水位、气温)等基本相同，但两次测值的时间间隔超过一年以上的测值。

(2) 突变值识别

当本次测值与基本相同环境量的前一次测值差值大于$\sqrt{2}\varepsilon_{中}$，测值基本正常；进一步观测分析，跟踪监测 2～3 次，仍大于$\sqrt{2}\varepsilon_{中}$，则为突变值，测值异常应预警。即：

$$|y_i - y_{i-1}| > \sqrt{2}\varepsilon_{中} \tag{4-40}$$

式中：y_{i-1} 为与 y_i 的环境量(水位、气温)等基本相同的前一次测值。

(3) 基于关联度的评判

经对相邻部位同种类型测点测值变化量的灰色关联性计算，分析其是否出现同步性，据此评判测值是否异常。

灰色关联分析基于灰色关联度，以因子序列的几何接近度分析并确定因子之间的影响程度。设有以下 5 个因素的比较序列：

$$\begin{pmatrix} x_0(1) & \cdots & x_0(n) \\ \vdots & & \vdots \\ x_4(1) & \cdots & x_4(n) \end{pmatrix} = \begin{pmatrix} X_0 \\ \vdots \\ X_4 \end{pmatrix} \tag{4-41}$$

X_0 是参考序列，其余的 X_i $(i=1, 2, 3, 4)$ 为比较序列，以其数据序列绘图（图 4.9），得到对应的 X_0 到 X_4 的曲线。从图中可以直观地看出，曲线 X_1 与曲线 X_0 的几何形状最为接近，在灰色关联意义下，认为数据序列 X_1 和 X_0 的灰色关联度最大，将其灰色关联度记为 r_1；曲线 X_0 与曲线 X_4 的几何形状差异最大，将其灰色关联度记为 r_4；其他曲线相对曲线 X_0 都可得到对应的灰色关联度。可得灰色关联度排序为：$r_1 > r_2 > r_3 > r_4$。

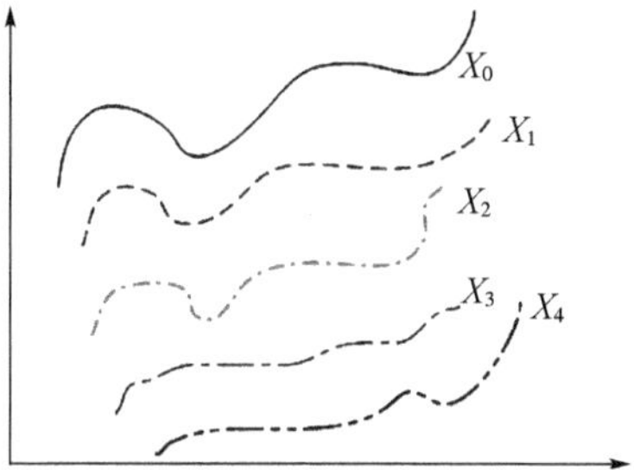

图 4.9　数据曲线

灰色关联公理定义：令 $@_{GRF}$ 为灰色关联因子集，Δ_{GR} 为灰色关联差异信息空间，$@_{GRF} \Rightarrow \Delta_{GR}$，

$$\Delta_{GR} = \{\Delta, \zeta, \Delta_{oi}(\max), \Delta_{oi}(\min)\} \tag{4-42}$$

$$\Delta_{oi}(k) = |x_0(k) - x_i(k)|, \quad k \in K = \{1, 2, \cdots, n\} \tag{4-43}$$

式中：Δ 为差异信息；ζ 为系数；Δ_{oi} 为第 o 和 i 点差异值。

x_0 为参考列，x_i 为比较列，令 $\gamma[x_0(k), x_i(k)]$ 为 Δ_{GR} 上 x_i 和 x_0 在 k 点的比较值，亦称其为 x_i 对于 x_0 在 k 点的灰关联系数(Grey Relational Coefficient)，这里使用邓氏关联度，其计算公式为：

$$\gamma[x_0(k), x_i(k)] = \frac{\min\limits_i \min\limits_k |x_0(k) - x_i(k)| + \rho \max\limits_i \max\limits_k |x_0(k) - x_i(k)|}{|x_0(k) - x_i(k)| + \rho \max\limits_i \max\limits_k |x_0(k) - x_i(k)|} \tag{4-44}$$

式中：$\rho \in (0, +\infty)$，为分辨系数，一般取 0.5。

由以上可知，差异信息 $\Delta_{oi}(k)$ 越小，则 $\gamma[x_0(k), x_i(k)]$ 越大。$\gamma(x_0, x_i)$ 为 $\gamma[x_0(k), x_i(k)]$ 在 $k \in K = \{1, 2, \cdots, n\}$ 上的平均值，亦称为 x_i 对于 x_0 的灰关联度(Grey Relational Grade)，公式为：

$$\gamma(x_0, x_i) = \frac{1}{n}\sum_{k=1}^{n} \gamma[x_0(k), x_i(k)] \tag{4-45}$$

计算考察测点 x_0 与邻近部位相关测点群各个测点 x_j ($j=1, 2, 3, 4, \cdots$) 的灰关联度 γ_{0j} ($j=1, 2, 3, 4, \cdots$)，得到综合考察测点与测点群的综合灰关联度，公式为：

$$\gamma=\frac{1}{n}\sum_{k=1}^{n}\gamma_{0k} \tag{4-46}$$

则获得历史关联度序列 x_i ($i=1, 2, 3, 4, 5, 6, 7, 8, 9, \cdots$)。若本次计算值大于历史时段内最大值或小于历史最小值，则测值异常。若本次计算值处于历史极值与均方差外区间，则测值基本正常，但应进行进一步观测分析。若本次计算值处于历史极值与均方差内区间，则测值正常。

4.4 监测数据自动化处理及分析

4.4.1 日常巡查信息管理

日常巡查(现场检查)信息管理模块用于记录工程日常巡查、检查信息，包括巡查日期、巡查/校核人员、天气情况，工程相关联环境量(水位、流量等)情况，巡查/检查的工程结构，检查内容及记录正文。可按照日期对巡查/检查记录进行查询。点击工具栏“插入记录”可添加巡查/检查记录、点击“修改”或“删除”可修改或删除当前选择的巡查/检查记录，点击“导出”可导出巡查记录。日常巡查管理操作界面如图 4.10 所示。

4.4.2 监测数据表处理系统

(1) 测点埋设考证表

不同监测项目及监测测点有其对应的测点埋设考证表模板，此模块可以选择同一类监测项目的多个监测测点的考证表模板，并在此基础上调整。使用调整好的表格模板批量生成测点埋设考证表。

(2) 测点数据整编计算表

针对不同监测类型仪器，选择对应的整编计算表格(图 4.11 和图 4.12)，选择同一类监测项目的多个监测测点，批量生成相对应的整编计算表格。

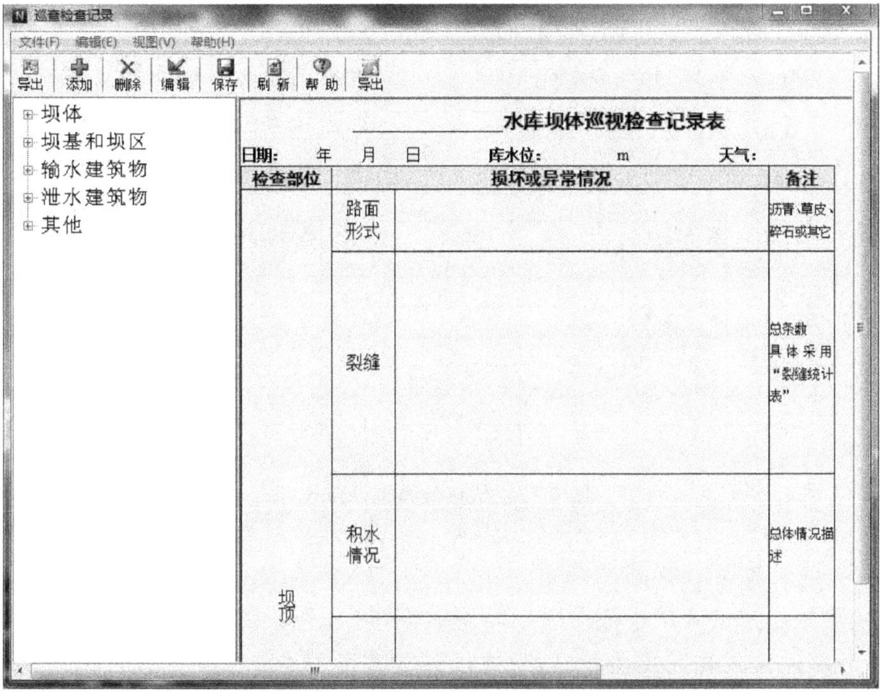

图 4.10　日常巡查检查信息管理界面

	A	B	C	D	E	F	G	H	I	J
1	差阻式锚杆应力计观测记录表（3支/组）									
2	组别编号	DWS-8-RA-03	仪器编号	12034/3/2	仪器类型	差阻式	监测类型	锚杆应力		
3	钢筋计初始值及计算系数	仪器编号	电阻比W_0	电阻R_0	最小读数f	零度电阻R'	温度常数a	温度系数b		
4		1#传感器	1.0163	81.22	0.794	78.46	5	0.06		
5		2#传感器	1.0133	81.25	0.757	78.03	5.03	0.06		
6		3#传感器	1.026	80.84	0.788	78.26	5.01	0.06		
7	计算公式	$\delta=f\times(W_1-W_0)\times10000+b\times(T_1-T_0)$；$T=a\times(R_1-R')$　式中：δ—钢筋应力（MPa）；T—温度（℃）								
8	观测日期	电阻R_1	电阻比W_1	电阻R_2	电阻比W_2	电阻R_3	电阻比W_3	δ_1	δ_2	δ_3
9	2013/12/17	81.22	1.0163	81.25	1.0133	80.84	1.026	0.00	0.00	0.00
10	2013/12/18	82.95	1.0162	83.06	1.0133	82.25	1.026	-0.27	0.55	0.42
11	2014/4/4	81.55	1.0164	81.26	1.0129	81.15	1.0259	0.89	-3.02	-0.69
12	2014/4/11	81.54	1.0163	81.25	1.013	81.15	1.0259	0.10	-2.27	-0.69
13										
14										
15										
16										
17										

图 4.11　应力计整编计算表

	A	B	C	D	E	F	G	H
1	振弦式多点位移计观测记录表							
2	组别编号	DWS-8-M-03	仪器编号	DD0822/DD0848/DD0872	仪器类型	振弦式	监测类型	多点位移计
3	计算公式	L=G×（R_0-R_1） 式中：L—位移（mm）						
4	测点编码	1#传感器		2#传感器		3#传感器		初始温度
5	初始模数R_0	2226.5		3167.5		2641		19.2
6	计算系数G	0.042		0.0377		0.0429		
7	观测日期	观测模数R_1	位移L	观测模数R_1	位移L	观测模数R_1	位移L	温度
8	2013/12/17	2226.5	0.00	3167.5	0.00	2641	0.00	19.2
9	2013/12/18	2226.7	0.01	3167.8	0.01	2641.8	0.03	18.4
10	2014/9/4	2234.9	0.35	3302.5	5.09	2651	0.43	17.5
11	2014/9/11	2235.8	0.39		5.09	2650.7	0.42	17.3
12								
13								
14								

图 4.12　位移计整编计算表

（3）监测数据记录表

监测数据记录表用于记录原始监测数据，可分为振弦式仪器（图 4.13）、差阻式仪器（图 4.14）、光纤式仪器、压阻式仪器等多种类型。监测记录数据通常包括电阻、电阻比值、频率、温度比值等参数，通过这些参数的整编计算可以获得有实际坝工物理意义的大坝监测量。

	A	B	C	D	E	F	G	H
1		01-1		01-2		01-3		温度/℃
2	日期	模数	位移/mm	模数	位移/mm	模数	位移/mm	
3								
4	2010/9/3	2002	0.00	2706	0.00	2241	0.00	22.5
5	2010/9/14	1994	-0.30	2694	-0.47	2232	-0.33	46.9
6	2010/9/15	1992	-0.37	2688	-0.71	2227	-0.51	48.4
7	2010/9/16	1991	-0.41	2688	-0.71	2227	-0.51	44.8
8	2010/9/17	1994	-0.30	2690	-0.63	2230	-0.40	40.2
9	2010/9/18	1996	-0.22	2692	-0.55	2231	-0.37	35.6
10	2010/9/19	1997	-0.18	2694	-0.47	2233	-0.29	34.0
11	2010/9/20	1998	-0.15	2695	-0.43	2234	-0.26	30.5
12	2010/9/22	2002.0	0.00	2699.0	-0.28	2238	-0.11	20.4
13	2010/9/24	2003.0	0.04	2699.0	-0.28	2238	-0.11	19.7
14	2010/9/28	2003.0	0.04	2699.0	-0.28	2239	-0.07	19.8

图 4.13　振弦式仪器监测数据记录表

	A	B	C	D	E	F	G	H	I	J	K	L	M
1													
2	日期	01-1				01-2				01-3			
3		电阻/Ω	电阻比	应力/MPa	温度/℃	电阻/Ω	电阻比	应力/MPa	温度/℃	电阻/Ω	电阻比	应力/MPa	温度/℃
4	2010/9/3	77.14	0.9984	0.00	18.7	77.95	1.0089	0.00	21.5	76.61	1.0098	0.00	15.5
5	2010/9/14	77.14	0.9986	1.55	18.7	77.86	1.0092	2.30	21.0	76.5	1.0094	-3.06	15.0
6	2010/9/15	77.13	0.9985	0.77	18.6	76.86	1.0091	1.23	16.1	76.78	1.008	-13.56	16.3
7	2010/9/16	77.13	0.9985	0.77	18.6	77.88	1.0092	2.30	21.1	77.02	1.0082	-11.97	17.5
8	2010/9/17	77.13	0.9985	0.77	18.6	77.92	1.0091	1.54	21.3	77.24	1.0089	-6.62	18.6
9	2010/9/18	77.13	0.9985	0.77	18.6	78	1.0092	2.34	21.7	77.37	1.0096	-1.29	19.2
10	2010/9/19	77.13	0.9986	1.55	18.6	78.04	1.0093	3.13	21.9	77.38	1.0099	0.98	19.3
11	2010/9/20	77.16	0.9986	1.56	18.8	78.1	1.0093	3.14	22.2	77.36	1.0103	4.00	19.2
12	2010/9/22	77.16	0.9985	0.78	18.8	78.17	1.0094	3.94	22.5	77.07	1.0111	9.96	17.8
13	2010/9/24	77.18	0.9985	0.79	18.9	78.2	1.0096	5.50	22.7	77.19	1.0117	14.54	18.4
14	2010/9/28	77.23	0.9985	0.80	19.1	78.19	1.0098	7.05	22.6	77	1.0124	19.77	17.4
15	2010/9/30	77.25	0.9986	1.58	19.2	78.18	1.0099	7.82	22.6	76.91	1.0128	22.77	17.0
16	2010/10/1	77.25	0.9985	0.81	19.2	78.17	1.01	8.59	22.5	76.87	1.013	24.27	16.8
17	2010/10/4	77.26	0.9986	1.59	19.3	78.14	1.0102	10.13	22.4	76.77	1.0133	26.51	16.3
18	2010/10/8	77.27	0.9985	0.81	19.3	78.06	1.0104	11.66	22.0	76.61	1.0136	28.73	15.5
19	2010/10/11	77.27	0.9986	1.59	19.3	78.03	1.0105	12.42	21.9	76.56	1.0137	29.47	15.3
20	2010/10/14	77.26	0.9986	1.59	19.3	77.99	1.0106	13.19	21.7	76.5	1.0138	30.21	15.0
21	2010/10/17	77.25	0.9986	1.58	19.2	77.96	1.0107	13.95	21.5	76.46	1.0141	32.46	14.8

图 4.14　差阻式仪器监测数据记录表

(4) 监测数据特征值统计表

针对监测数据特征值统计结果建立统计数据表,包括历史最大值、历史最小值、历史初值、历史末值、历史均值、历史最大变幅、年最大值、年最小值、年均值、年变幅、最大年变幅及历史最大变幅年份等信息(图 4.15)。

测点监测数据历史特征值统计表（mm）

测点编号	历史最大值日期	最大值	历史最小值日期	最小值	最大年变幅年	年变幅
LD1	2012/6/13	56	2011/4/30	-18	2011	25
LD2	2012/6/13	-32	2011/4/30	-66	2012	23
LD3	2012/2/9	-819	2011/6/23	-841	2012	17
LD4	2011/4/30	-456	2012/5/7	-484	2012	27
LD5	2012/2/9	-68	2011/6/23	-102	2012	19
LD6	2012/2/9	-1930	2012/5/7	-1964	2012	34
LD7	2012/2/9	16	2011/6/23	-16	2012	30
LD8	2012/2/9	-1069	2012/10/17	-1117	2012	48
LD9	2011/4/30	-215	2012/10/17	-306	2011	51

图 4.15　监测数据特征值统计表

4.4.3　监测数据图绘制系统

报表图形管理能够绘制多种类型的分析图形。测点空间分布图(图 4.16)能够显示同类型测点在空间的分部相关关系,2D 条件下为测点平面布置图。环境量(降雨量、气温、库水位)与大坝监测效应量有因果变化关系,建立环境量和效应

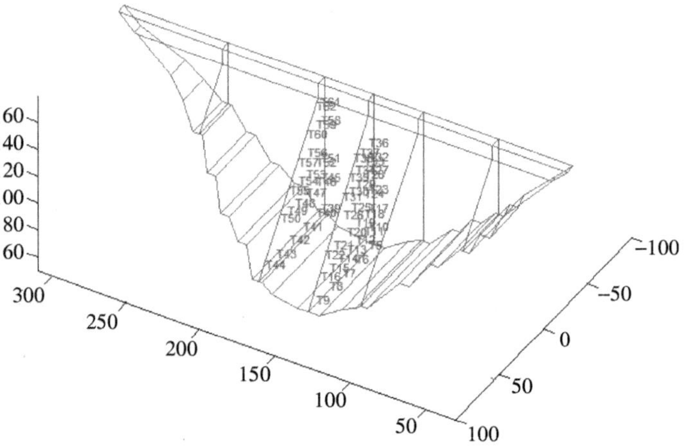

图 4.16　测点空间分布图(m)

量的变化过程线图能反映其变化的相关性。有多种形式的图示方式，如可建立单个效应量和环境量的关系，或多组效应量和多组环境量的关系。根据分析模型也可以绘制各分量的变化过程线(图 4.17)。此外，对监测量可以建立空间变化曲线横断面变化云图(图 4.18、图 4.19)或空间变化云图(图 4.20)。

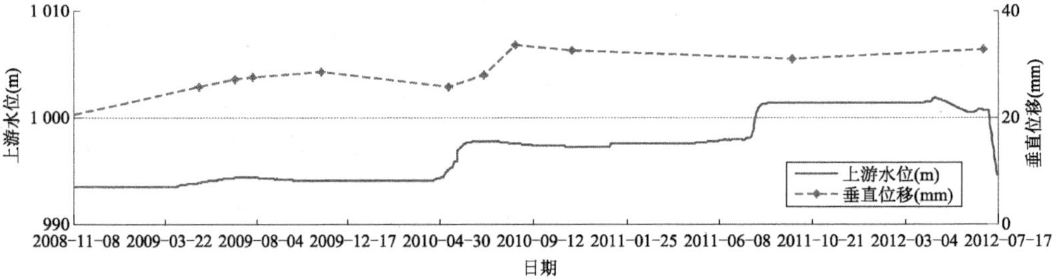

图 4.17　变形量及水位关系过程线

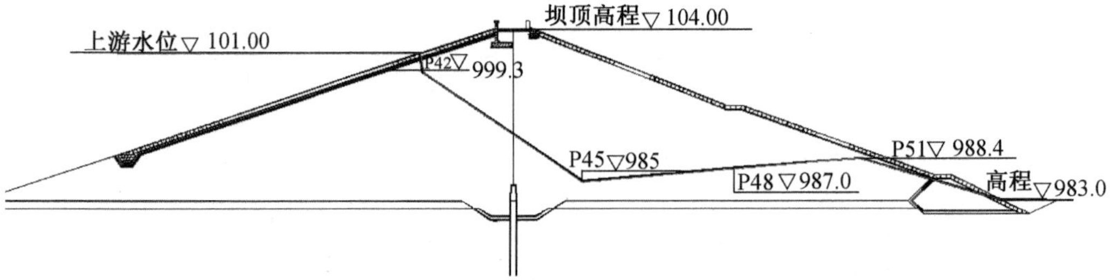

图 4.18　渗压计观测过程线(m)

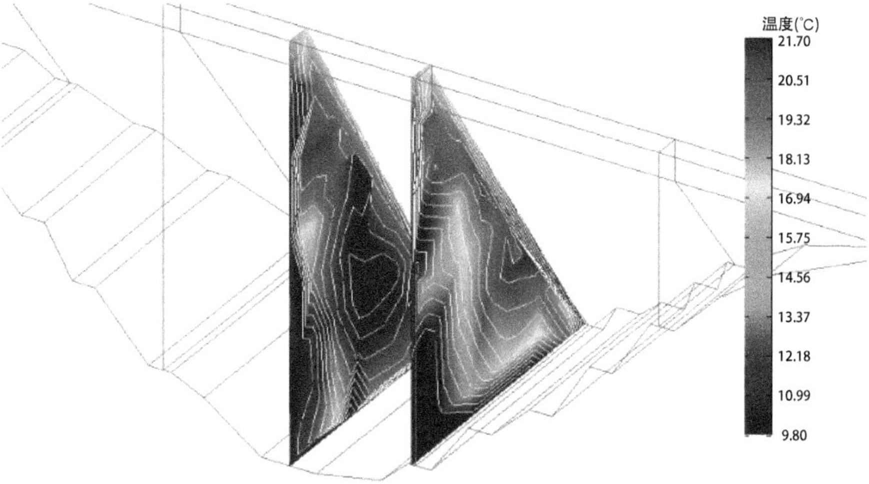

图 4.19　监测量平面变化云图

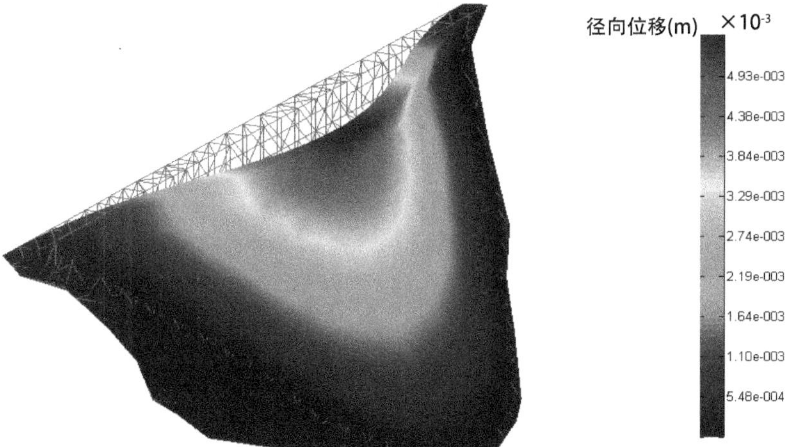

图 4.20　监测量空间变化云图

4.4.4　自动化报告处理系统

报表模块用于报表模板的组织生成及报告输出和管理(图 4.21)。报表模板包括工程概况、环境量资料分析、监测系统资料分析、监测数据分析和结论。

其中工程概况部分包括：流域概况、工程等级、特征水位、输泄水建筑物结构尺寸、工程部位图片照片等信息。环境量包括降雨量、水位、气温等资料的图表和计算结果。监测系统概况包括监测项目、监测仪器等考证表、布置图、仪器完好率等分析成果;监测数据分析包括各类监测数据的分析成果、监测量图形和数据计算表格。时段分析结果则为针对月报、年报和特殊时段的分析结果。

可以选择软件界面(图 4.21)左侧树状列表的报表项目进行组合,建立分析报告,选择分析时段,输出分析报告正文。

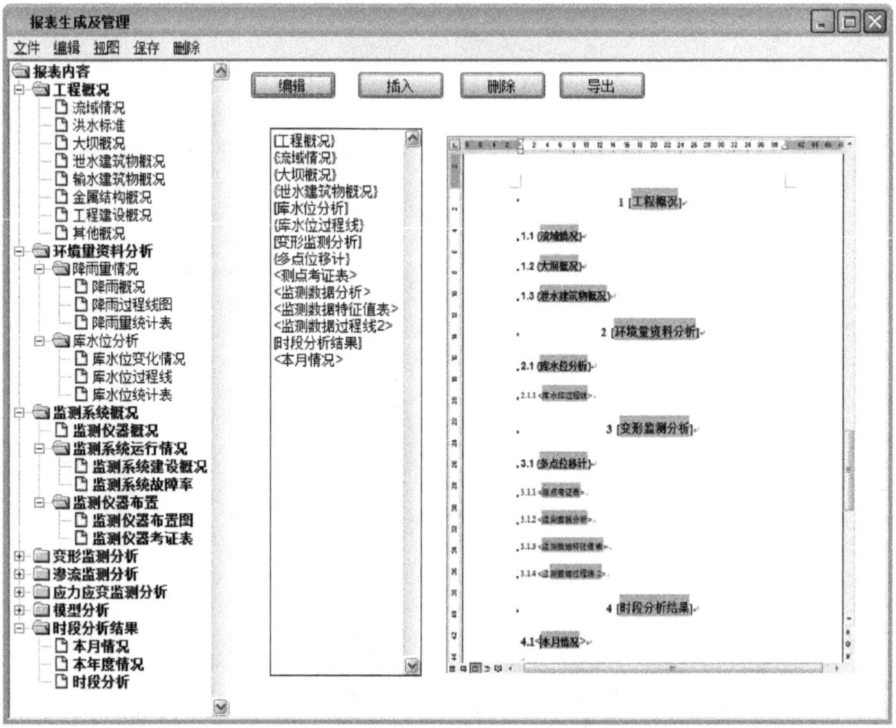

图 4.21　报表生成及管理界面

在获得报告正文的基础上,分析管理人员可以便捷地通过上述资料,快速汇总和研究分析,建立最终的综合分析结论。

4.4.5　安全监测数据管理和分析

监测分析成果管理模块用于对监测数据的计算分析成果进行管理,包括以下4类分析结果:监测数据整编分析结果、监测数据相关性分析结果、监测数据特征值统计结果、监测数据模型分析结果。

程序界面(图 4.22)左侧为监测项目列表,用于选择计算分析的数据类型。主要包括:环境量、大坝及坝基的变形监测数据、大坝渗流监测数据和应力应变监测数据。程序界面右侧为4类分析子模块界面。

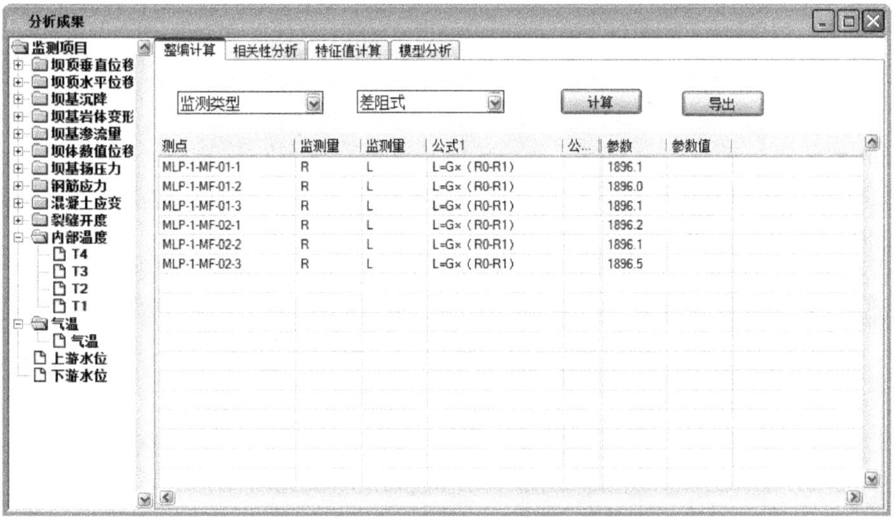

图 4.22　监测分析成果管理界面

（1）监测管理

监测管理模块(图 4.23)功能主要是对监测项目、监测测点、监测断面、仪器类型以及测点布设位置等安全监测基本信息进行管理,即信息的查询、添加、删除、更新等操作,并实现测点或观测项目的动态添加或删除,实现监测系统的可控管理。监测管理模块同时将各种监测数据通过结果过程线图显示和输出。

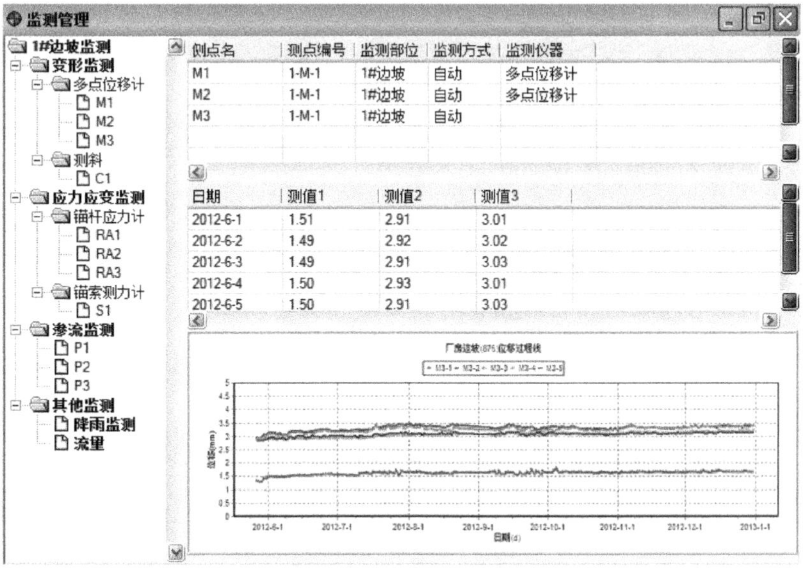

图 4.23　监测管理界面

(2) 监控分析设置

可设置基于降雨量、变形量和坡度值等的分析，也可根据监测数据建立测值变化量、极值相关性等分析，测值变化量分析模块(图 4.24)用于对所选数据进行测值变化速率和测值变化加速度的分析和评价；极值分析模块(图 4.25)用于对监测数据进行历史极值分析；相关性分析模块(图 4.26)用于对两个相关测点的监测数据相关性进行分析。

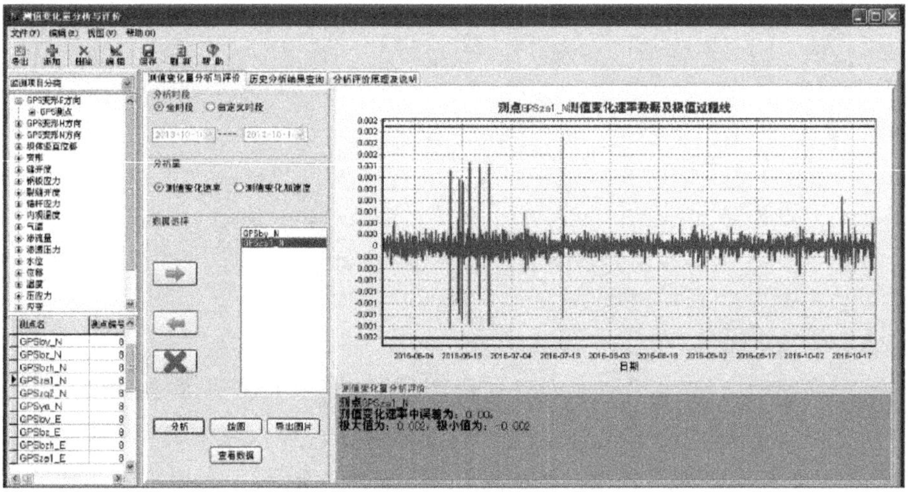

图 4.24　测值变化量分析界面

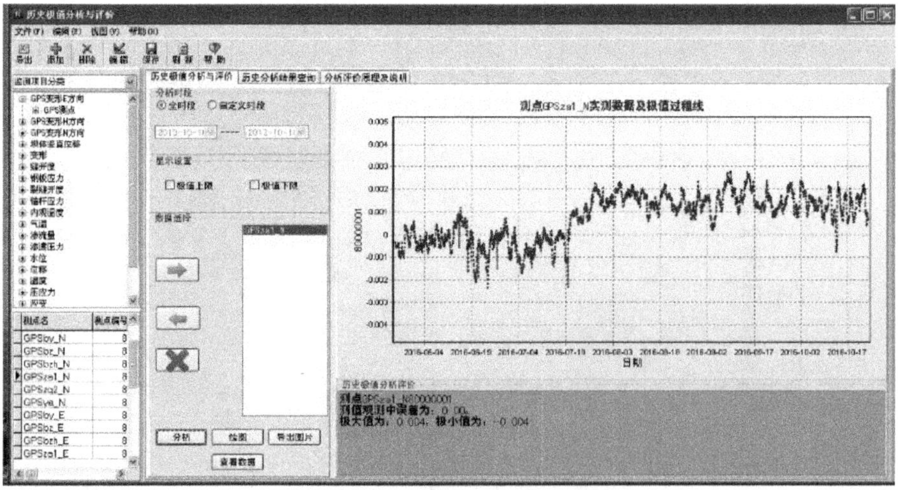

图 4.25　测值极值分析界面

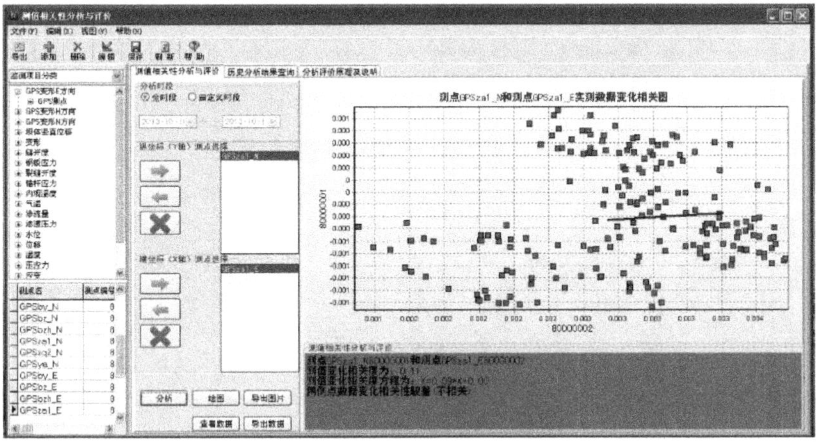

图 4.26　测值相关性界面

按照指标分类及监测部位选择特定指标，对监测数据设置不同类型的指标监控预警阈值，用于实时监控预警。指标设置具有增加、删除和保存预警指标功能，操作界面如图 4.27 所示。

图 4.27　预警指标设置界面

(3) 监控预警

监控预警模块用于监控实时数据状态，实现实时监控预警的目的。可以设置数据时段，查看每日监控结果，并导出数据，操作界面如图 4.28 所示。

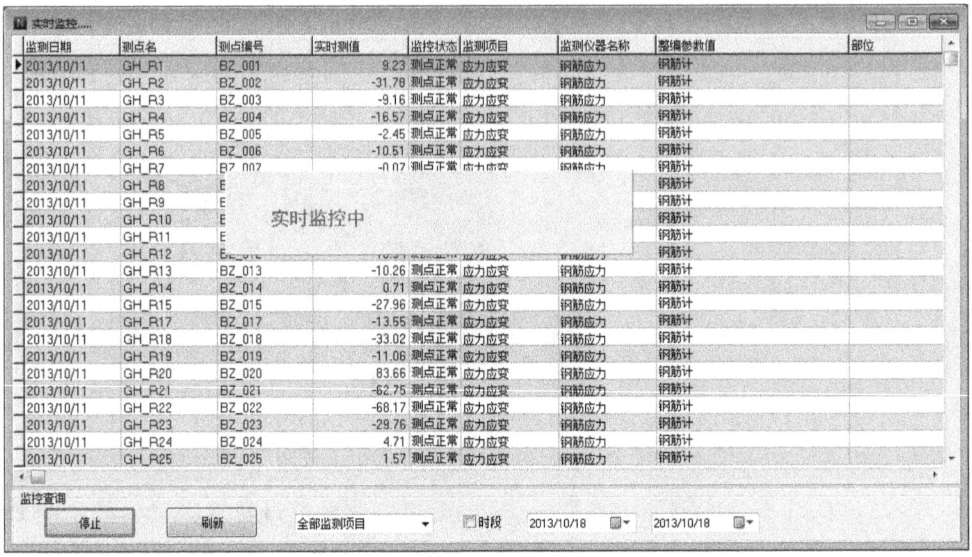

图 4.28　监控预警界面

4.4.6　土石坝安全在线仿真分析

基于监测数据和数据分析方法，综合分析系统包括两大部分：大坝渗流性态有限元分析、大坝稳定性有限元分析。大坝渗流性态有限元分析模块包括断面参数设置、计算分析、渗流性态分析评价三个部分；大坝稳定性有限元分析模块包括断面参数设置、有限元计算分析两个部分。系统功能结构见图 4.29。

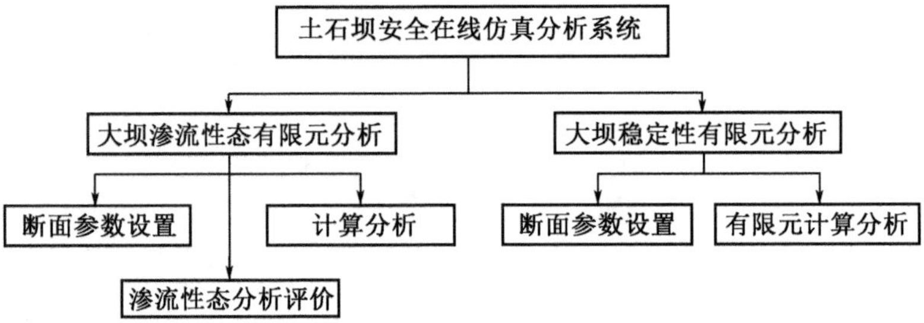

图 4.29　系统功能结构图

1. 主界面

系统主界面如图 4.30 所示，系统名称为土石坝安全在线仿真分析系统。菜

图 4.30　系统主界面

单栏包括：大坝渗流性态有限元分析、大坝稳定性有限元分析、导入数据、导出数据、导出图片及帮助。

大坝渗流性态有限元分析和大坝稳定性有限元分析为主要功能模块；导入数据及导出数据模块能够导入或导出相关的数据信息；导出图片模块能够导出土石坝安全分析过程中的各种分析图片；帮助模块能打开软件说明文档，提供用户操作的帮助。软件界面右上角为最小化、最大化和关闭按钮，用户可以点击对应按钮实现软件的隐藏、界面最大化铺满屏幕或关闭软件。

2. *渗流性态分析*

土石坝的渗流安全评价一般采用有限单元法模拟各材料介质的渗透特性和入渗、排水边界条件，计算坝体与坝基各种水位条件下的渗流场，通过计算渗流场中的渗透比降并与允许的渗透比降进行比较来评价大坝渗流安全性。

(1) 断面参数设置

用户点击系统主界面的大坝渗流性态有限元分析菜单，可以进入大坝渗流性态有限元分析—断面参数设置界面，此界面用于大坝渗流分析的参数设置，用户界面见图 4.31。用户具体操作过程包括：

① 导入断面。用户点击导入断面菜单，选择包含断面节点信息的 Excel 数据文件，导入断面的 Excel 节点数据，并在导入断面按钮右侧文本框中显示文件路

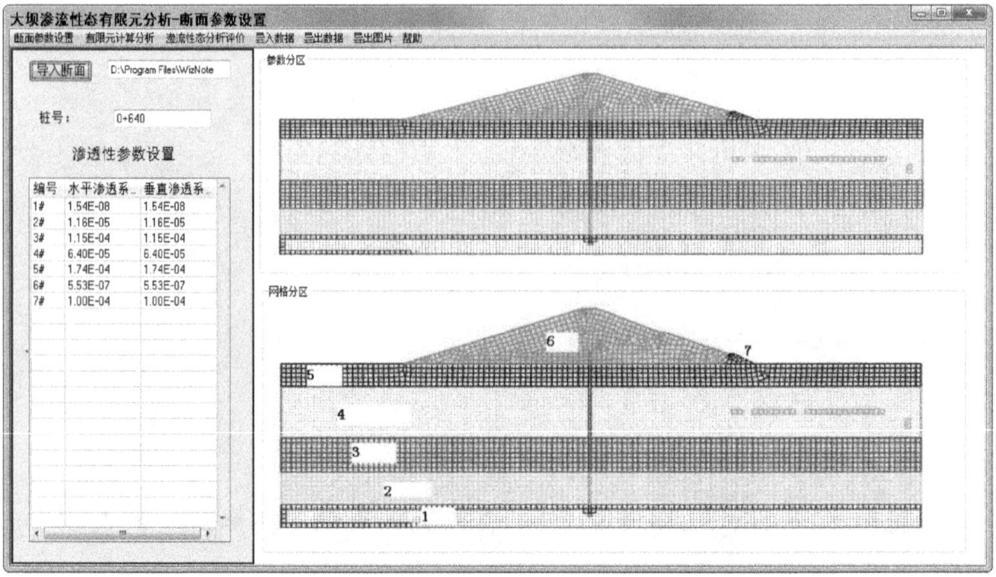

图 4.31　大坝渗流性态有限元分析一断面参数设置界面

径。程序基于导入的数据文件自动绘制断面分区。

② 桩号设置。导入一次节点断面数据，需要按照断面桩号，对不同的断面在桩号文本框内设置，格式为 A+B。A 为大坝的分段序号，B 为实际导入的断面距离 A 分段起始点的距离，单位为米。

③ 参数分区。软件对导入的断面进行 4 节点的有限元网格划分，显示在软件界面右上侧数据分区中。软件对不同的区域使用不同的颜色进行显示，并对不同的分区进行数字编号。

④ 渗透系数数据输入。用户按照不同的数字编号，在软件左侧的表格框中设置对应分区的渗透系数，包括水平渗透系数和垂直渗透系数。此外，针对分区数量较多的断面，用户还可以通过菜单栏导入数据按钮导入编辑好的分区数据 Excel 文件。多次导入分区数据 Excel 文件时，最新的数据文件将覆盖前一次的数据文件。

⑤ 导出图形。用户点击菜单栏的导出图片菜单，可导出软件右侧显示的参数分区图和网格分区图，并以图片形式存储在本地硬盘中，用户可以将图片用于其他分析应用。

(2) 计算分析

大坝渗流性态有限元分析—计算分析模块用于特定断面工况的设置和计算

分析。用户点击断面参数设置界面菜单栏中的有限元计算分析菜单，可以进入大坝渗流性态有限元分析—计算分析界面，此界面用于大坝渗流分析的具体计算分析，用户界面见图 4.32。用户具体操作过程包括：

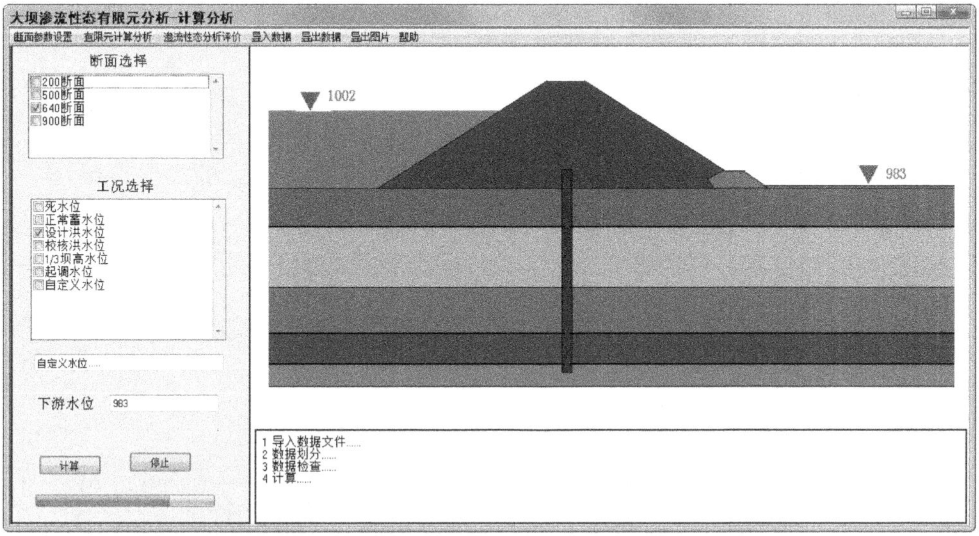

图 4.32 大坝渗流性态有限元分析—计算分析界面

① 断面选择。软件右侧的列表包含了用户在断面参数设置界面中所导入的所有断面，用户通过勾选不同的断面，可以设定本次分析的具体断面对象。

② 工况选择。用户能够选择大坝渗流性态有限元分析中上游水位的不同水位工况，具体包括死水位、正常蓄水位、设计洪水位、校核洪水位、1/3 坝高水位、起调水位和自定义水位，其中当用户勾选自定义水位时，可以在水位列表框下自动输入任意的水位数据，单位为米，水位数据范围在坝顶高程到坝基高程之间。

③ 下游水位设置。用户可以通过软件右下角下游水位数据框输入下游水位高程，单位为米，水位数据范围在上游水位高程到坝基高程之间。

④ 计算分析。用户在输入分析工况后，软件按照输入的断面和工况自动显示分析图形，包括显示断面的分区情况，并按照不同的色彩显示；显示上游水位高程，并标注具体数值；显示下游水位高程，并标注具体数值。当用户点击计算按钮，软件能够自动开始对断面进行渗流性态的有限元计算，计算按钮下方的进度条实时显示分析计算的进度，软件右下侧文本框实时显示软件计算分析的各个步骤和进度。当用户点击停止按钮，可以终止正在进行的计算过程。当

大坝渗流性态有限元分析被终止后，计算的过程数据同时被删除。当用户需要继续分析计算时，需要再次点击计算按钮，重新开始大坝渗流性态有限元分析计算过程。

⑤ 导出图形。用户点击菜单栏的导出图片菜单，可导出软件右侧显示的计算分析图形，并以图片形式存储在本地硬盘中，用户可以将图片用于其他分析应用。

(3) 渗流性态分析评价

在前述计算分析过程完成后，用户可以点击菜单栏中的分析评价菜单，进入大坝渗流性态有限元分析—分析评价界面，此界面用于大坝渗流分析最终分析结果的查看和分析，对应界面见图 4.33。用户具体操作过程包括：

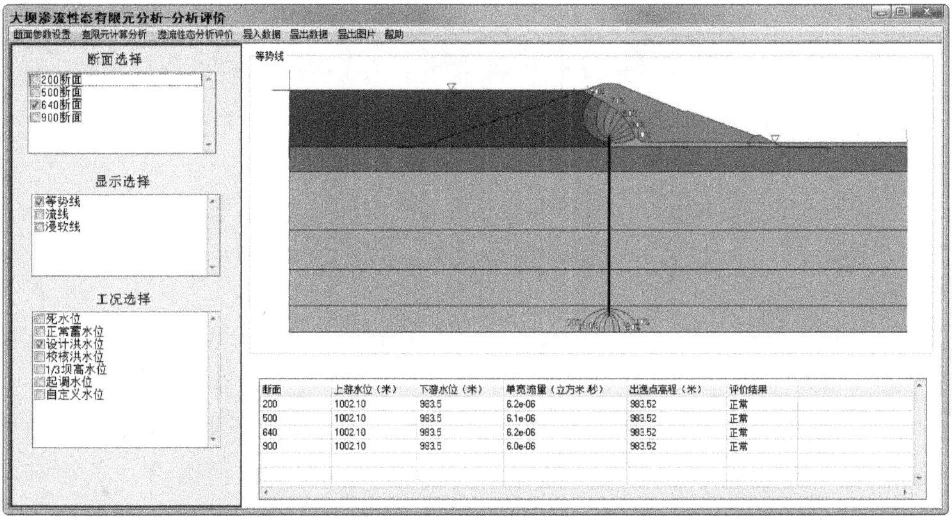

图 4.33 大坝渗流性态有限元分析—渗流性态分析评价

① 断面选择列表。上一步骤中有限元计算分析过的不同断面显示在软件左侧断面选择列表中，用户勾选列表中不同的断面，软件在界面右侧显示对应断面分析图。

② 显示选择列表。用户勾选显示选择列表中的等势线、流线、浸润线(渗流场中的等势线是指在渗流场中水头值相等的点所连成的曲线；在流场中每一点上都与速度矢量相切的曲线称为流线，流线是同一时刻不同流体质点所组成的曲线，它给出该时刻不同流体质点的速度方向；浸润线是指水从土坝或土堤迎水面，经过坝体向下游渗透所形成的自由水面和坝体横剖面的相交线，土体中渗流水的

自由表面的位置，在横断面上为一条曲线，渗流在坝体内的自由面称为浸润面，坝体横剖面与浸润面的交线称为浸润线）选项，程序显示不同断面的计算结果。

③ 工况选择列表。用户对不同水位工况也可以进行设置。用户勾选工况选择列表中的死水位、正常蓄水位、设计洪水位、校核洪水位、1/3 坝高水位、起调水位及自动定义水位，软件界面显示对应水位工况下的等势线、流线、浸润线三类计算结果。

④ 渗流计算结果。右下单元格显示大坝渗流性态有限元分析计算的结果，包括断面、上游水位、下游水位、单宽流量、评价结果。

⑤ 导出数据。用户点击菜单栏中的导出数据菜单，软件可以导出不同断面的计算结果数据表到 Excel 数据文件中；点击导出图片可导出等势线、流线、浸润线等分析结果图形到本地计算机存储。

⑥ 导出图形。用户点击菜单栏的导出图片菜单，可导出软件右侧显示的等势线、流线、浸润线三类计算分析图形，并以图片形式存储在本地硬盘中，用户可以将图片用于其他分析应用。

3. 滑坡性态分析

(1) 断面参数设置

大坝稳定性有限元分析是在前述大坝渗流性态有限元分析的基础上进行的。断面参数设置模块（图 4.34）可以导入断面图形，同时需要点击导入浸润线数据按

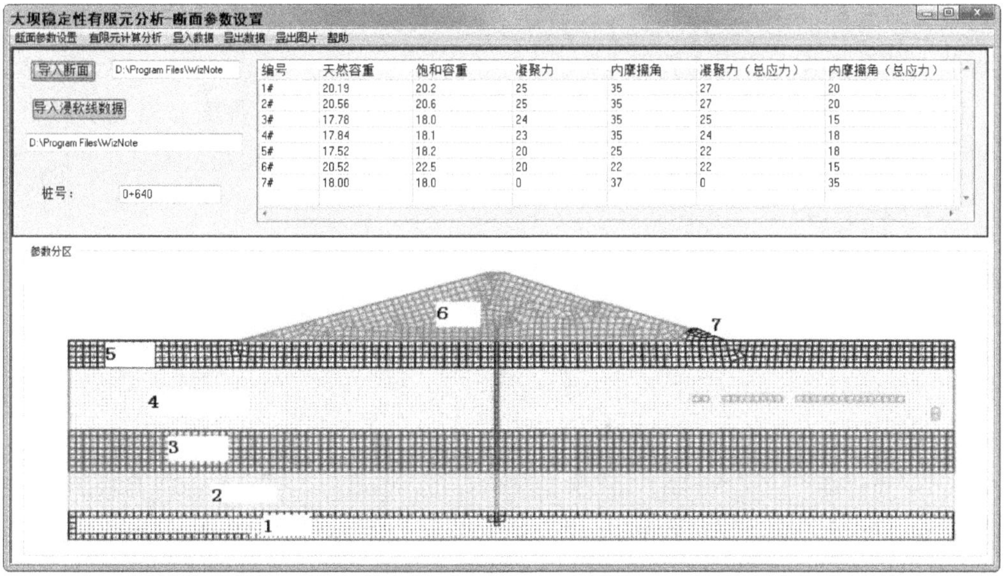

图 4.34　大坝稳定性的有限元分析—断面参数设置

钮导入前次计算好的浸润线数据。对不同的断面分析，可以通过导入或者手动填入分区土体的容重、黏聚力、内摩擦角等参数实现数据输入。这些参数输入无误后，可进行下一步的有限元分析。

用户点击系统主界面的大坝稳定性的有限元分析菜单，可以进入大坝稳定性的有限元分析—断面参数设置界面，此界面用于大坝稳定性分析的参数设置，用户具体操作过程包括：

① 导入断面。用户点击导入断面菜单，选择包含断面节点信息的 Excel 数据文件，导入断面的 Excel 节点数据。程序基于导入的数据文件自动绘制断面分区。

② 导入浸润线数据。用户点击导入浸润线数据按钮，选择包含浸润线数据 Excel 文件，导入断面的 Excel 浸润线数据，并在导入断面界面右侧文本框中显示文件路径。程序基于导入的浸润线数据，自动分析浸润线上下的参数分区。

③ 参数分区。软件对导入的断面进行 4 节点的有限元网格划分，显示在软件界面右上侧数据分区中。软件对不同区域使用不同的颜色进行显示，并对不同的分区进行数字编号。

④ 参数数据输入。用户按照不同的数字编号，在界面左侧的表格框中设置对应分区的计算参数，包括天然容重、饱和容重、黏聚力、内摩擦角、黏聚力(总应力)、内摩擦角(总应力)。此外，针对分区数量较多的断面，用户还可以通过菜单栏导入数据按钮导入编辑好的分区数据 Excel 文件。当进行多次导入时，最新的数据文件将覆盖前一次的数据文件。

⑤ 导出图形。用户点击菜单栏的导出图片菜单，可导出界面右侧显示的稳定性参数分区图片，并以图片形式存储在本地硬盘中，用户可以将图片用于其他分析应用。

(2) 滑坡计算

有限元计算分析模块用于特定断面工况的设置，通过选择断面可以选择前述导入的特定断面。工况选择能够选择不同的水位。对应不同工况，软件可以计算多组潜在的滑动面，并统计得到最小的滑动面。点击不同的滑动面安全系数 F，滑动面图形显示对应的滑动面路径。

大坝稳定性有限元分析—有限元分析模块用于特定断面工况的计算分析。用户点击有限元计算分析菜单，可以进入大坝稳定性有限元分析—有限元分析界面，此界面用于大坝稳定性分析的具体计算分析，用户具体操作过程包括：

① 断面选择。界面右侧的列表包含了用户在断面参数设置界面中所导入的

所有断面，用户通过勾选不同的断面，可以设定本次分析的具体断面对象。

② 工况选择。用户能够选择大坝渗流性态有限元分析中上游水位的不同工况，具体包括死水位、正常蓄水位、设计洪水位、校核洪水位、1/3 坝高水位、起调水位和自定义水位，其中当用户勾选自定义水位时，可以在水位列表框下手动输入任意的水位数据，水位数据范围在坝顶高程到坝基高程之间。

③ 计算分析。用户在输入分析工况后，软件按照输入的断面和工况自动显示分析图形，包括显示断面的分区情况，并按照不同的色彩显示；显示上游水位高程，并标注具体数值；显示下游水位高程，并标注具体数值。软件计算获得多种滑动面的安全系数，显示在软件左下侧的表格框内。用户可以点击不同的计算结果，软件右侧滑动面图形中显示对应的滑动面曲线、上游水位、下游水位。

④ 导出图形。用户点击菜单栏的导出图片菜单，可导出界面右侧显示的计算分析图形，并以图片形式存储在本地硬盘中，用户可以将图片用于其他分析应用。

⑤ 导出数据。用户点击菜单栏中的导出数据菜单，可以将多种滑动面的安全系数数据导出到 Excel 数据文件中；点击导出图片可导出滑动面图形到本地计算机存储。

主要参考文献

[1] 吴中如，徐波，顾冲时，等.大坝服役状态的合评判方法[J].中国科学：技术科学，2012，11(42)：1243-1254.

[2] 吴中如.重大水工混凝土结构病害检测与健康诊断[M].北京：高等教育出版社，2003.

[3] Huaizhi Su，Zhongru Wu，Yanchang Gu，et al. Game model of safety monitoring for arch dam deformation[J]. Sci. China Ser. E-Tech. Sci.，Dec.，2008，51(supp 2)：76-81.

第 5 章 水库大坝滑坡隐患探测分析及应用

当水库大坝边坡存在渗漏或滑坡隐患时，边坡土体物理力学特性指标会发生变化，隐患探测分析能够有效地对存在滑坡隐患土体的物理参数变化特征进行识别，获取潜在滑坡体实时运行性态相关信息。隐患探测具有获取数据量大、成本较低、受环境影响小、工作效率高等优点，为水库大坝边坡滑坡的识别和分析提供了有效的手段[1]。

目前在物探领域有众多探测方法，针对水库大坝滑坡，优选基于电法、电磁法、弹性波及声呐等技术。本书采用自然电场法、高密度电法、探地雷达法、瞬变电磁法、核磁共振法、弹性波法、声呐探测等进行水库大坝滑坡的无损隐患探测，提出了基于多种物探数据的隐患分析评价方法。在此基础上，结合水库大坝病险实例，本书提出了基于隐患探测的边坡防渗效果、防渗墙性能、边坡地质条件和渗漏通道分析等方法，揭示了工程病险隐患[2-5]。

5.1 电流法探测

5.1.1 自然电场法

自然电场法是地球物理方法中最古老的方法之一，这种方法不需要向地下供电，只需直接测量地表两点间的自然电位，易于开展工作，效率也高，近年来被广泛应用于水文地质调查。

在自然界中，当地下水在裂隙或裂缝中渗流时，固体颗粒表面对水溶液中的负离子具有选择性的吸附作用，因此流动的水中正离子的浓度相对增大，这样固体颗粒表面和带有相反电荷的水溶液在流动过程中要维持动态平衡，从而形成了一定的电位差。这种由水的渗透过滤作用而产生的电场，称为过滤电场（或渗透电场)。结合地层情况分析可知,副坝坝址区地下存在渗透电场,在地面两点间存在着天然电流场,可通过观测地面两点的自然电位差来测定。自然电场法包括电位观测法及梯度观测法两种。电位观测法是通过仪器及不极化电极测出某一条剖面或某几条剖面上的电位曲线图,测量时将 N 极置于无穷远处某一自然电场稳定的区域内,将 M 极在剖面上按照一定的距离依次移动,测出该剖面上的自然电位变化情况,通过分析电位曲线图,可以推测地下水渗流情况。一般来说,在渗漏通道上方的自然电位曲线呈现出低电位异常。梯度观测法是将不极化电极 M 极和 N 极保持一定的间隔距离,沿着剖面线向一个方向依次移动,同时测出其电位差,通过分析实测的点位数据来确定地下水的渗透流向。由于该法观测容易受到外界的干扰,实测误差较大,野外一般采用“8”字形电场法进行电位观测,利用仪器和不极化电极在每一测点观测的电位值 Δv 按一定比例标在图上,用曲线连接起来,成一个椭圆,即“8”字形电位图。因为在地下水运动方向上产生的电位差大,所以椭圆的长轴方向即地下水的流向。将所有测点标在同一张平面图上,可看出测区不同地段的地下水流向。

综上所述,我们既可以利用自然电场法在地表测出地下水的流向,同时也可以通过测试资料来分析地下水的渗漏通道。所以,自然电场法很早便被应用于水利行业的水坝和水库的渗漏探测,也被应用于区域水文地质调查。

5.1.2　高密度电法

高密度电法探测系统是以岩土体和含水地质构造的电性参数差异为物理基础,根据施加电场作用下岩土体传导电流的分布规律,推断探测区域电阻率的分布情况和地质情况。如图 5.1 所示,通过在探测区域内布置一定数量的电极,按照一定的序列,自动供入直流电 (A、B 电极),测量两个电极(M、N 电极) 之间的电势差,从而计算出视电阻率剖面。通过对视电阻率剖面进行反演计算,得到探测区域岩土体电阻率剖面(对含水构造表现为低阻,对完整岩土体表现为高阻),从而达到探测区域地质情况的目的。

高密度电法具有获取数据量大、探测成本低、受到场地复杂环境干扰小、探测工作效率高等优点,目前被广泛应用于包括边坡、堤防、基础的塌陷、裂缝、地下溶洞、采空区等工程地质和水文地质勘察中。

高密度电法按不同的电极排列方式得到不同的电极排列组合,常见的有温纳对称四极装置(Wenner)、施贝尔谢装置(Schlumberger)、偶极-偶极装置(Dipole-dipole)、单极-偶极装置(Pole-dipole)和单极-单极装置(Pole-pole),对其基本原

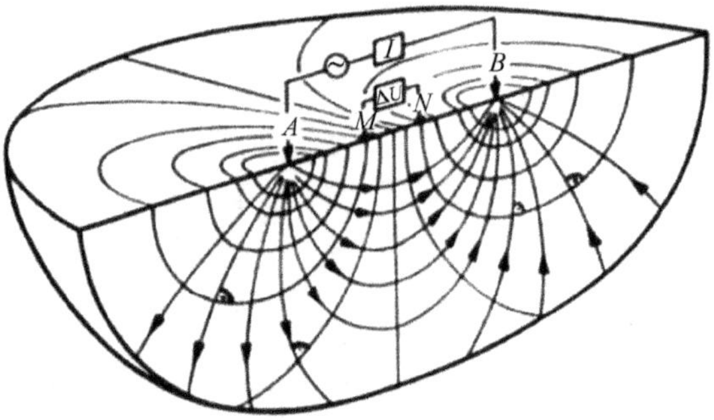

图 5.1　高密度电法人工地电场建立示意图

理简介如下。

假设在均匀半空间表面上，在距一个点电源 R 处的电势为 $U=\frac{\rho I}{2\pi}\frac{1}{R}$，设电极如图 5.1 所示布置，$A$、$B$ 电极为供电电极，M、N 为测量电极。由供电电极输入电流 I，根据两个异性点电流源的电流场分布特性，由叠加原理可得到 M、N 两点的电势，进而求出两点电位差：

$$\Delta U_{MN}=\frac{\rho I}{2\pi}\left(\frac{1}{AM}-\frac{1}{AN}-\frac{1}{BM}+\frac{1}{BN}\right) \tag{5-1}$$

由此可求得电阻率 ρ

$$\rho=K\,\frac{\Delta U_{MN}}{I} \tag{5-2}$$

根据在施加电场作用下地层传导电流的分布规律，可推断地下具有不同电阻率地质体的赋存情况。野外测量时只需将全部电极（几十根至上百根）置于测点上，然后利用程控电极转换开关和计算机工程电测仪便可实现数据的快速和自动采集。当测量结果送入计算机后，还可对数据进行处理并给出关于地电断面分布的各种物理解释的结果（图 5.2）。在大坝渗漏检测方面，由于检测出的视电阻率结果与材料类型、风化程度、是否浸水等因素有关，当坝体坝基存在渗漏水时，对应检测区域会出现明显的低阻区，从而能够判别大坝渗漏点。

图 5.3 为日本 OYO 公司（应用地质株式会社）生产的 McOHM Profiler 4 型多道数字电阻率测量仪。该仪器带有 32 个电极转换功能和高分辨率 24 位 delta sigma A/D 转换器的四通道接收电路，最大输出电场为 400 V（峰流量800 V）、120 mA，能显示电流波形、四通道电位波形和衰减曲线，所以能有效地控制数据的质量。McOHM Profiler 4 型多道数字电阻率测量仪结构如图 5.4 所示。

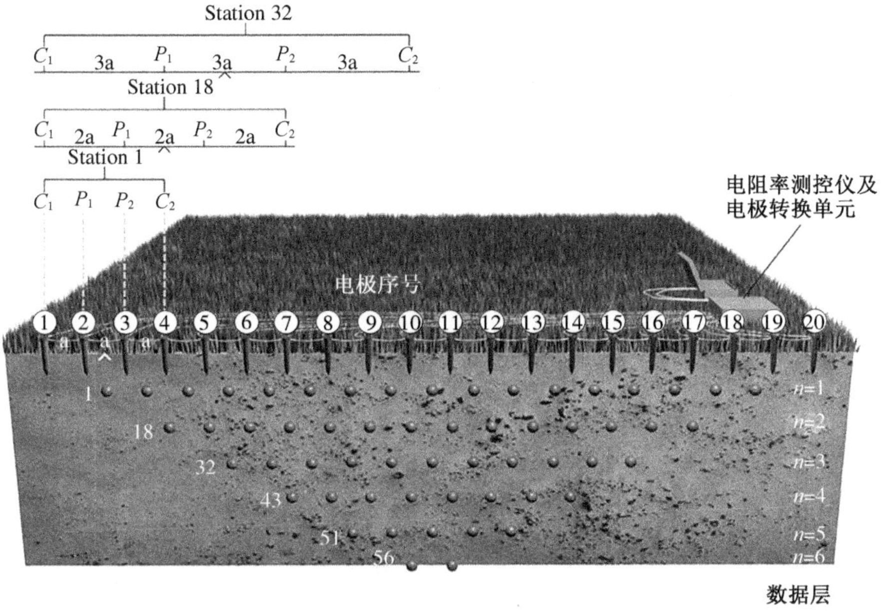

图 5.2　高密度电法检测过程示意图

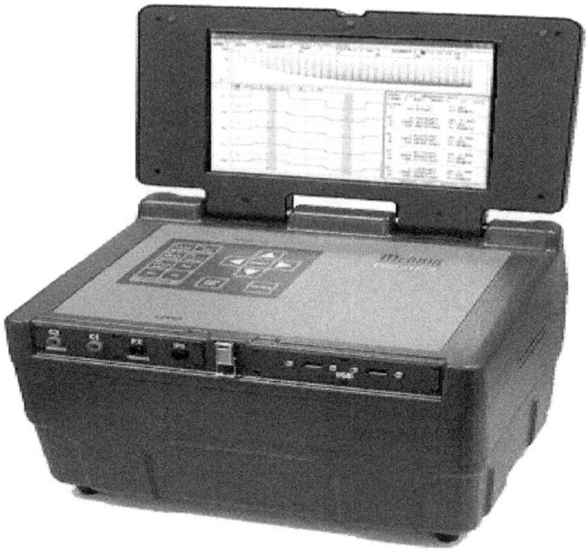

图 5.3　McOHM Profiler 4 型多道数字电阻率测量仪

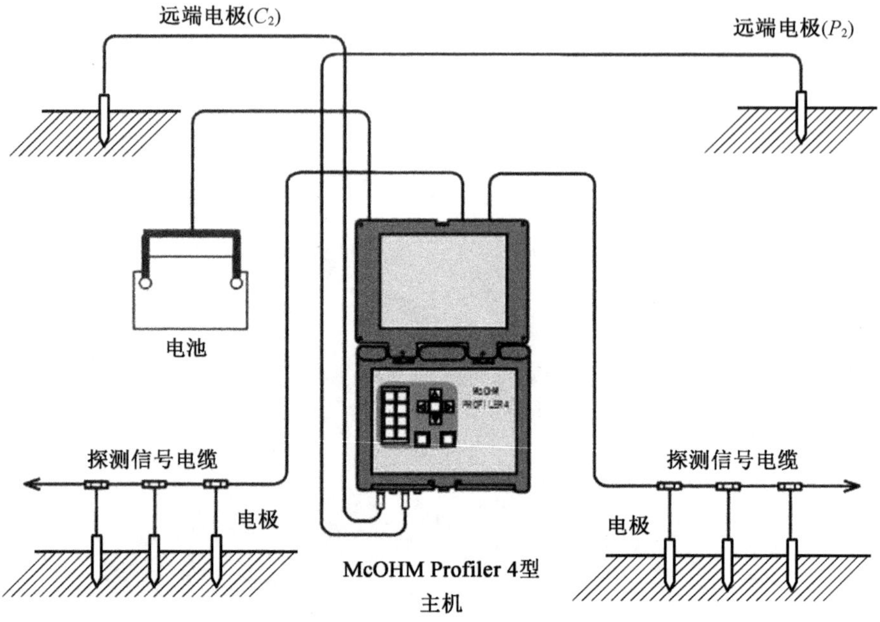

图 5.4　McOHM Profiler 4 型多道数字电阻率测量仪系统结构

图 5.5 为重庆奔腾 WGMD-6 型三维高密度测量系统，系统由主机、PDS-1 型分布式开关适配器、分布式开关电缆与不锈钢电极、PDZ-1 型分布式开关自检器、电法处理软件组成。该系列分布式高密度测量系统具有存储量大、测量准确快速、操作方便等特点，并且可方便地与国内常用高密度电法处理软件配合使用，使解释工作更加方便直观。

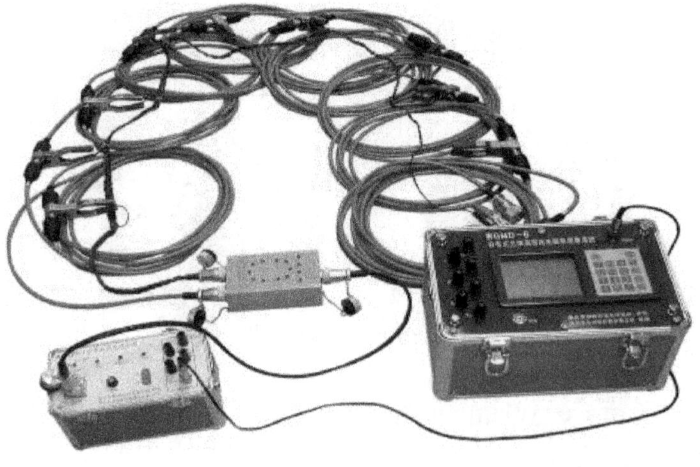

图 5.5　重庆奔腾 WGMD-6 型三维高密度测量系统组成部分

图5.6、图5.7为WDA-1型直流电法仪，它是集全中文掌上电脑、蓝牙、24位A/D、大功率控制等当今最新电子技术研制的新一代数字直流电法仪，仪器的体积和重量均显著缩小，主要技术指标及功能领先于当前国内外同类产品，能更好地工作于各种条件复杂地区。它广泛应用于寻找地下水、确定水库坝基和防洪大堤隐患位置等水文、工程地质勘探中，亦用于金属与非金属矿产资源勘探、城市物探、铁道桥梁勘探等方面，还能用于地热勘探。

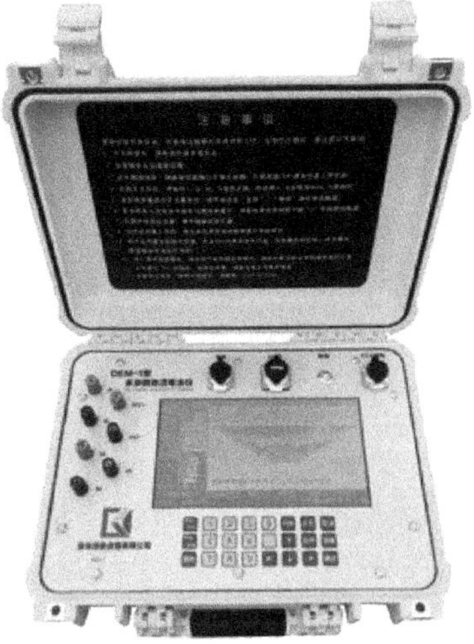

图5.6 WDA-1型多参数直流电法仪

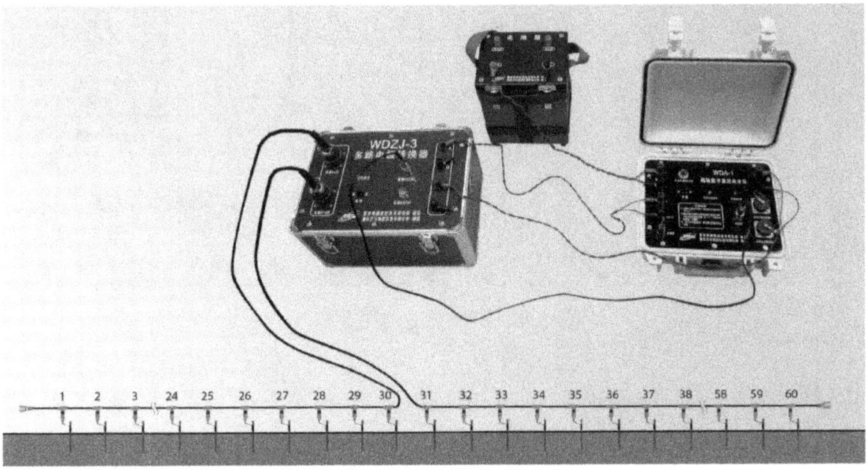

图5.7 WDA-1型高密度电法仪系统

5.2 电磁法探测

5.2.1 探地雷达法

探地雷达(Ground Penetrating Radar,简称 GPR),也称地质雷达,是基于地下探测目标体与围岩介质间存在的介电性差异为物质基础,利用发射天线向被检测介质发射高频(10^6～10^9 Hz)的脉冲电磁波,接受天线接收由被检测介质内不同介电性界面反射回来的电磁反射波和直达波,利用介质内电磁波传播路径、电磁场强度和波形将随所通过介质的电磁性质及几何形态而变化的原理,通过研究反射波相对直达波的往返旅时、振幅、频率和相位特征,达到确定被检测介质内隐蔽物的一种探测方法。随着微电子技术和信号处理技术的不断发展,探地雷达技术被广泛应用于工程地质勘察、建筑结构调查、公路工程质量检测、地下管线探测等众多领域。

探地雷达检测方法具有探测效率高,对场地和目标体无损,有较高的分辨率和抗干扰能力等优点。探地雷达工作原理如图 5.8 所示。

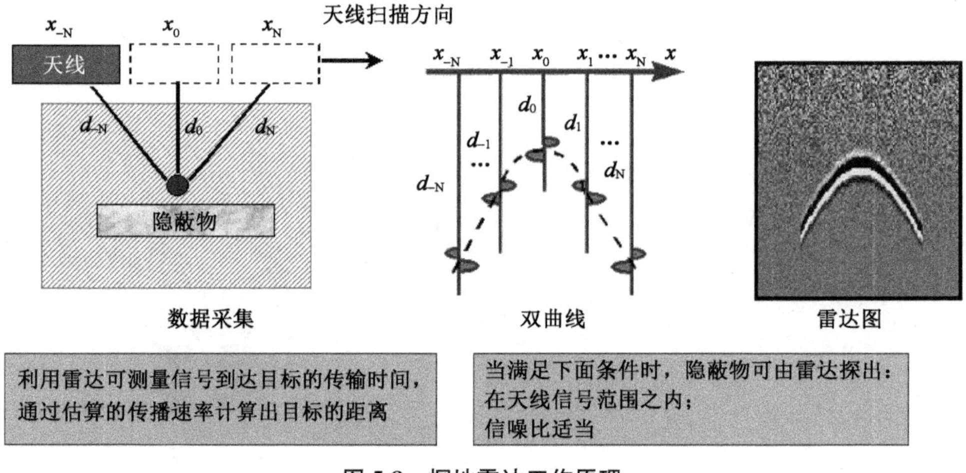

图 5.8 探地雷达工作原理

根据电磁场理论,电磁波在传播过程中遇到不同介电性介质,在其界面处将发生反射和散射现象,从而改变电磁波的传播方向,通过沿剖面同步移动发射天线和接收天线,便可获得由反射记录组成的雷达剖面,其同相轴分布与地下不同介电常数目标体埋深、形态有直观的对应关系。

若已知电磁波在地下的传播速度(v)和收发天线间的间距(x)，利用雷达所接收到反射波的双程走时 t 值，由下式可计算出的反射界面的埋深，如图 5.9 所示：

$$z=\sqrt{\left(\frac{vt}{2}\right)^{2}-\left(\frac{x}{2}\right)^{2}} \tag{5-3}$$

式中：波速 $v=\dfrac{c}{\sqrt{\varepsilon_r}}$，m/s。其中，$c=0.3$ m/ns(真空光速)；ε_r 为地下介质的相对介电常数。

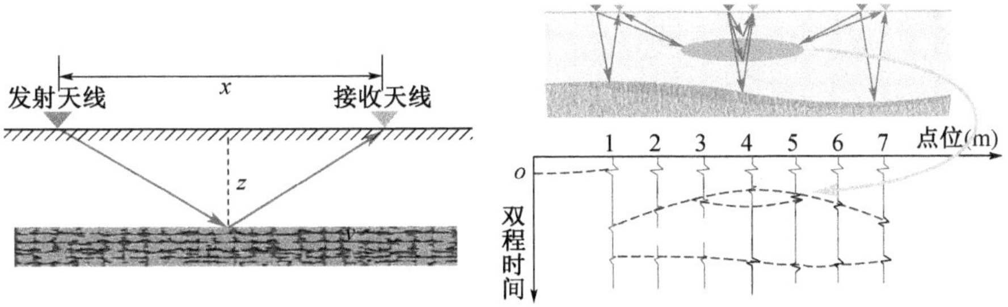

图 5.9　探地雷达深度计算原理

当地层存在不密实区或脱空时，电磁波传播时的反射系数增加，来自不密实区的雷达反射波强度大大增加。当充空气时，反射系数为正，从而使反射波相位发生翻转。因此，根据反射波强度变化可以判断土层不密实区域或隐患的位置和埋深。探地雷达接收到信号的强弱与探地雷达天线的特征、土壤的衰减、目标的深度与反射特征、雷达的工作频率和发射功率均有关系。

美国地球物理测量系统公司生产的 SIR-3000 型探地雷达是时间域探地雷达系统，在测量期间可实时自动显示彩色雷达剖面记录图像。系统主机和雷达天线如图 5.10～图 5.11 所示。

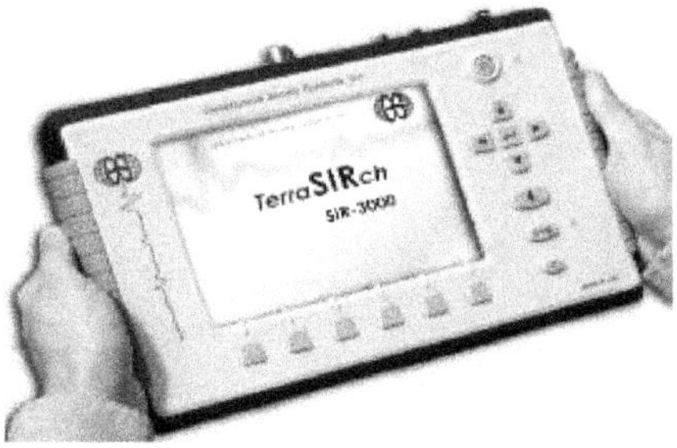

图 5.10　SIR-3000 型接地雷达主机

图 5.11　低频组合雷达天线

其主要技术指标如下：

单通道实时数字采集处理器：施工现场可进行实时数据采集和数据处理，操作平台为 Windows 2000/NT/XP。

主机：可适配多种高中低频的各类雷达天线，频率范围从 40 MHz 到 1.5 GHz。

显示方式：实时彩显，彩色/灰阶行扫描，变面积/波形显示，线性扫描方式中可使用 256 种色源来表示信号的幅度和极性。

分辨率：5 ps。

量程增益：−20～100 dB，自动或用户可选，增益曲线分段可以在 1～8 中进行选择。

滤波器：自动或用户可选，包括垂直时间域滤波和水平滤波。

扫描速率：每秒 2～800 次扫描，具有 DSP 数据快速采集系统。

时基精度：0.02%。

信噪比：>110 dB。

动态范围：120 dB。

记录长度：自动或用户可选，0～8 000 ns。

尺寸：466 mm×395 mm×174 mm。

重量：≤10 kg。

图像处理使用 RADAN7 数据分析处理系统。主要进行目标位置修正、消除背景干扰、垂直堆栈等处理，使目标影像清晰，便于解释。

5.2.2 瞬变电磁法

瞬变电磁(Transient Electromagnetic，简称 TEM)的原理[2]是：利用不接地回线向工作面前方发射一次脉冲磁场，当发射回线中电流突然断开后，介质中将激励起二次涡流场以维持在断开电流以前产生的磁场(即一次场)，二次涡流场的大小及衰减特性与周围介质的电性分布有关，在一次场间歇观测二次场随时间的变化特征，经过处理后可以了解地下介质的电性、规模、产状等，从而达到探测目标体的目的，如图 5.12 所示。

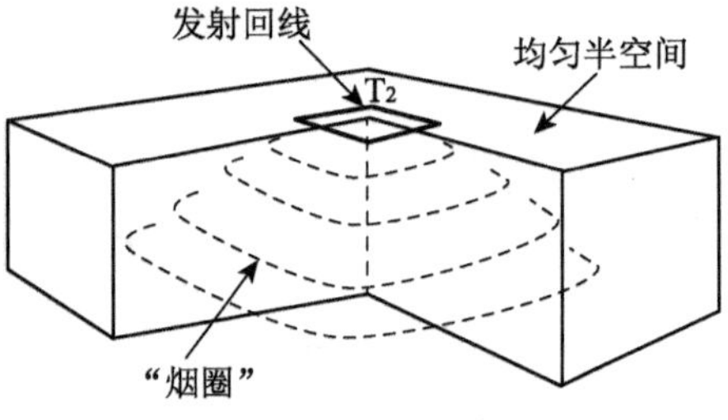

图 5.12 地面半空间瞬变电磁法探测原理示意图

图 5.13 为加拿大生产的 Protem-47HP

型瞬变电磁仪，该仪器是目前比较先进的轻型专业 TEM 仪器之一，主要由数字接收机、发射机、高频接收线圈和发射线圈四部分组成，具有采样自动化程度高、压制干扰能力强、测量精度高等特点，可用于含水构造或岩层富水情况探测。

图 5.13　加拿大 Protem-47HP 型瞬变电磁仪系统

Protem-47HP 型瞬变电磁仪的主要技术指标如下：

(1) Protem-47HP 型接收机

观测值为三分量感应磁场的衰减比，nv/m^2。

电磁传感器：空气芯线圈。

道数：单道(连续测量三分量)或三道(同时测量三分量)。

时间门：在两个量级时间轴上 20 个门测量，或 3 个量级时间轴上 30 个门测量。

基本频率：0.3、0.75、3、7.0、30、75、285 Hz(功率传输线为 60 Hz 时)；0.25、0.625、2.5、6.25、25、62.5、237.5 Hz(功率传输线为 50 Hz 时，中国境内使用50 Hz)。

(2) Protem-47HP 型发射机

电流波型：双极向方波，占空系数 50%。

基本频率：30、75、285 Hz(功率传输线为 60 Hz 时)；25、62.5、237.5 Hz(功率传输线为 50 Hz 时)。

关断时间：最短可达 0.5 μs，最终关断时间取决发射线圈有效面积 S 及发射电流 A。

发射线圈尺寸：1.5 m×1.5 m(80 匝)或 2 m×2 m(64 匝)。

5.2.3 核磁共振法

核磁共振(Nuclear Magnetic Resonance,简称 NMR)是近代物理学的重要成果之一。核磁共振现象最早是由美国理论物理学家帕塞尔(E M Purcell)和布洛赫(F Bloch)于 1946 年发现[5]。在地磁场作用下,氢核处在一定的能级上,如果以具有拉莫尔频率的交变磁场对地下水中的质子进行激发,则使原子核能级间产生跃迁,即产生核磁共振。在地中交变电流形成的交变磁场激发下,地下水中氢核可形成宏观磁矩。这一宏观磁矩在地磁场中产生旋进运动,其旋进频率为氢核所特有。拾取由不同激发脉冲矩激发产生的核磁共振信号,信号强弱或衰减快慢直接与水中质子的数量有关,即核磁共振信号的幅值与所探测空间内自由水含量成正比。

根据这种物理现象,20 世纪 60 年代,Chevron 公司研制了利用地磁场的核磁共振测井仪样机,但受到探测地形的复杂影响,探测信号缺失较为严重。之后,学者 Jasper Jackson 提出"Inside-out"概念,用永磁体代替地磁场,通过天线射频脉冲的频率来选择共振区域,大大提高了工作效率,成为目前核磁共振仪器的基础。20 世纪 90 年代,Halliburton 公司的基于核磁共振原理的 MRIL 系列测井仪投入油田服务,并发展出一系列核磁共振测井仪。我国核磁共振测井起步较晚,1996 年,国内相关油气勘探企业开始引进了 NUMAR 公司的核磁共振测井仪,之后,核磁共振测术在我国油气探勘领域快速推广。随后还有 MRIL-C/TP、MRIL-Prime、MREx、CMR、MRScanner 等在我国使用。

核磁共振技术的发展源于油气勘探领域。这种技术分辨率高、连续性好、成本低、受岩土体不同性质影响小。此外,其采集数据包含了地层中氢核的信息,其信号只源自地层孔隙流体,能够直接获得孔隙流体的信息。这种测量结果不受岩土体土颗粒成分的影响,能区别出油、气、水在探测区域的显著差异,因此在水库大坝病险探测、渗漏探测等方面也有很大优势。在边坡渗漏探测方面,也逐渐开展了核磁共振技术的研究和应用。李振宇教授较早以三峡库区典型滑坡为例,研究滑坡地下水特征与稳定性,利用核磁共振研究滑坡这一种全新的方法技术,开辟了一种边坡病险探测的新方法。此后,王宏等通过 NUMISPOLY 多道核磁共振探测系统在某原体大坝检测中的试验,得到原体大坝的浸润面,实现了对土石坝进行渗流(漏)隐患的评估。潘国林等针对安徽阳台滑坡,利用核磁共振直接找水仪测试结果,划分该滑坡的地下水含水层,确定滑动面,并运用钻探资料进行验证。

地层中氢质子含量丰富，具有核子顺磁性。通常，氢质子会绕自身做自旋运动。但大量氢质子自旋方向随机、杂乱无章。在外加磁场下，大量氢质子自旋会呈现出特有规律，即氢质子产生磁矩且磁矩与磁场方向夹角 θ 保持不变，这种自旋运动称为拉莫尔（Larmor）旋进，旋进频率称为拉莫尔频率。

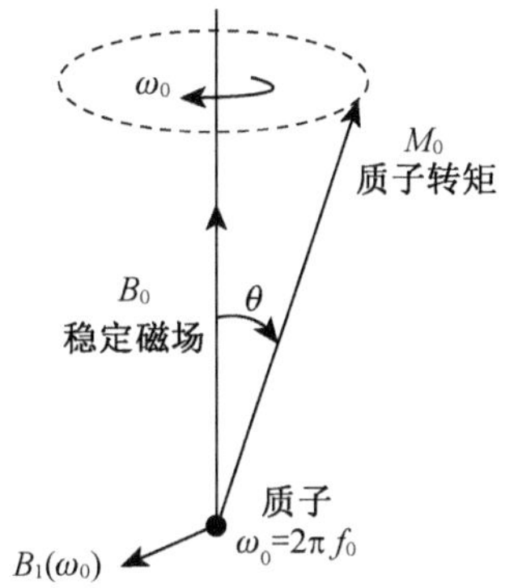

图 5.14　拉莫尔旋进示意图

当向做拉莫尔旋进的氢质子施加一个射频磁场时，氢质子磁矩的场强和方向将发生变化，其强度和角度由后加磁场的强度、角度和时间决定（图 5.14），具体转角计算公式为：

$$\theta=\gamma B_1\tau \tag{5-4}$$

式中：θ 为扳转角度；γ 为旋磁比，$\gamma=2.675\,22\times10^{8}\ \mathrm{s^{-1}T^{-1}}$；$B_1$ 为射频磁感应强度；τ 为磁场时间。

施加的射频磁场称为极化磁场，极化磁场与稳定磁场垂直的椭圆极化同向分量为有效极化场。射频场发射过程中，氢质子围绕有效极化磁场的方向旋进。当撤掉极化磁场时，氢质子旋进，其方向逐渐回到初始稳定磁场方向，并释放能量。此时会在接收线圈中感应出电动势，继而产生电流，此感应信号即为核磁共振信号，该信号随时间变化以指数规律衰减，称为自由感应衰减信号，如图 5.15 所示。

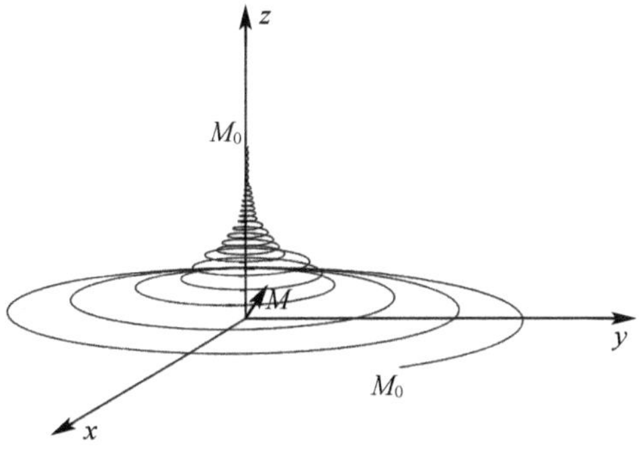

图 5.15　衰减信号示意图

核磁共振仪器即按照这种原理设计的探测仪器。

法国 IRIS 公司研制的 Numis Plus 系统利用 SNMR 法进行探测工作，该系统由发射机、调谐电容器、DC/DC 转换器、接收箱内部镍锰 6 V 电池、电池连接单元、Tx/Rx 连接线圈、质子磁力仪等部件组成。SNMR 找水法原理如图 5.16 所示。Numis Plus 系统组成如图 5.17 所示，该系统野外探测示意图如图 5.18 所示。

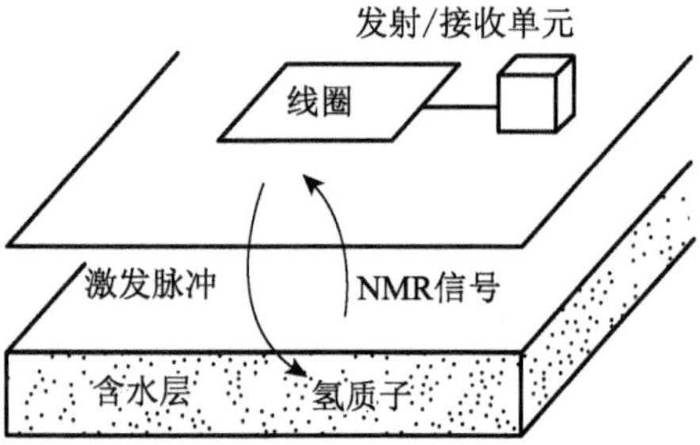

图 5.16　SNMR 找水方法原理示意图

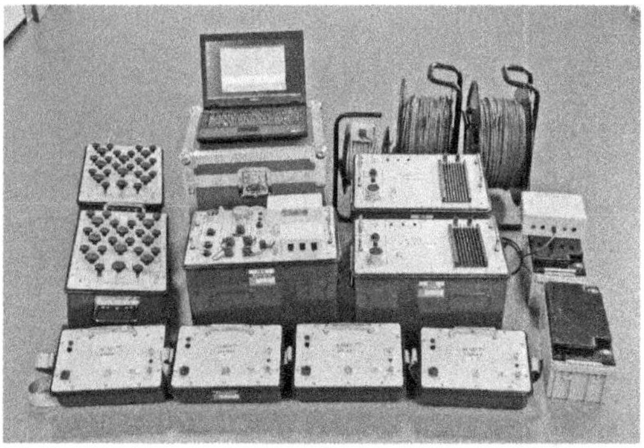

图 5.17　Numis Plus 系统组成

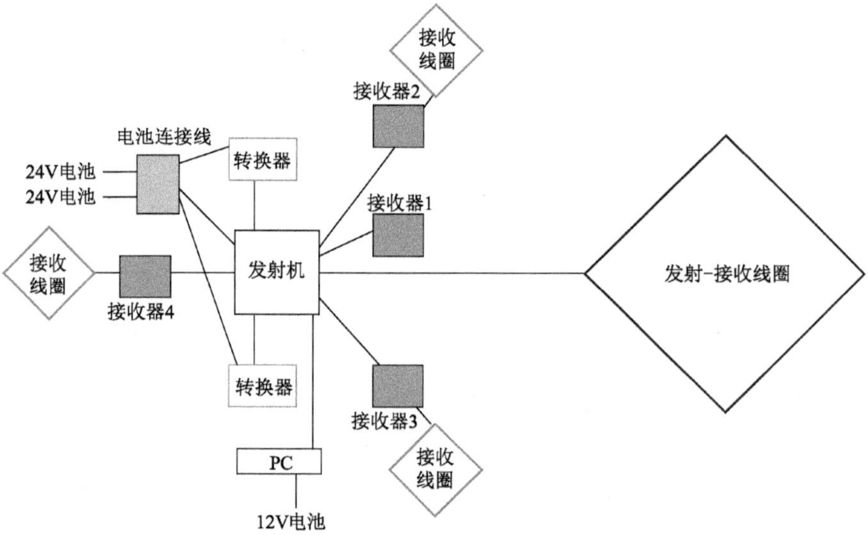

图 5.18　Numis Plus 系统工作示意图

5.3　弹性波探测

弹性波遇到岩层的弹性分界面时会产生反射、折射等现象，同时在界面也产生面波。从三维空间看，反射波与折射波随着时间的增加，向整个弹性空间的介质内传播，这些波被称为体波。除体波外，在弹性分界面附近还存在着另一类波，这类波被称为面波，主要为瑞雷波和拉夫波。瑞雷波是指纵波与横波在界面附近的复合振动原点在波的传播方向的垂直平面内振动，振幅的深度呈指数函数急剧衰减，质点的振动轨迹为与波的传播方向成反方向的椭圆，传播速度小于横波，其能量衰减较体波的衰减慢得多。在各向均匀半无限空间弹性介质表面上，当一个圆形基础上下运动时，由它产生的弹性波入射能量的分配率为：P 波（纵波）占 7%，S 波（横波）占 26%，面波占 67%，即面波占全部激振能量的 2/3。因此，利用面波进行勘探，其信噪比会大大提高，具有很大优势。

瞬态瑞雷面波法是通过锤击、落重及炸药等震源激发产生一定频率范围的瑞雷波，瑞雷波沿介质表面传播，在地表沿瑞雷波的传播方向上以一定的道间距 ΔX 设置 N 个检波器，就可以检测到瑞雷波在 $(N-1)\Delta X$ 长度内的传播过程。依据面波的上述特性，通过测定不同频率的面波速度 VR，即可了解地下地质结构的有关性质并计算相应的物理力学参数，从而达到工程地质勘察与评价的目的。

面波仪是在地面施一适当的竖向激振力，在地下介质中产生纵波、横波和瑞利波，依据目的体与周边介质的激发极化效应差异，以探测地下介质分部特征的一种勘探方法，用于查明地下地质构造，划分覆盖层及进行岩性分层等。

McSEIS-SXW 型面波仪（图 5.19）主要用于岩土勘察，可应用于探查覆盖层厚度、划分松散地层沉积层序；探查基岩埋深和基岩界面起伏形态，划分基岩的风化带；探测构造破碎带；勘察地基加固情况等。仪器参数如下：

图 5.19　McSEIS-SXW 型面波仪主机

通道数：最大通道数为 24。

输入阻抗：20 kΩ。

频率：2～4 600 Hz。

采样率：33.3、50、100、200、500、1 000、2 000 μs；

触发电平：100～1 000 mV；

电源：12 V 直流电源。

5.4 声学探测

对于边坡的渗漏分析，传统方法通常是根据钻探获得的岩土体材料取样分析，或者对通过压水试验现场获得的土层渗透物性指标进行分析，而较难获得水库大坝天然渗流场下的水库大坝边坡渗漏和内部渗漏通道，无法根据边坡的整个区域的地下水的渗流场、流速矢量、水力梯度场做出总体的分析判断。声呐是一种能进行水下信息探测、识别的声学测量方法。“双电层震电理论”与“声呐渗流测量方法”的技术融合，能够建立声呐矢量加速度探测技术的三维实时声学成像系统[6]。

系统(ES)首先通过声呐头沿锥形方向以 50°×50°开角发射 1 个 375 kHz 的声呐信号，然后由安装在声呐头上的水听器接收阵接收反射回来的声学信号。接收阵为 48×48 个水听器传感器组成的矩阵，使用了相控阵技术，可同时形成 16 384 个声学波束。每个小方格均可得到 1 个独立的回波，每个回波分别代表着探测目标物相应的地理坐标、探测距离以及信号强度等数据。对某个时间片段内收到的数据进行处理然后生成 1 个 2D 图像(帧)，由 PC 软件负责实测距离的转换。基于声呐矢量加速度三轴探测器阵列，能够精细地测量出声波在流体中能量传递的大小与分布。声呐矢量加速度传感器自动感应识别流体空间的运动速度与方向，自动生成地下工程需要的各种水文地质参数图表。地下水三维运动速度与方向为：

$$U_x = a\vec{t}_x \tag{5-5}$$

$$U_y = a\vec{t}_y \tag{5-6}$$

$$U_z = a\vec{t}_z \tag{5-7}$$

式中：U_x、U_y、U_z 代表流速 U 在空间 3 个方向上的分量；a 为水流加速度；t 为对应加速度的时刻；符号顶标→代表此符号为带方向的矢量。

基于声呐原理的渗流探测仪器通常由测量探头、电缆和主机三部分组成。探头首先需要通过室内标准渗流试验井进行渗流参数率定。外业工作中，将测量探头放入需要测量的位置，通过 30～60 s 的测量，可以获得探头周围水体的声呐信号，并换算得到探头周围附近水体的流速。

5.5　探测应用及分析

5.5.1　防渗效果对比探测分析

1. 概况

某水库为中型水库，主要建筑物由均质土坝、泄洪洞及引水洞组成。土坝位于主河床内，泄洪洞、引水洞均在河床右侧。

如图 5.20 所示，土坝坝长 1 047.84 m，坝顶宽 4.0 m，最大坝高 22.8 m，防浪墙高度为 1.0 m。上游坝坡采用浆砌石护坡，坡度为 1∶3。下游坝坡为网格碎石护坡，在 995.10 m 处设有马道，马道宽 2.0 m，马道以上坡度为 1∶3.0，以下为 1∶3.5。坝基设有防渗连续墙，墙顶高程 984.00 m，最大断面深度为 65.7 m。土坝下游坝脚设有排水棱体及排水沟。大坝上游设反滤层。

水库在 2008 年工程完工后开始蓄水，自蓄水以来，大坝出现渗漏，主要分布在泄洪洞左侧 200 m、右侧 250 m 及桩号 K0＋700～K0＋900 附近，坝后大部分区域坡脚潮湿，泄洪洞右侧桩号 K0＋495～K0＋515 段坝后坡脚见三处集中式明流，渗漏量较大。为了保证工程安全，2013—2014 年对大坝进行了防渗处理，在部分渗漏坝段（K0－50～K0＋520 段及 K0＋730～K0＋770 段）上游面原心墙前浇筑混凝土防渗墙，坝基进行帷幕灌浆。为了了解大坝的渗漏情况及防渗工程效果，在工程施工前后应用高密度电法对大坝进行了检测。

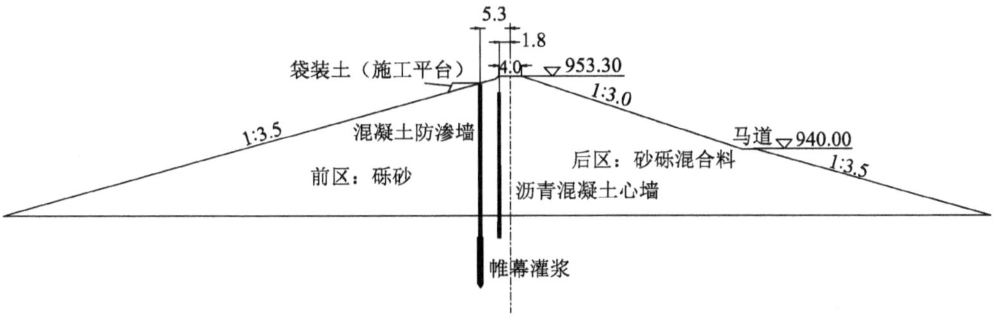

图 5.20　大坝防渗工程断面示意图(m)

2. 探测方案

为了解大坝渗漏情况，2013 年 9 月沿坝轴线方向布设了 6 个检测断面（图 5.21），当日水位为 946.41 m；在防渗工程基本完毕后，2014 年 9 月沿坝轴线方向又布设了 9 个检测断面，当日水位为 947.20 m。

在 2013 年 9 月的探测中，沿坝轴线方向共布设 6 个检测断面，如图 5.21 所示。为取得足够深的检测深度，电极布设采用“单极-单极”阵列，电极数为 32 个，根据各检测断面总长度的不同电极距，各断面特性见表 5.1。

表 5.1　检测断面特性表

检测断面	轴距（m）	高程（m）	桩号		电极阵列	电极数	电极距（m）	深度（m）	备注
			起	终					
1	K0－005.5	952	K0＋200	K0＋324	单极	32	4	33	近坝顶，防渗墙上游侧
2	K0－002.5	952.7	K0＋260	K0＋384	单极	32	4	33	近坝顶，心墙上游侧
3	K0＋003.8	951.8	K0＋260	K0＋384	单极	32	4	35	近坝顶，下游侧
4	K0＋043.4	940	K0＋600	K0＋910	单极	32	10	82	大坝下游侧马道
5	K0＋002.0	953.3	K0＋600	K0＋910	单极	32	10	82	坝顶，靠下游侧
6	K0＋005.0	952.3	K0＋10	K0＋165	单极	32	5	44	坝顶，靠下游侧

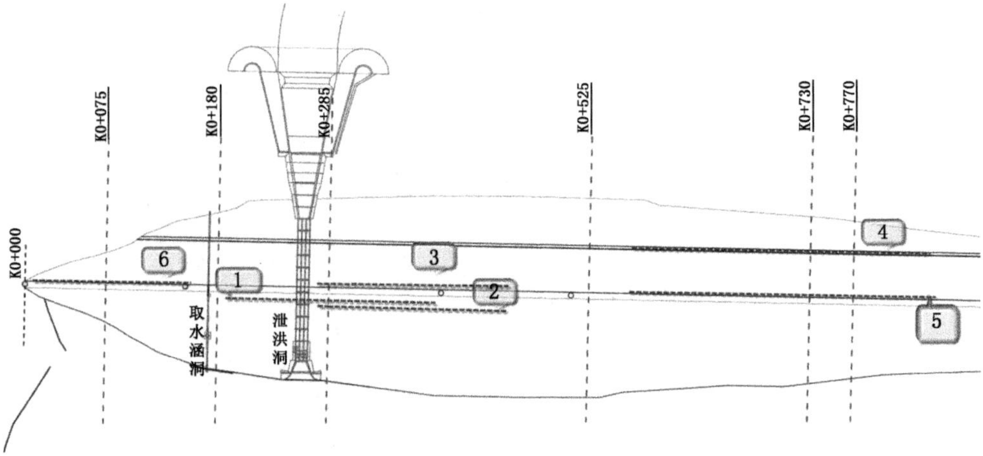

图 5.21　2013 年探测断面布置图

经过防渗处理，从外在表现来看水库渗漏情况有一定改善。在 2014 年 9 月的渗漏检测中，主要针对前次测量渗漏较为严重的点及该次现场观察仍渗漏的点进行检测。沿坝轴线方向共布设 11 个检测断面，有效检测断面共 9 个，如图 5.22 所示。断面 1 A 电极布设采用“单极-单极”阵列，为了提高检测精度，对其他断面采用“winner”阵列，电极数为 32 个，根据各检测断面总长度的不同电极距，各有效检测断面特性见表 5.2。

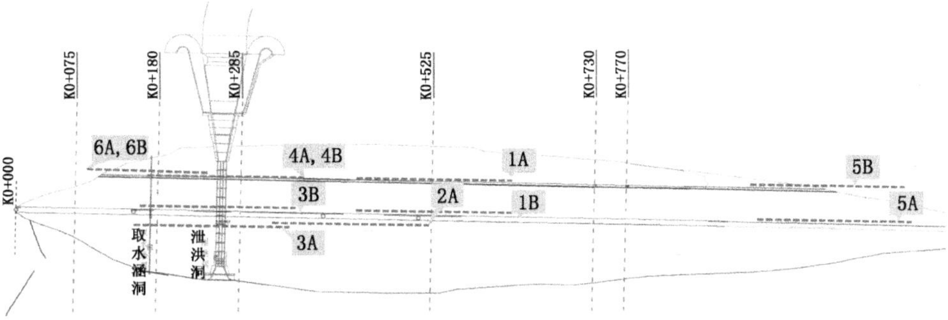

图 5.22　2014 年探测布置图

表 5.2　2014 年检测断面特性表

检测断面	原始测点号	轴距（m）	高程（m）	桩号		电极阵列	电极数	电极距（m）	测深（m）	备注
				起	终					
1A	25	K0+043.0	940	K0+415	K0+625	单极-单极	32	7	123	马道
1B	26	K0+002.5	952.7			winner	32	7	40	坝下游 2.5 m
2A	27	K0−005.5	952	K0+307	K0+520	winner	32	7	40	防渗墙上游
3A	28	K0−005.5	952	K0+160	K0+377	winner	32	7	40	防渗墙上游
3B	29	K0+002.5	952.7			winner	32	7	40	坝顶偏下游
4B	31	K0+043.0	940	K0+160	K0+370	winner	32	7	40	马道，泄洪洞附近
5A	32	K0+002.5	952.7	K0+791	1+008	winner	32	7	40	坝顶下游侧
5B	33	K0+043.0	940			winner	32	7	40	马道
6A	34	K0+043.0	940	K0+095	K0+235	winner	32	7	40	马道及坝坡公路

3. 数据分析

通过对两次检测数据进行粗差判别、模型反演及后处理，共获得 15 个断面的有效视电阻率云图，云图横坐标为桩号，纵坐标为测深。在 15 个断面中选择其中具有代表性的 5 个断面进行分析，这 5 个断面统计表见表 5.3，视电阻率云图见图 5.23～图 5.27。

表 5.3　检测断面统计表

断面	检测年份	轴距(m)	桩号范围	高程(m)	电极阵列	电极数	电极距(m)
1	2013	K0－001.5	K0＋200～K0＋324	952.70	单级	32	4
2	2013	K0＋002.5	K0＋260～K0＋384	952.00	单级	32	4
A	2014	K0－001.5	K0＋160～K0＋370	952.70	winner	32	4
B	2014	K0＋002.5	K0＋320～K0＋520	952.00	winner	32	7
C	2014	K0＋004.5	K0＋410～K0＋620	951.70	winner	32	7

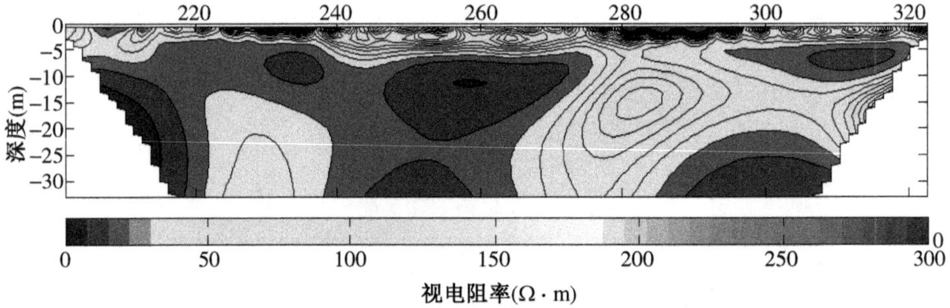

图 5.23　2013 年检测断面 1 数值反演视电阻率云图

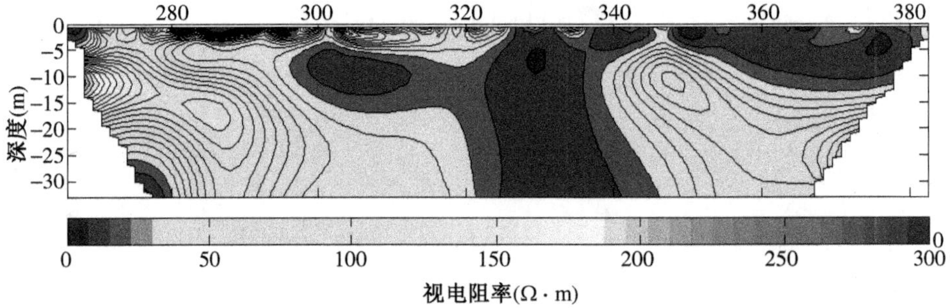

图 5.24　2013 年检测断面 2 数值反演视电阻率云图

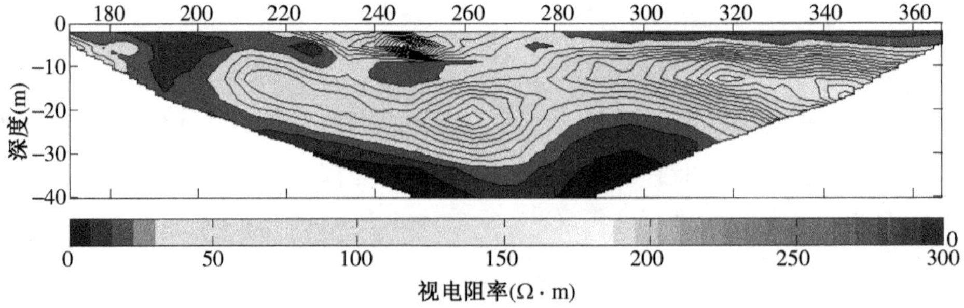

图 5.25　2014 年检测断面 A 数值反演视电阻率云图

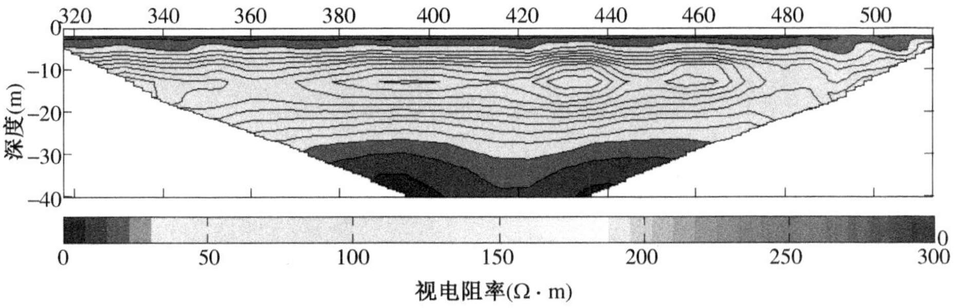

图 5.26　2014 年检测断面 B 数值反演视电阻率云图

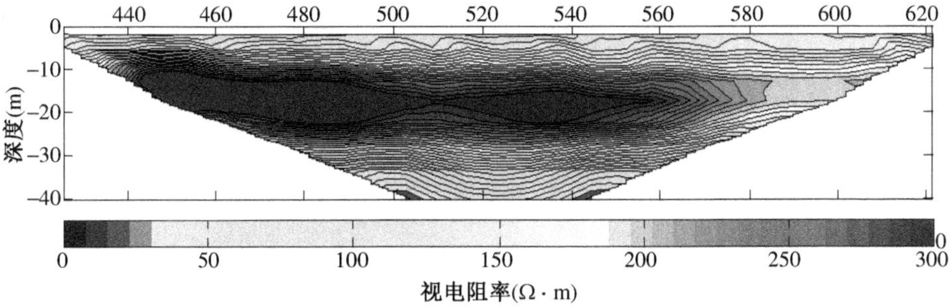

图 5.27　2014 年检测断面 C 数值反演视电阻率云图

(1) 断面 1。根据图 5.23，断面 1 大部分区域视电阻率较低，部分区域低于 25.0 Ω · m。在库水位以下坝体和坝基部分存在多处低阻区，透水性相对较强，存在渗漏点和渗漏区。表层有斑点状部位，视电阻率明显变大，含水率低，为表面局部裂缝及破损。从图中可以看出溢洪洞的位置在 K0＋250～K0＋270 m 之间。

(2) 断面 2。根据图 5.24，断面 2 大部分坝体填土视电阻率在 50～150 Ω · m 之间，在桩号 K0＋330 附近和 K0＋350～K0＋380 段出现两个低阻区，视电阻率在 10～50 Ω · m 之间，说明大坝填土含水率较高。

(3) 断面 A。断面 A 为防渗处理后检测断面。根据图 5.25，该段坝体视电阻率在 25～150 Ω · m 之间，由于防渗墙的作用，视电阻率云图层次较为清晰，各层之间视电阻率呈渐变状态。桩号 K0＋280～K0＋360 区域受到施工灌浆及降雨积水影响，视电阻率相对较低。

(4) 断面 B。断面 B 为防渗处理后检测断面。从图 5.26 中可以看出，坝体视电阻率分布连续完整，各层视电阻率分界线较为明显。该段坝体视电阻率在 100～200 Ω · m 之间。表层视电阻率也相对较低，原因是受施工灌浆及降雨等影响，表层积水未完全排出，导致表层填土含水率较高。

(5) 断面C。断面C为防渗处理后检测断面。从图5.27中可以看出，坝体视电阻率分布连续完整，各层分界线明显。目前坝体和坝基的视电阻率大于100 Ω·m，大部分在150～200 Ω·m之间变化。此断面防渗施工前视电阻率在73～120 Ω·m之间，可见目前此部位含水率减小，防渗工程起到了较好的作用。

通过对比两次高密度电法检测结果可知，进行防渗处理后的坝体及坝基视电阻率大部分大于70.0 Ω·m，且坝体部分视电阻率普遍在100.0～150.0 Ω·m之间。相较于防渗处理前，相同部位防渗处理后检测得到的视电阻率明显增大，说明大坝土体含水率减小，对应渗漏区的坝体内部低阻区明显减少，说明防渗工程起到了明显的作用。

为了进一步得到量化的对比数据，这里选择防渗处理段和未做防渗处理段施工前后同断面数据进行统计分析，得到视电阻率的均值(E)和方差(S)，并做对比分析，分析结果见表5.4。

表5.4 对比分析断面统计

序号	桩号范围	高程范围(m)	2013年		2014年		备注
			E	S	E	S	
1	K0+200～K0+300	952～927	45.1	25.8	66.5	28.4	泄洪洞段，新建防渗墙
2	K0+300～K0+400	952～927	42.5	21.2	100.5	14.5	新建防渗墙
3	K0+800～K0+900	952～927	80.6	58.0	89.5	52.6	未做防渗段

通过统计数据表可知，桩号K0+200～K0+300段，新建防渗墙后，视电阻率均值提高了21.4 Ω·m，由于此部位处于泄洪洞段，视电阻率分布的均一性较差，视电阻率方差数值较大；桩号K0+300～K0+400段，新建防渗墙起到了较好的作用，视电阻率均值提高了58 Ω·m，同时视电阻率均一性有明显提高，说明大部分区域视电阻率在100 Ω·m附近，低阻区减少；由于桩号K0+800～K0+900区域未做防渗工程，此区域两次检测数据变化不大。通过对施工前后两次检测断面视电阻率数据的分析对比，可以看到防渗加固工程整体起到了较为明显的作用。

通过两次探测分析可以看到，高密度电法布线简单高效、对大坝不需要进行开挖破坏、成本低、时间短、能够揭示大坝内部大量信息。就目前应用于大坝渗漏研究来说，其定性的识别结果直观可靠，但针对坝体含水率、孔隙率与探测结果电导率之间的相关规律方面，还需要进一步的深入研究，这是其方法在大坝、边坡、提防探测领域未来需要研究的重点问题。

5.5.2　防渗性能电法探测分析

1. 概况

某水库为大(2)型水库，坝体填筑材料为黏土和不均匀的砾(碎)石混合料，属黏土砾(碎)石混合坝，坝顶高程 112.00 m，坝顶设防浪墙，墙顶高程 113.20 m，最大坝高 53.0 m。上游坝坡经多次加培、抛石、块石帮坡形成七级坡，高程 95.00 m 以上为干砌块石护坡。下游坝坡在 1971 年大滑坡后经过几次翻挖、加固加培、整修而形成，坝坡分为 5 级坡，高程 99.0 m 的平台以上为现浇混凝土护坡，高程 87.00～99.00 m 的二级坝坡为草皮护坡，高程 87.00 m 的平台以下至坝趾设有 28.0 m 高的三级坡堆石排水棱体。

2. 探测方案

根据现场地形和探测目的，在大坝坝顶及背水坡共布置 4 条测线，分别位于坝顶背水侧，坝后一级平台，坝后二级平台以及下游坝脚处。因防渗墙前有平行坝轴线的路灯电缆埋线和钢管等导电物影响，本次未在防渗墙前布置测线。各测线的参数设置特性表见表 5.5 和图 5.28。

表 5.5　高密度电法探测断面特性表

测线	高程(m)	总长(m)	桩号		电极阵列	电极数	电极距(m)
			起点	终点			
3#	111.4	330	K0＋000	K0＋330	温纳 α 排列	110	3.0
4#	99.0	300	K0＋035	K0＋335	温纳 α 排列	100	3.0
5#	88.0	240	K0＋095	K0＋335	温纳 α 排列	80	3.0
6#	60.0	264	K0＋073	K0＋280	温纳 α 排列	70	3.0

3. 数据分析

现场探测期间，库水位约为 93.33 m。本次数据采集阵列方式采用温纳 α 排列，后处理采用 2DRES 反演软件，通过反演所得视电阻率云图如图 5.29～图 5. 32 所示。云图中横坐标为测点坐标，采用常数坐标轴，纵坐标为实际高程。

(1) 3# 测线

该测线位于坝顶背水侧(防渗墙后)，测线高程 111.4 m，探测深度约 52 m。从该测线视电阻率云图(图 5.29)看，坝体范围内视电阻率整体可分为二层：第 1 层，大约在高程 100.0 m 至坝顶，土体整体成层性较好，每层视电阻率较为均一，视电阻率值相对较高，未见明显低阻异常。第 2 层，大约在高程 70.0～100.0 m 之间，该层视电阻率整体较低，呈带状分布，表明土体含水量相对较大。该层间断分布多个低阻异常区：

① 桩号 K0＋144～K0＋183，高程 91.0 m 至坝基以下的区域，形成低阻闭合圈，视电阻率值在 3～10 Ω·m之间，与周围形成明显对比，说明该处坝体土含水量高。

② 桩号 K0＋192～K0＋225，高程 83.0～93.0 m 范围内，视电阻率值约为 10 Ω·m，为低阻异常区，该处坝体土含水量较高。

③ 桩号 K0＋249～K0＋290，高程 88.0～99.0 m 范围内，视电阻率值约为 10 Ω·m，为低阻异常区，该处坝体土含水量较高。

④ 桩号 K0＋045～K0＋096，高程 88.0～99.0 m 范围内，视电阻率值约为 10 Ω·m，为低阻异常区，该处坝体土含水量较高。

在高程 70.0 m 以下部分区域，视电阻率逐渐增大，根据水库大坝工程地质勘察情况，该高程处为坝体与坝基结合部位，下部为基岩，探测结果与基岩面的分布基本能够吻合，说明本次探测结果较为准确。

(2) $4^{\#}$测线

该测线位于坝后一级平台，测线高程 99.0 m，探测深度约 46.0 m。从该测线视电阻率云图（图 5.30）分析，坝体与坝基分界面较明显，与工程地勘情况基本吻合。

在坝体范围内存在三处低阻异常区，分别为：桩号 K0＋116～K0＋152，高程 75.0～88.0 m；桩号 K0＋180～K0＋230，高程 73.0～88.0 m；桩号 K0＋251～K0＋308，高程 80.0～92.0 m。

以上三处区域土体视电阻率值相对较小，与周围土体形成较明显对比，说明该处区域土体含水量高。

(3) $5^{\#}$测线

该测线布置于坝后二级平台（棱体顶面）以上的土质坝面上，测线高程约 88.0 m，探测深度约 42.0 m。根据工程地质剖面图和大坝横断面图可知，测线位于排水棱体与坝体的结合部位。因各坝段棱体横截面并非完全相同，棱体伸入坝体的距离也不甚相同，故测线部分位于棱体上部，部分位于棱体与坝体结合部位。

从 $5^{\#}$测线视电阻率云图（图 5.31）看，高程 60.0 m 以上整体呈现为相对高阻区，该范围为排水棱体或结合部位，视电阻率分布与实际情况相吻合。其中桩号 K0＋191～K0＋245，高程 60.0 m 以下的坝基范围呈现为低阻异常，说明该处介质含水量高。根据工程地质勘察情况，该处基岩恰存在 1 条断层带 F_{1-2}，故该区域含水量高，可能与断层处岩石较为破碎，存在大量裂隙水有关，亦有可能该处坝基存在渗流通道。

(4) 6# 测线

该测线布置于坝脚，测线高程 60.0 m，探测深度约 37.0 m。从 6# 测线视电阻率云图(图 5.32)可看出，坝脚的上部覆盖层与下部基岩分界面十分明晰。覆盖层视电阻率整体较低，但分布基本均匀。测线两头靠近山体的部位视电阻率相对较低，土体含水量相对较高。根据该水库工程地质勘查报告可知，大坝两坝肩存在多条断层带、岩溶发育，均存在一定程度的绕坝渗漏，故推测两坝端坝脚覆盖层呈现低阻可能是大坝绕渗所致。

通过探测可知，坝体下游测分布有间断性低阻分布区域，部分坝体含水量高。探测结果中 3# 测线 K0＋048～K0＋072(A 区)、K0＋081～K0＋093(B 区)和 4# 测线 K0＋065～K0＋089(F 区)均显示为异常低阻区，该区域位于输水管道附近，结合现场情况，推断输水洞道与坝体之间存在接触渗漏。从 3# 测线高密度电法探测结果可知，桩号 K0＋200～K0＋300 段大坝下游侧含水量偏高。6# 测线低阻区域位于右侧坝脚与山体结合部位，根据地质勘察报告，右坝肩部位电站厂房处浅部存在发育的溶洞和溶坑，岩溶极为发育，可推断该区域含水量高与此有关。

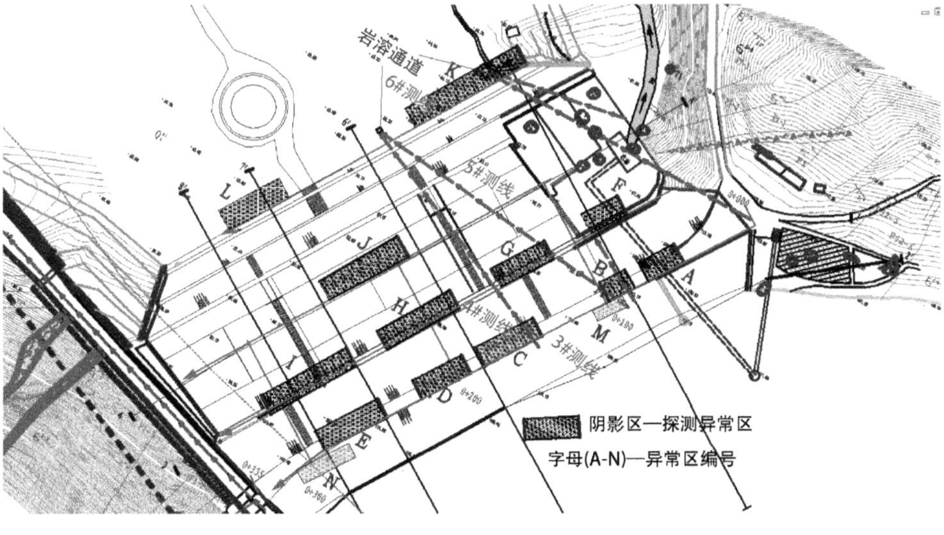

图 5.28　综合物探法探测坝体异常区分布图

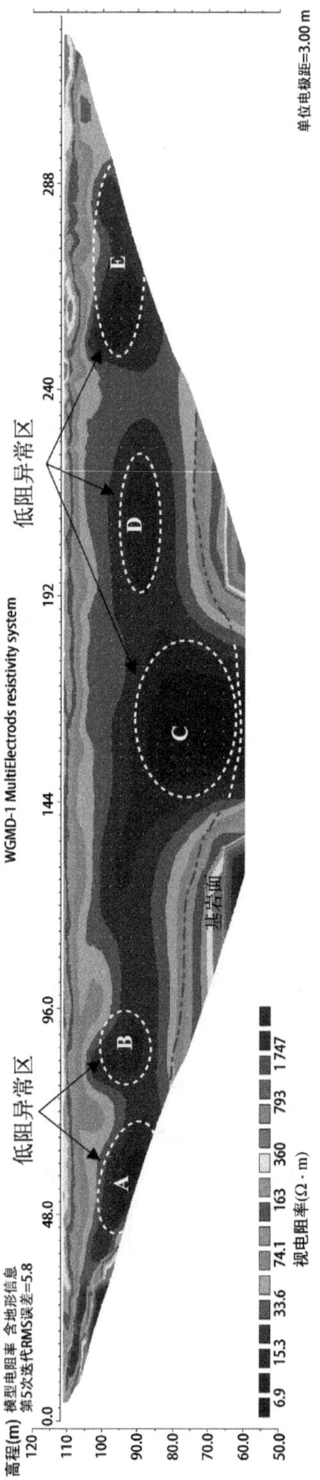

图 5.29　3# 测线高密度电法视电阻率反演剖面云图

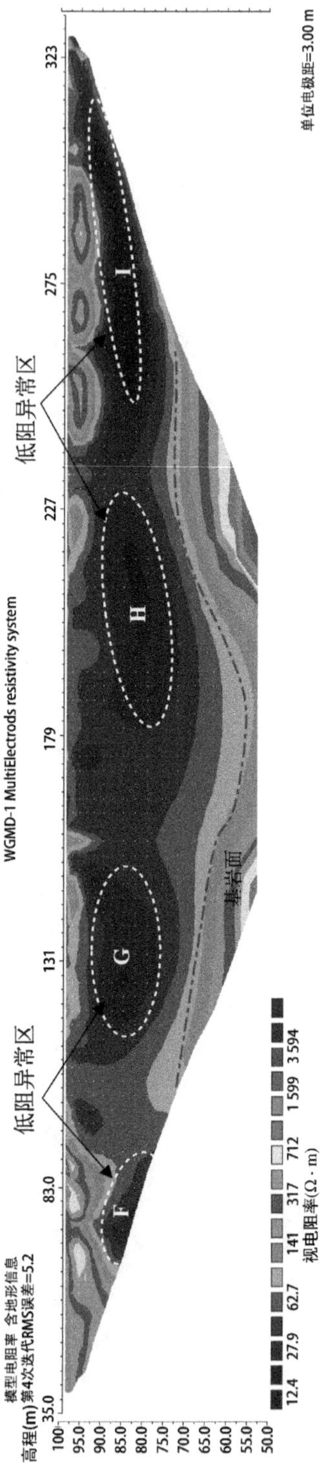

图 5.30　4# 测线高密度电法视电阻率反演剖面云图

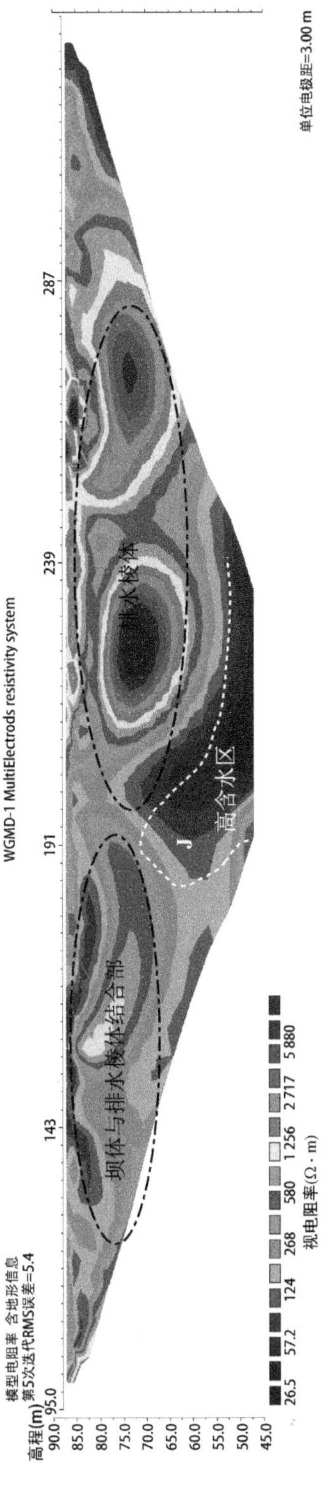

图 5.31　5# 测线高密度电法视电阻率反演剖面云图

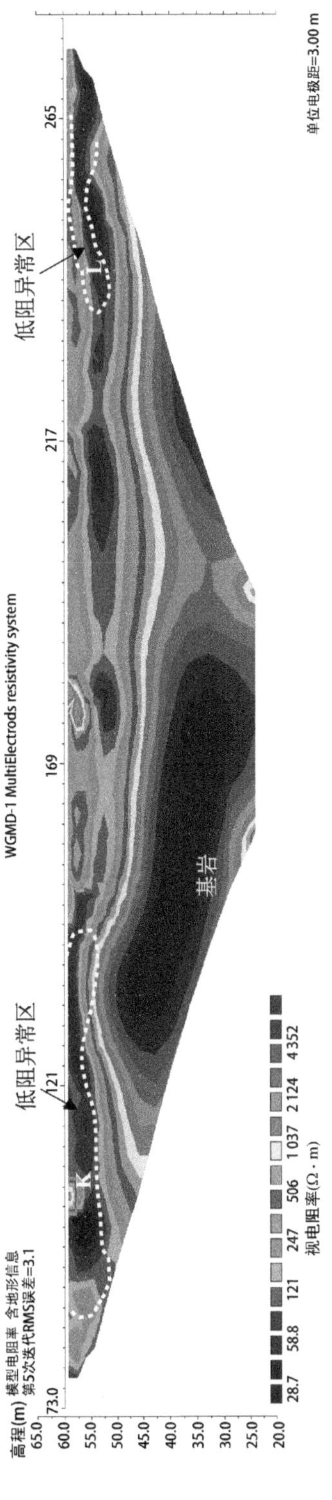

图 5.32　6# 测线高密度电法视电阻率反演剖面云图

5.5.3 防渗性能的探地雷达探测分析

1. 概况

应用范例与5.4.2节相同，应用80 MHz和40 MHz低频组合天线，采用探地雷达探测，仪器主要工作参数设置见表5.6。

表5.6 探地雷达天线数据采集参数

检测天线(MHz)	80	40
发射率(kHz)	25	12
采样点数(个)	1 024	1 024
采集数(个)	16	16
记录长度(ns)	400	500～800
扫描速度(s^{-1})	16	16
增益	Y-5	Y-5

本次雷达数据处理采用GSSI公司提供的在Windows界面下运行的RADAN7专用雷达数据处理软件，界面方便易用，直观明了。处理流程如下：

原始数据→传输到计算机→原始数据编辑(去除废道、抽道)→水平均衡→零漂校正→反褶积或带通滤波(消除背景干扰信号)→频率、振幅分析，偏移绕射处理→增益处理→标定剖面坐标桩号→编辑、输出探地雷达检测图像剖面图。在探地雷达数据处理过程中，针对原始数据的采集质量的好坏，根据需要选择数据处理步骤。

探地雷达数据采集过程中，为了避免有效信号的缺失，滤波器设置采用全通的采集方式，这样有效信号与和干扰信号同存于探地雷达检测剖面中，干扰信号有时强于有效信号，导致不能很好识别探地雷达检测剖面图像中的有效信息。因此在数据处理过程中必须对干扰信号进行压制，根据具体的干扰信号的分布，设计一个合理的滤波器，将其滤除。本次处理采用FIR带通的方法，对检测到的干扰信号进行压制，通过反褶积处理压制多次波干扰，提高雷达检测剖面的信噪比。

处理过程中根据需要对相应的数据进行抽道，同时对有效信号进行增强处理，即增益处理等，对处理后的剖面图像进行编辑，最终得出处理后的雷达剖面图像。

2. 探测方案

探地雷达法测线布置在防渗墙顶，结合探测深度与精度要求，分别采用 80 m 天线（1# 测线）和 40 m 天线（2# 测线）进行探测。测线具体布置情况详见表 5.7。

表 5.7 雷达测线布置情况

测线号	起止桩号	测线位置	测线高程(m)	天线类型
1#	K0＋000～K0＋335	防渗墙顶	111.4	80 MHz
2#	K0＋000～K0＋335	防渗墙顶	111.4	40 MHz

3. 探测数据分析

探地雷达资料的解释主要是利用雷达剖面图像，通过对反射波进行波相特征的识别，赋予有效反射波组信号所具有地质属性的内涵。本次主要探测混凝土防渗墙的连续性、完整性及密实性，查明防渗墙是否存在不连续、不密实、渗漏水等异常现象。根据雷达反射波组的振幅、频率、连续性、波形特征变化特征，排除外界干扰所引起的电磁信号异常，对各测线探地雷达检测剖面进行综合解释，图 5.33～图 5.37 是本次雷达探测的成果与解释剖面，探测结果如下：

① 图 5.33～图 5.35 是坝顶防渗墙的探测剖面，采用 80 MHz 天线，最大探测深度 20 m，探测结果显示雷达波同相轴总体连续，振幅、频率、波向一致性均较好，表明雷达波在防渗墙中传播时速度恒定，能量均匀衰减，说明该探测深度范围防渗墙连续性、密实性总体良好，没有明显的间断、不密实等。

② 图 5.36～图 5.37 是坝顶防渗墙的探测剖面，采用 40 MHz 天线，最大探测深度达 42 m 左右，探测结果显示大坝两端的防渗墙底部在雷达探测剖面上显示明显，因 40 MHz 的探测天线是低频非屏蔽天线，因此受环境电磁干扰影响较大，剖面图中有抛物线形态的电力干扰信号，坝顶结构物的地面干扰异常，在排除这些干扰后，桩号 K0＋090～K0＋110 和 K0＋275～K0＋310 存在两处雷达波信号异常。结合防渗墙的设计剖面图分析，该两处异常位于防渗墙底部，表现为雷达波同相轴明显错断，振幅变强，波形变粗，呈低频低速特征，根据电磁波传播理论，该异常区域介质呈现低阻高介电性特征，推测防渗墙底部可能存在渗水。桩号 K0＋275～K0＋278、深度 25～32 m 的区域，雷达波同相轴错断，电磁波在该区域产生反射和散射，波形紊乱无序，振幅强，推测该区域防渗墙局部不密实，其他部位防渗墙在探测深度范围内无明显缺陷。

探地雷达探测异常统计见表 5.8。

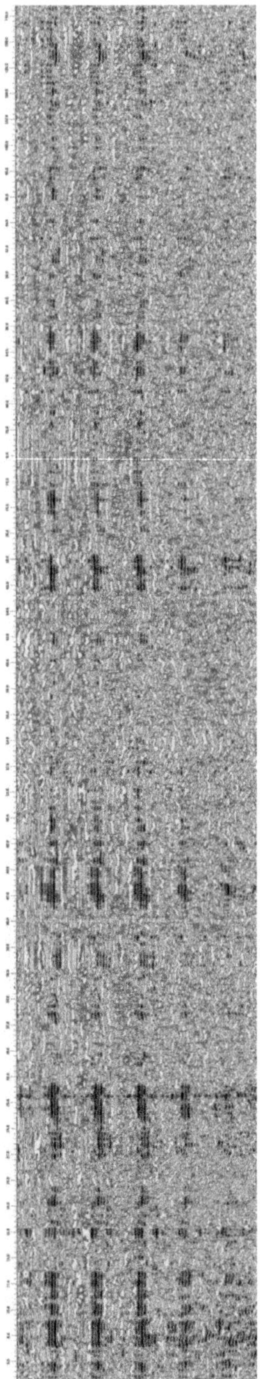

图 5.33 桩号 K0＋000～K0＋110 防渗墙雷达探测剖面(80 MHz)

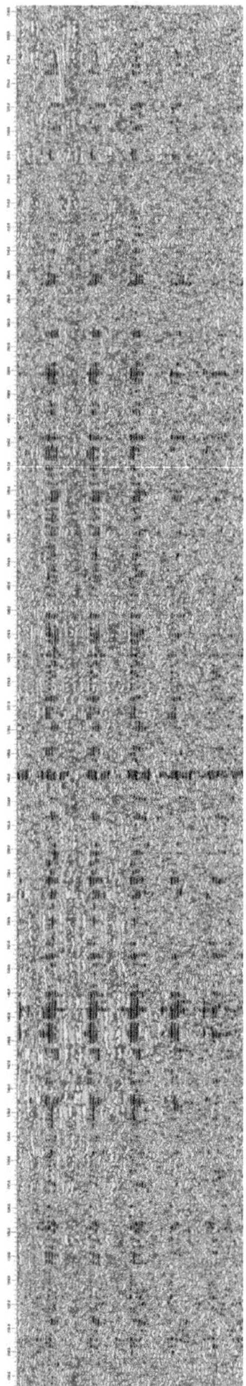

图 5.34 桩号 K0＋110～K0＋230 防渗墙雷达探测剖面(80 MHz)

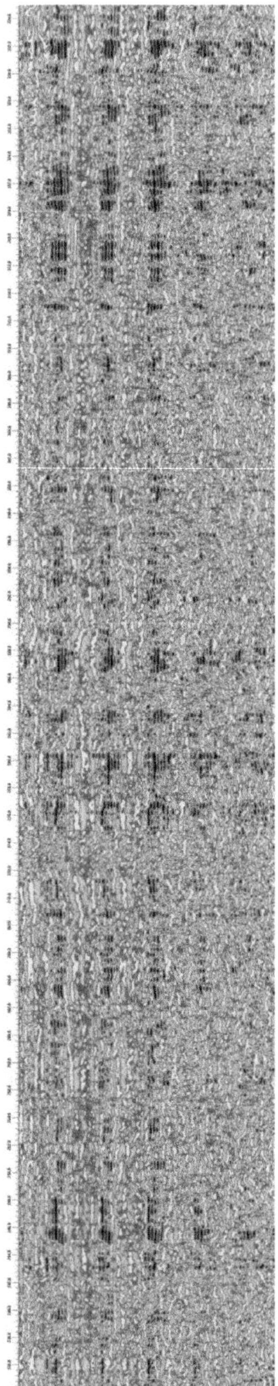

图 5.35 桩号 K0＋230～K0＋335 防渗墙雷达探测剖面(80 MHz)

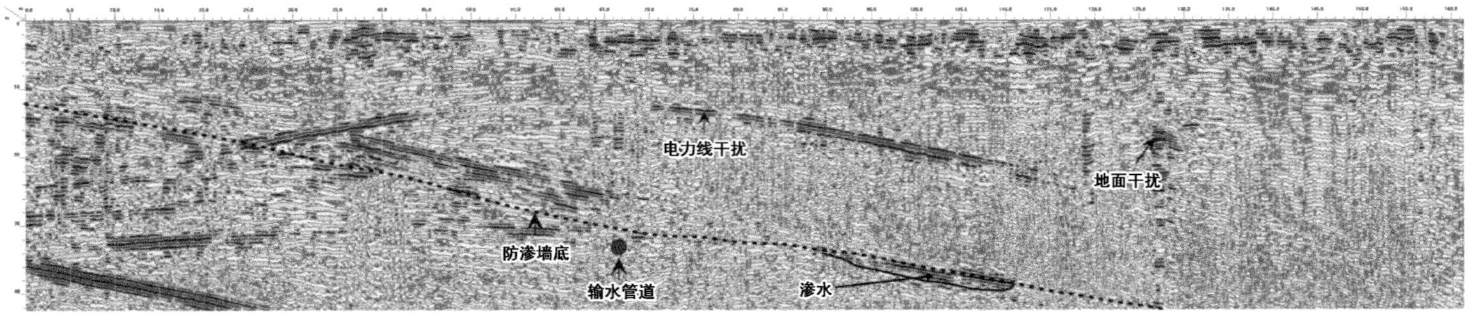

图 5.36　桩号 K0＋000～K0＋165 防渗墙雷达探测与解释剖面(40 MHz)

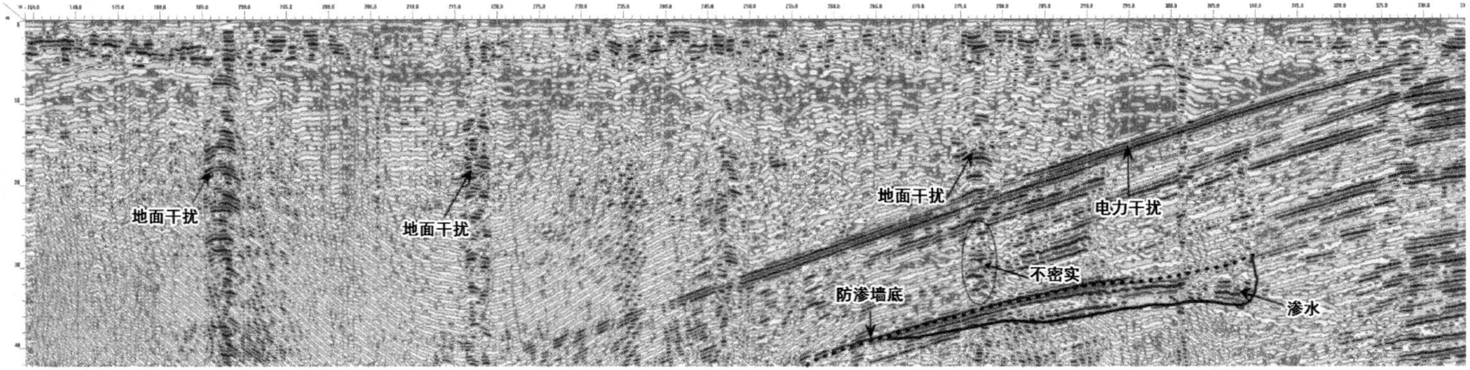

图 5.37　桩号 K0＋165～K0＋335 防渗墙雷达探测与解释剖面(40 MHz)

表 5.8　水库探地雷达探测异常统计表

测线号	异常位置	异常深度(高程)(m)	异常性质推断	备注
1#	/	/	/	未见异常
2#	K0+090～K0+110	34～39,(高程 73～78)	防渗墙底渗水	墙体与基岩结合处
	K0+275～K0+310	30～39,(高程 73～82)	防渗墙底渗水	墙体与基岩结合处
	K0+275～K0+278	25～32,(高程 80～87)	墙体不密实	/

4. 异常隐患部位分析评价

从探地雷达探测成果看,总共发现三处异常部位,结合地质勘察和防渗墙施工情况对探测结果进行分析,得出如下评价结论:

① K0+090～K0+110,高程 73～78 m 处,防渗墙墙底介质含水量较高,推断存在渗水,根据地勘资料,该处位于防渗墙墙体和基岩的结合部位。施工记录表明该处存在溶洞,基岩岩溶裂隙较发育,基岩岩溶裂隙可能存在渗流路径,验证了雷达探测结果,所以推测该处墙底渗水可能与溶洞发育有关。

② K0+275～K0+310,高程 73～82 m 处,防渗墙墙底介质含水量较高,推断存在渗水,根据地勘资料,该处位于防渗墙墙体和基岩的结合部位。综合推断该处裂隙发育,可能存在渗流路径,渗流会导致墙底帷幕灌浆不密实,造成该处墙底雷达波异常。

③ K0+275～K0+278,高程 80～87 m 处,墙体存在不密实现象。

5.5.4　基础地质条件分布面波探测

1. 概况

某水库位于安徽省,控制流域面积 3.8 km^2,总库容约 20 万 m^3。大坝为均质土坝,水库大坝总长 143 m,坝顶宽 3.5 m,最大坝高 11 m,上下游为自然护坡,坡比 1∶2.75。根据地勘资料,坝基岩土体分布情况自上而下分层描述如下:

第 0 层:素填土层,层厚 2.00～7.80 m。

第 1 层:粉质黏土(Q_4^{al}),层厚 0.90～2.20 m,层顶埋深 4.50～7.50 m,层底标高 35.69～39.38 m。

第 2 层:黏土(Q_3^{al}),层厚 1.05～2.80 m,层顶埋深 6.50～9.70 m,层底标高 34.64～37.38 m。

第 3 层:石灰岩强风化-中风化,层厚≥(0.55～1.55)m,层顶埋深 5.95～7.95 m,层底标高≤(36.83～37.83)m。

2. 探测方案

为探测大坝内部填土分布情况，选择大坝右侧坝顶部位，利用面波仪进行探测，沿坝顶布置 24 个采集点，间距为 1 m。

仪器连接后，按照间距 1 m 用人工锤击产生激发面波，同时对有效面波数据进行采集记录，重复测量三次以确保数据的准确，初步测量分析，选择第一组和第二组数据进行分析。

3. 探测数据分析

对前两组数据进行分析，得到波形图(图 5.38、图 5.39)。对两组数据计算其负相关系数，得到 r_{12} 为 0.95，两次测量波形图基本相同。图 5.40 为面波波速二维云图，与实际底层分层较为符合。

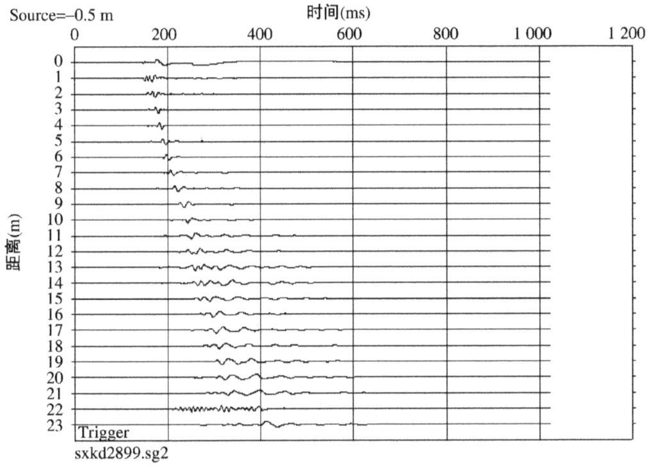

图 5.38　第一组波形图

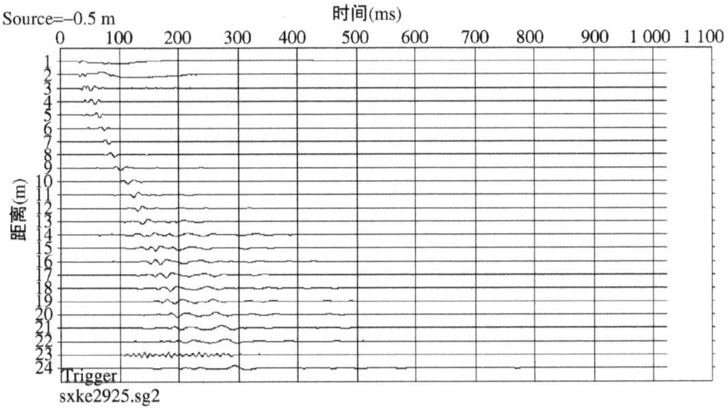

图 5.39　第二组波形图

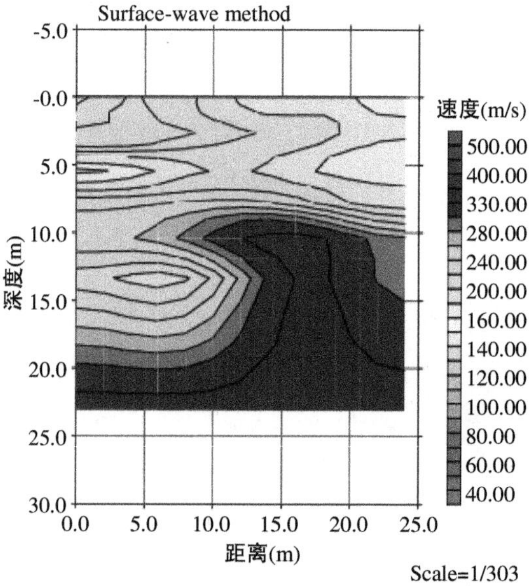

图 5.40　面波波速云图

5.5.5　边坡上游渗漏通道声呐探测

1. 概况

某水库坝址以上流域面积 145.4 km^2，水库总库容 1 789.2 万 m^3。水库工程等别为Ⅲ等，主要建筑物级别为 3 级。枢纽工程由拦河坝、溢洪道和输水泄洪隧洞组成。拦河坝为混凝土面板堆石坝，最大坝高 62.3 m，防浪墙高 1 m，坝顶长 321.4 m，坝顶高程 1 613.50 m，上、下游坝坡坡比均为 1∶1.4，上游面为混凝土面板，面板后依次为垫层区、过渡层区、主堆石区、次堆石区和下游护坡。

大坝防渗面板为 35 cm 厚的混凝土面板，自左向右，共分为 20 块。M1～M3 块面板宽 9 m，M4～M19 面板块宽 16 m，M20 宽 8.5 m。面板两岸拉伸块为 M1～M3 块、M13～M20 块，共 11 块。中间挤压块为 M12～M20，共 9 块。面板坡度为 1∶1.4。面板周边缝及面板间的垂直分封均设置两道止水。面板混凝土设计标号为 R_{28}、250$^{\#}$、S8、D200；采用单层双向配筋，为 φ20@227，布设于板厚方向的中部；周边设 φ14 “U”形加强筋。

由于养护及施工问题，施工后便发现面板出现多条明显裂缝，大多为横向裂缝。为确保面板的防渗性能，在缝宽≥0.2 mm 的裂缝及横向基本贯通的裂缝开槽采用填料嵌缝，并在表面粘贴保护盖片；缝宽＜0.2 mm 的裂缝不开槽，只在表面粘贴保护盖片。

2. 探测方案

本次现场测量检测范围为正常库水位以下的 20 块面板，检测时按面板间的接缝布线，对 M5、M7、M9、M11、M13、M18 较宽的面板加测 1 条线(位于宽度方向中间)，共计测线 25 条，自左岸向右岸方向测量，由 M1 面板始到 M20 面板止。根据渗漏流速检测成果提出检测区域的渗漏流速大小及流速分布云图，并估算渗漏量。通过水下面板的无损检测，以图表的方式展示水库测量区域渗流场的分布情况，分析面板长期运行过程出现的缺陷位置与渗透流速对应关系。

3. 探测数据分析

面板顶高程 1 612.5 m，当日库水位 1 609.7 m，面板最低点底高程为 1 553.00 m(M4 到 M7 面板)，本次测量为 1 608.8 m 高程以下部分。原位测量得到的挡水面板的渗漏流场的水力学参数结果见图 5.41 所示。图中测线编号 M1 表示面板 M1 与面板 M2 之间分缝的测线，测线编号 M5-1 表示面板 M4 和 M5 之间分缝的测线；测线编号 M5-2 为面板 M5 中间的测线，其他测线编号规律与 M1、M5-1、M5-2 同理。水深为自水面高程以下的深度。

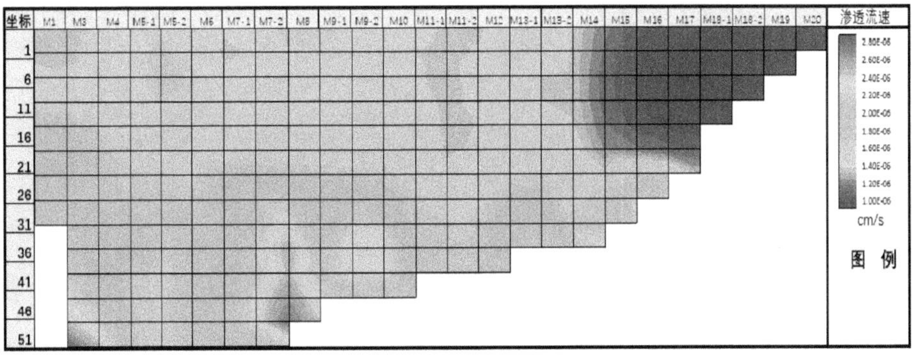

图 5.41　测量区域流速云图

主要参考文献

[1] 长江水利委员会长江勘测规划设计研究院.水利水电工程物探规程：SL 326—2005[S].北京：中国水利水电出版社，2005.

[2] 底青云，王若.可控源音频大地电磁数据正反演及方法应用[M].北京：科学出版社，2008.

[3] 肖宏跃，雷宛.地电学教程[M].北京：地质出版社，2008.

[4] 王庆海,徐明才.抗干扰高分辨率浅层地震勘探[M].北京:地质出版社,1991.
[5] 刘新华,李业君,张玉池.物探技术在那勤滑坡地质灾害勘察中的应用[J].矿产与地质,2008,22(4):370-372.
[6] 张立辉,时贵平.综合物探方法在地质勘查中的应用[J].世界有色金属,2017(11):216-217.

第6章
水库大坝滑坡模型试验研究

本章通过大量室内试验，得到了水库大坝滑坡土体的基本物理特性指标、不同含水率条件下的强度和土水特征曲线。通过自研的室内滑坡模型试验装置，研究了前期降雨作用、降雨与库水位耦合作用、坡脚冲刷作用下的边坡滑坡特性。研究表明，前期降雨作用是引起边坡滑坡的重要因素，降雨引起非饱和土中基质吸力的丧失或减小是导致边坡滑坡的主要因素；库水位降落时边坡孔隙水压力无法及时消散、有效应力减小，是引起边坡滑坡的主要原因；坡脚冲刷导致边坡抗滑力减小，加剧了滑坡的发生发展。

6.1 水库大坝边坡土体参数试验研究

为进一步认识前期降雨作用下水库大坝边坡滑坡特性和边坡滑坡计算分析需要，以某水库边坡滑坡为研究对象，对边坡土体进行了室内试验，包括：颗粒分析试验、液塑限试验、击实试验、渗透试验、三轴剪切试验、直接剪切试验和非饱和土水特征曲线试验，室内试验按照土工试验方法标准进行[1]。某水库边坡滑坡体地层岩性主要为：

上层为黏土：棕红、灰黄色，硬塑状态，局部混粉土团块；切面粗糙，土层结构较松散，手按易散开，雨水易软化；主要分布于边坡坡体中部及坡顶，分布厚度6～8 m。

下层为全风化片麻岩：灰白、灰深、灰黄色，矿物成分主要为长石、石英、黑云母；斑状变晶结构、糜棱结构，片麻构造；全风化，多为土状、砂状；厚度约15～20 m。

最下层为强风化片麻岩③-2：灰、深灰、灰黄色，矿物成分主要为长石、石英、黑云母；斑状变晶结构、糜棱结构，片麻构造；强风化，多为碎石及角砾状，少部分呈砂状、土状，干钻不易钻进，用镐可挖动。

本次室内试验试样为某水库大坝边坡滑坡体上层黏土，室内试验取样点见图 6.1。

图 6.1　某水库大坝边坡滑坡体试样取样点

6.1.1　颗粒分析试验

室内试验黏土取自某水库大坝边坡滑坡土体，将现场土样风干后剔除较大颗粒的土粒，然后进行室内试验。土的颗粒大小、级配和粒组含量是土工程分类的重要依据。用四分法从风干土样中取土，然后将土样过 2 mm 筛，分别称出筛上和筛下土样的质量，由最大孔径筛开始，顺序将各筛取下，将留在各筛上的土分别称量，计算各粒组含量和累计含量。对不同的粒组采用不同的试验方法，对于粒径大于 0.075 mm 的粗粒土采用筛分法，对于粒径小于 0.075 mm 的细粒土采用密度计法。颗粒组成见图 6.2。

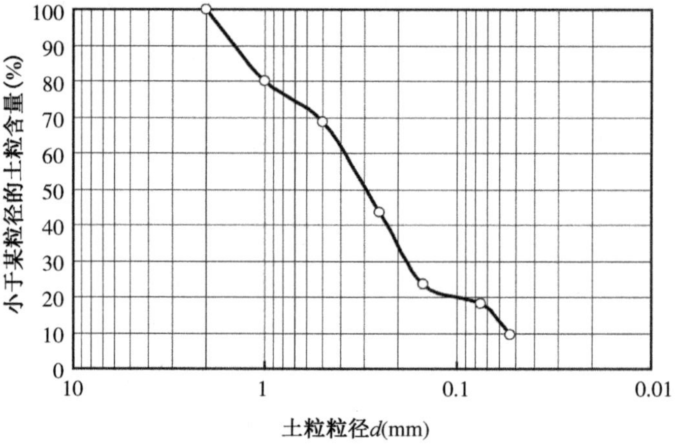

图 6.2　试验黏土土粒粒径分布曲线图

6.1.2　液塑限试验

液塑限试验主要测定细粒土的液限含水率 ω_L、塑限含水率 ω_p，根据 ω_L 和 ω_p 由塑性图对细粒土进行分类，利用液性指数 I_L 判断天然土所处的状态。将风干土样过 0.5 mm 筛，取筛下土样约 400 g 分为 3 份，分别加水制成 3 种不同含水率的试样，拌和均匀后密封于保湿缸中 24 h，然后进行试验。

本次试验采用联合测定仪法，以含水率为横坐标、圆锥入土深度为纵坐标，在双对数坐标纸上绘制关系曲线，液塑限试验结果见表 6.1。

表 6.1　液塑限试验结果表

液限 ω_L（%）	塑限 ω_p（%）
33.0	23.0

6.1.3　击实试验

击实试验研究非饱和黏性土在一定击实功作用下不同含水率时的干密度变化规律，用以确定土体的最大干密度和其对应的最优含水率。取代表性土样 20 kg，风干碾碎，过 5 mm 筛，将筛下土样拌均匀，选择 5 种不同含水率土样，制成 5 份试样，每份试样质量 2 kg，各试样间含水率相差 3%，制备后静置一昼夜备用。本次试验采用轻型击实仪，击实筒直径 10.2 cm，击实筒高度 11.6 cm，击锤质量2.50 kg，击锤高度 30.5 cm，分 3 层击实，每层 25 击，筒重 0.793 kg，击实筒体积 947.4 cm^3。试验结果见表 6.2、图 6.3。

表 6.2　击实试验结果表

最优含水率 ω_{op}（%）	最大干密度 $\rho_{d\max}$（g/cm^3）
16	1.78

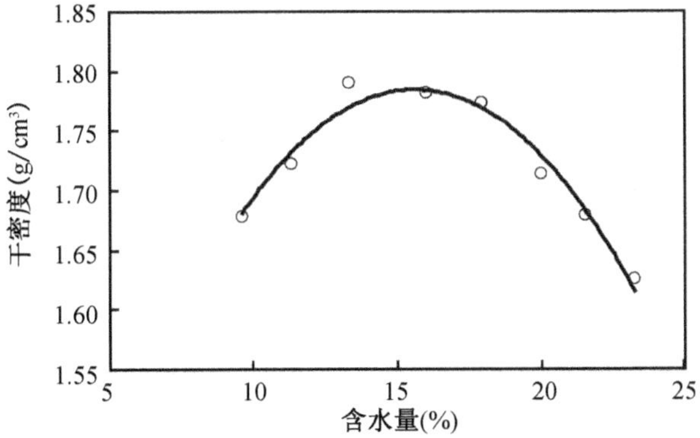

图 6.3　试验黏土击实曲线图

6.1.4 渗透试验

将土放在试验装置中测出渗流量和不同点的水头高度，从而计算出渗流速度和水力梯度，通过 $v=ki$ 公式计算出渗透系数。试验采用变水头试验，使用改进南 55 型渗透仪，试样筒总高 $L=4$ cm，横截面积 $A=30\ \text{cm}^2$，测压管截面面积 $0.304\ \text{cm}^2$，试验结果见表 6.3。

表 6.3 渗透试验结果表

试验次数	经过时间(s)	测压管读数(cm)	渗透系数(cm/s)	水温(℃)	水温 20℃渗透系数(cm/s)	渗透系数(cm/s)	平均渗透系数(cm/s)
1	280.2	129.26	111.50	2.14×10^{-5}	22	2.03×10^{-5}	1.69×10^{-5}
2	267.3	109.37	97.11	1.80×10^{-5}	22	1.71×10^{-5}	
3	305.2	95.72	84.38	1.67×10^{-5}	22	1.59×10^{-5}	
4	367.1	131.16	112.46	1.70×10^{-5}	22	1.61×10^{-5}	
5	312.6	110.39	97.80	1.57×10^{-5}	22	1.49×10^{-5}	

6.1.5 三轴试验

根据莫尔强度理论，利用应力圆得到极限应力圆的包络线，即为土的抗剪强度曲线，以求得抗剪强度指标内摩擦角和黏聚力。本次进行了固结排水试验(CD)，试样在施加周围压力时允许排水固结，待固结稳定后，再在排水条件下施加竖向压力至试件剪切破坏。

CD 试验采用 TKA-3000 型三轴仪，给 39.1 mm×8 mm 的试样分别施加 100 kPa、200 kPa、300 kPa、400 kPa 的围压 σ_3，让试样在 σ_3 作用下固结排水，固结完成后施加轴向偏应力 q。施加偏应力 q 的过程中通过控制轴向应变速率(每分钟 0.012%～0.003%轴向应变)，让试样充分排水，保证由轴向偏应力产生的孔隙水应力能即时消散，即有效应力等于总应力。

试验结果表明，在直剪试验中土样的含水率对黏聚力的影响较大，对内摩擦角的影响较小，试验结果见表 6.4。

表 6.4 三轴试验黏聚力和内摩擦角参数表

含水率(%)	12	16	20	24
黏聚力(kPa)	25.5	24.9	29.5	11.8
内摩擦角(°)	29.6	29.6	29.9	32.9

6.1.6　直剪试验

直剪试验采用南京泰克奥科技有限公司生产的 TKA-2 型应变式直剪仪，试样内径 6.18 cm，高 2 cm。每个含水率下，试验采用 4 个试样，分别在 100 kPa、200 kPa、300 kPa、400 kPa 的垂直压力作用下，施加水平剪切力进行剪切，取得水平面破坏时的剪应力，然后根据库仑强度理论确定土的抗剪强度指标：内摩擦角和黏聚力。本次试验选择快剪试验。快剪试验针对粉质黏土和粉细砂进行，法向力以 1.2 mm/min 的速率剪切使试样在 3～5 min 内减损，试验过程中以测力计读数达到稳定或有显著后退为剪切损坏的标志，一般试验进行至剪切变形达到 4 mm，当没有剪损现象出现时则至剪切变形为 6 mm 为止。

试验结果表明，在直剪试验中土样的含水率对黏聚力的影响较大，对内摩擦角的影响较小。试验结果见表 6.5。

表 6.5　直剪试验黏聚力和内摩擦角参数表

含水率(%)	12	16	20	24
黏聚力(kPa)	50.4	56.6	57.0	36.1
内摩擦角(°)	16.4	19.9	17.3	13.2

6.1.7　非饱和土水特征曲线试验

非饱和土特征曲线试验采用河海大学与江苏永昌科教仪器制造有限公司联合研制的 FGJ-20 型非饱和土固结仪。该仪器由台架、气压室、压缩容器、竖向加载装置、排水及体积量测系统、位移量测系统等部分组成，采用轴平移技术来控制试样的吸力，试样尺寸为直径 61.8 mm，高 20 mm，面积为 30 cm^2。

试验前先使得陶土板饱和，排出管道内积聚的气泡后完成装样。逐级施加基质吸力，通过轴平移技术，保持孔隙水压力为零，改变孔隙气压力来控制基质吸力，每一级吸力达到平衡后，通过体变管中水体积的变化测量土样含水率的变化。试验结果见表 6.6、图 6.4。

表 6.6　土的基质吸力与含水率表

基质吸力(kPa)	5	15	30	50	100	200	300	400
含水率(%)	24.85	24.47	24.29	23.91	22.32	22.13	21.57	21.20

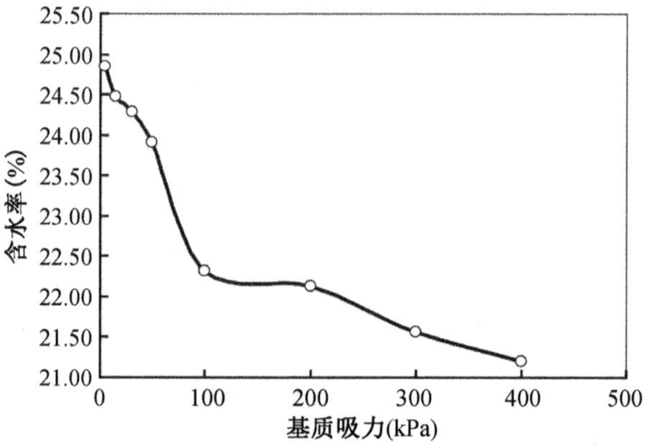

图 6.4 土的基质吸力与含水率关系曲线图

由图 6.4 可知，含水率在 21.2%～24.8%范围内，干密度为 1.72 g/cm^3 的滑坡土体的基质吸力均随含水率的增加而减小，利用 Fredlund & Xing (1994)提出的非饱和土 SWCC 曲线模型，可以通过回归分析得到滑坡岩土体的基质吸力 SWCC 曲线表达式，相关系数 $|R|=0.961$：

$$\omega = 28.3 \times \left[1 - \frac{\ln\left(1+\frac{h_m}{1\,000}\right)}{\ln\left(1+\frac{10^6}{1\,000}\right)}\right]\left[\frac{1}{\left\{\ln\left[\exp(1)+\left(\frac{h_m}{106.1}\right)^{2.9}\right]\right\}^{0.2}}\right] \quad (6\text{-}1)$$

6.1.8 土体参数试验结果

本节对某水库大坝边坡土体进行了基本物理力学特性指标试验、非饱和强度特性试验和土水特征曲线试验研究，得到如下结论：

(1) 击实试验研究表明，滑坡土体最优含水率为 16.0%，最大干密度为 1.78 g/cm^3。变水头渗透试验表明，土体渗透系数为 1.69×10^{-5} cm/s。

(2) 三轴固结排水试验研究表明，含水率为 12%、16%、20%、24%的土体黏聚力分别为 25.5 kPa、24.9 kPa、29.5、11.8 kPa，内摩擦角分别为 29.6°、29.6°、29.9°、32.9°。

(3) 直接剪切试验研究表明，含水率为 12%、16%、20%、24%的土体黏聚力分别为 50.4 kPa、56.6 kPa、57.0 kPa、36.1 kPa，内摩擦角分别为 16.4°、19.9°、17.3°、13.2°。

(4) 含水率在21.2%～24.8%范围内，干密度为1.72 g/cm³ 的滑坡土体的基质吸力均随含水率的增加而减小，根据 Fredlund & Xing (1994)提出的非饱和土 SWCC 模型回归分析得到的基质吸力 SWCC 曲线与试验测点具有良好的相关性。

6.2 水库大坝边坡滑坡室内模型试验研究

影响滑坡的主要因素包括降雨、库水位、地震和人为不当开发，其中，降雨诱发滑坡灾害最为常见，且造成大量人员伤亡及财产损失。降雨对边坡稳定的影响主要包括两个方面：一是降雨入渗导致的渗流作用使得边坡的下滑力增加，二是降雨入渗使得岩土体的抗剪强度降低或软化。水库蓄水及库水位周期性的循环涨落，经常会诱发边坡新老滑坡的产生或复活，在丘陵和山区水库中，因蓄水运行而造成的边坡滑坡产生和复活现象十分普遍。强降雨引起的地表径流从河道汇入水库，河水的侧向冲蚀对水库边坡坡脚产生冲刷作用，使得水库大坝边坡失稳下滑。

目前针对水库边坡滑坡的研究主要考虑了降雨作用、库水位作用的影响，有关前期降雨作用、降雨与库水位耦合作用和坡脚冲刷作用引起的滑坡研究尚未报道。

本节以某水库边坡滑坡为例，对前期降雨、降雨和库水位耦合作用和坡脚冲刷作用引起的边坡滑坡进行了一系列模型试验，有助于进一步认识水库大坝边坡滑坡特性。

6.2.1 试验内容及方法

(1) 模型试验研制

降雨模型试验箱为自行研制，降雨模型试验箱由主体模型箱、降雨系统、供水系统、多物理量测试系统(包括孔隙水压力、土压力、张力)、数据采集系统和高速摄像采集等组成。为了便于观察边坡体的变形和滑坡过程，在模型箱的两侧侧面设置高透明有机钢化玻璃可视窗口，可以实时观测试验过程中边坡内部和侧向的变形、位移情况。模型箱尺寸为700 cm×200 cm×200 cm(长×宽×高)，模型箱分为3部分，Ⅰ用于排水，Ⅱ为制作边坡，Ⅲ为模拟地下水位。

(2) 试验仪器布置及埋设

模型试验仪器主要有渗压计、张力计、土压力计、高速摄像机、取土器。土压力计共 5 支，分别埋设在模型箱Ⅱ底部四边形的 4 个点和对角线处，与采集系统连接，每10 min收集一次数据，土压力计埋深为 170 cm(本次试验仪器埋深 0 cm、170 cm 对应的边坡高度分别为 170 cm、0 cm)；渗压计共 11 支，其中模型试验箱底部埋设了 9 支，埋深为 170 cm，另外 2 支埋深为 120 cm，渗压计分别与采集系统连接，每 10 min 收集一次数据；张力计共 5 支，边坡顶部埋设 2 支，边坡表面埋设 3 支，3 支张力计沿着边坡表面排列在一条线上，5 支张力计 Z1、Z2、Z3、Z4、Z5 埋深分别为 150 cm、120 cm、20 cm、20 cm、60 cm(60 cm 对应为边坡模型坡顶位置)，试验中根据模型试验情况对边坡进行土体含水率数据采集；高速摄像机布置在模型试验箱一侧的正前方，进行实时图像采集。图 6.5～图 6.7 为仪器布置示意图，其中，T1～T5 为土压力计埋设位置，Z1～Z5 为张力计埋设位置，S1～S11 为渗压计埋设位置。模型箱顶部为高速摄像机位置。埋设的各类仪器及其有关参数汇总见表 6.7。

表 6.7　试验仪器汇总览表

序号	项目	仪器类型	数量	精度	测量范围
1	张力计	电阻式	7	±0.1%	<90 kPa
2	渗压计	振弦式	11	±0.1%	0～350 kPa
3	土压力计	振弦式	5	±0.1%	0～350 kPa
4	含水率	SK-100 水分仪探头、烘干法	1	±0.1%	0%～50%
5	降雨量	自动记录雨量计	1	±3%	0.01～4 mm/m
6	竖向位移	位移计	1	±0.2%	0～20 cm
7	水平位移	网格法	1	±0.2%	0～50 cm

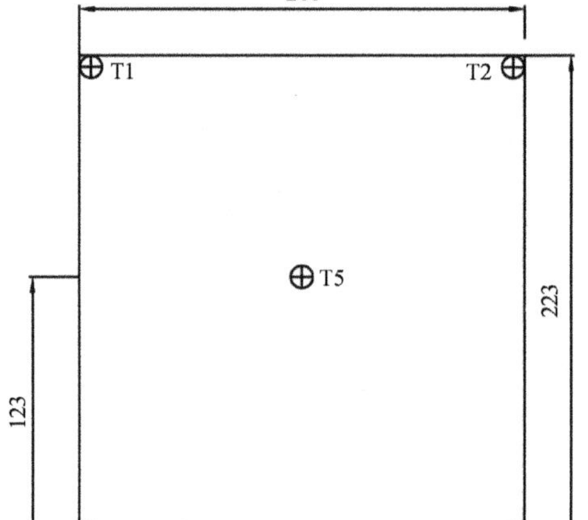

图 6.5　土压力计布置示意图(cm)

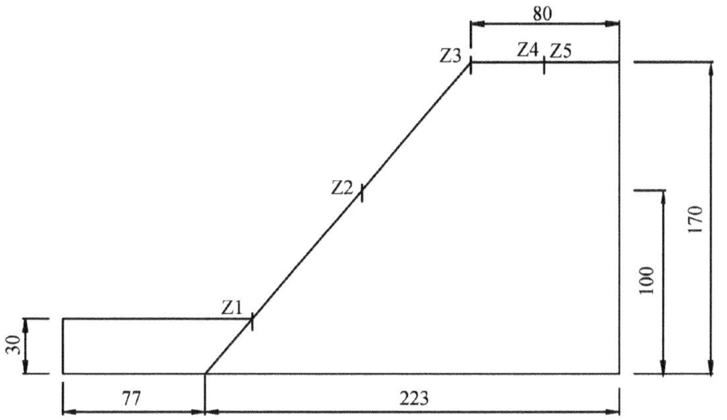

(a) 剖面图

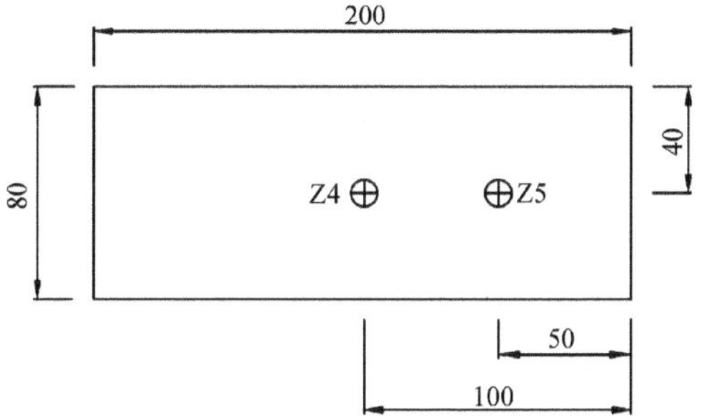

(b) 平面图

图 6.6　张力计布置示意图(cm)

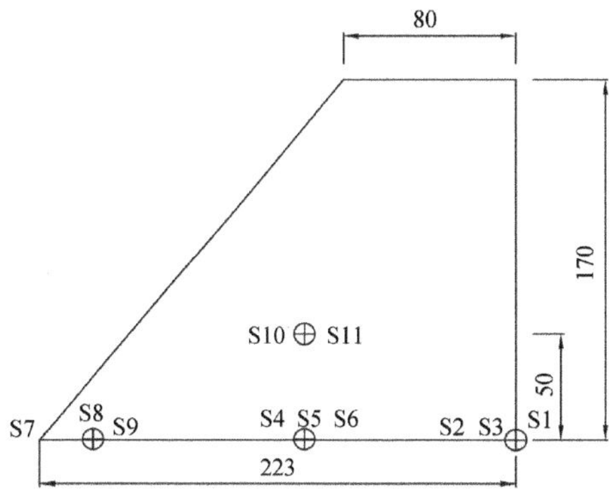

(a) 剖面图

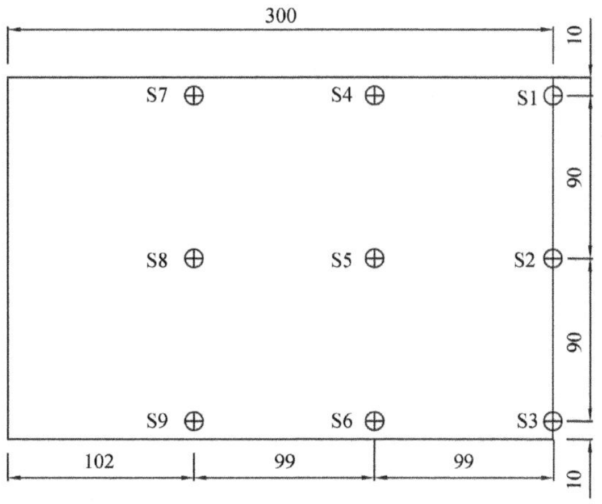

(b) 平面图

图 6.7　渗压计布置示意图(cm)

(3) 试验方案

本次共进行了3组模型试验，试验方案见表6.8，3组模型试验边坡为均质边坡，边坡坡角为50°，降雨强度为70 mm/h。试验用土采用某水库大坝边坡滑坡土体。

表6.8　室内模型试验方案

试验编号	边坡地质结构	坡度(°)	降雨强度(mm/h)	模型试验
1	均质边坡	50	70	前期降雨作用下边坡滑坡模型试验
2	均质边坡	50	70	降雨与地下水耦合作用下边坡模型试验
3	均质边坡	50	70	坡脚冲刷作用下边坡模型试验

(4) 试验方法

试验黏土取自某水库边坡滑坡土样，黏土的物理力学性质见6.1节，3组模型试验黏土含水率为19.5%，密度为1.70 g/cm^3，滑坡体物理材料试验参数见表6.9。

表6.9　滑坡材料物理模型试验参数表

名称	初始含水率(%)	密度(g/cm^3)	渗透系数(cm/s)
滑体	19.5	1.70	1.686e−05

首先在模型箱Ⅱ的内壁和底部涂上一定厚度的凡士林，以减小模型试验过程中土样与模型箱内壁的摩擦，然后在模型箱Ⅱ中装入密度为1.70 g/cm^3、含水率为19.5%的黏土，边坡倾角50°，边坡模型高170 cm，坡顶长为80 cm，试验模型根据某水库边坡滑坡模型按照一定的比例设计而成[2-5]。根据某水库实际降雨资料分析，确定了本次模型试验的降雨量。

将密度为1.70 g/cm^{3}的黏土装入模型箱后，分层碾压，分层厚度为40 cm，为研究降雨与库水位作用下边坡滑坡情况，在模型箱中补水(深度40 cm)作为库水位，保持上述水头的库水位7 d，使其水分充分入渗边坡中，模型试验装置见图6.8。边坡滑坡物理模型试验见图6.9，边坡滑坡物理模型尺寸见图6.10。

(a) 模型试验装置图

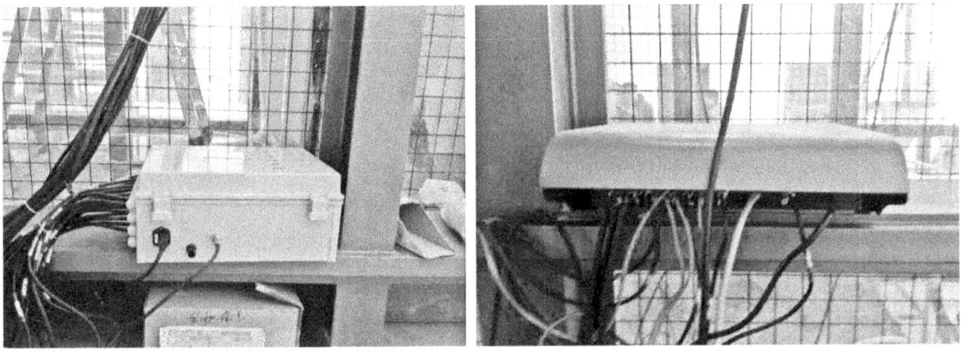

(b) 数据采集系统图

(c) 降雨系统图

图 6.8　降雨与库水位耦合作用边坡滑坡模型试验装置图

(a)

(b)

图 6.9　滑坡物理模型试验图

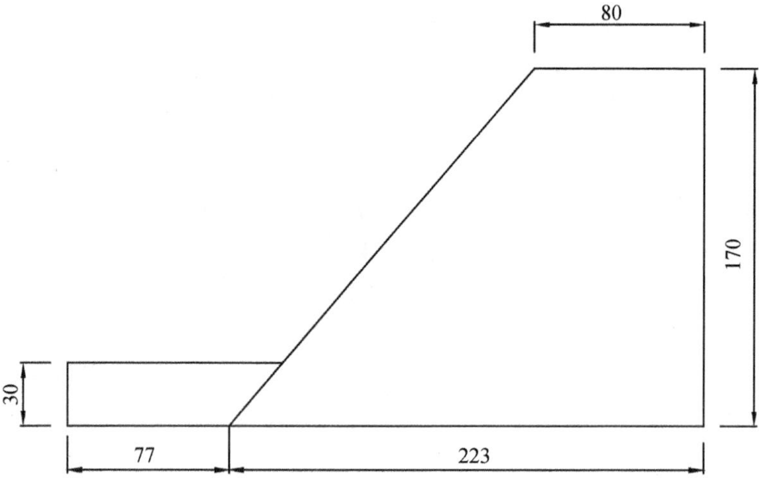

图 6.10　滑坡物理模型尺寸图(cm)

6.2.2　前期降雨作用下边坡滑坡模型试验

降雨是诱发滑坡的主要因素之一。研究表明,天然边坡,水电、铁路、公路工程等开挖边坡产生的滑坡以及岩体中地下洞室的塌方多发生在雨季[6-8]。降雨过程对滑坡造成的影响宏观上在坡体内产生一定的水力作用,微观上则会改变坡体内物质的物理化学性质,是一个非常复杂的随机过程。降雨过程中,滑坡体内的物质经历由干到湿这样一个从非饱和到饱和的过程。

降雨因素导致的边坡失稳机理,目前较为普遍的认识是:降雨入渗使得边坡坡体内的地下水位升高,滑面土体软化,从而降低了边坡的稳定性,导致滑坡的发生[9]。为研究前期降雨引起的滑坡，进行了模型试验研究，分析了前期降雨作用下边坡滑坡的特性。前期降雨作用下边坡滑坡模型试验见图 6.11。

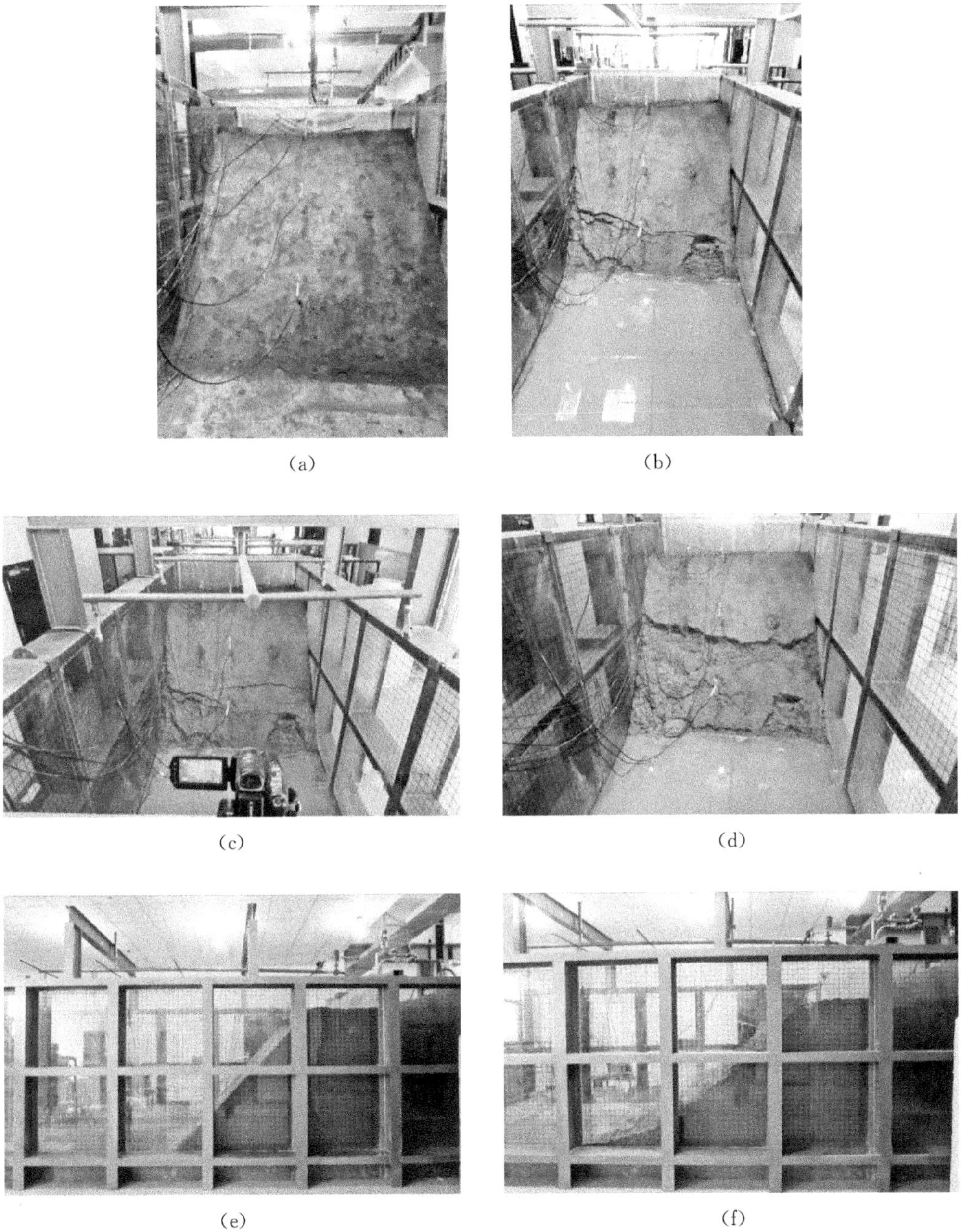

(a)　(b)　(c)　(d)　(e)　(f)

图 6.11　前期降雨作用下边坡滑坡模型试验图

(1) 边坡土压力变化

前期降雨作用引起边坡滑坡土压力变化，见图 6.12。本次试验在模型试验箱Ⅱ底部共布设了 5 支土压力传感器(见图 6.5)，选取沿对角线方向布设的 T1、T4、T5 为代表点进行分析。从图 6.12 可知，降雨前 58 h 土压力保持不变，58 h 时开始第一次前期降雨，前期降雨强度为 70.0 mm/h，前期降雨历时 0.5 h，降雨后 T1、T4、T5 土压力增加，T5 增加幅度较大；103 h 时进行第二次前期降雨，降雨强度为 70.0 mm/h，降雨历时 0.25 h，降雨后 T1、T4、T5 土压力均增加，这主要是由于前期降雨入渗引起边坡自重增大；153 h 时进行第三次降雨，降雨强度为 70.0 mm/h，降雨历时 2 h，降雨后边坡产生了滑坡；第三次降雨后 T4 土压力增加，T1、T5 减小，T4 土压力增加主要是由边坡滑坡引起；180 h 后 T1、T4、T5 土压力随着时间增加而减小，是由于进行了模型试验土样清理。

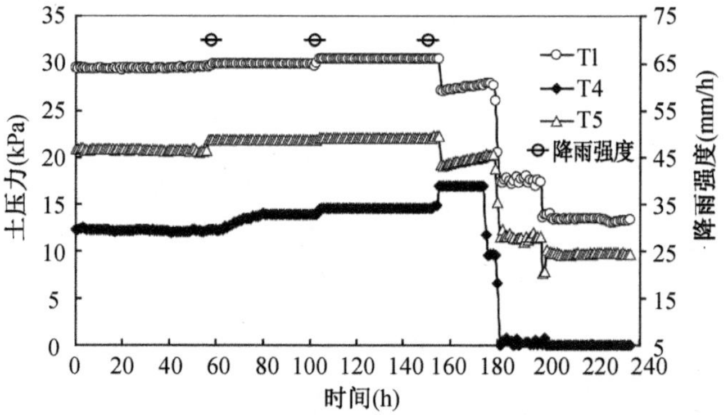

图 6.12　前期降雨作用下边坡土压力变化图

(2) 边坡孔隙水压力变化

渗压计布置见图 6.7，前期降雨作用下渗压计共布置 11 支，深度为 170 cm(布置于模型试验箱底部)，前期降雨作用下仅 S7、S8 和 S9 有变化，其他几支渗压计无变化，由于渗压计 S7、S8 和 S9 变化相同，因此对 S8 进行孔隙水压力分析；孔隙水压力变化见图 6.13。由图可知，120 h 后孔隙水压力发生了变化。前两次降雨入渗也引起了 S8 孔隙水压力变化，但孔隙水压力变化较小。

(3) 边坡吸力变化

降雨诱发滑坡的关键因素是湿润锋下移导致边坡坡体的基质吸力降低，进而导致抗滑力减小，下滑力增大，直至失稳；基质吸力丧失和湿润锋推移过程受坡体内入渗特征的控制，对降雨诱发滑坡的评价准确与否，取决于对降雨入渗过程的

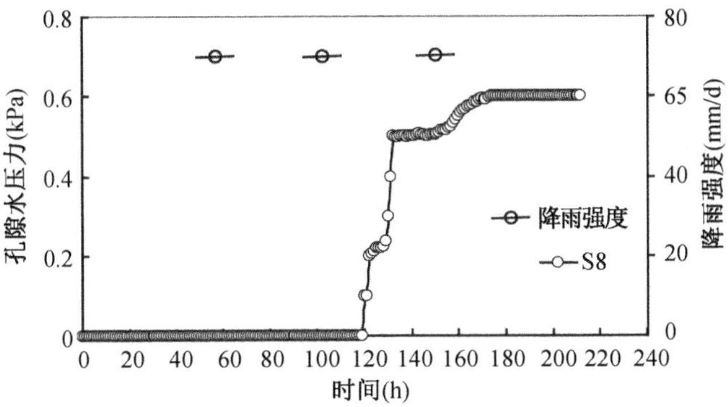

图 6.13 前期降雨作用下边坡孔隙水压力变化图

刻画能力,降雨后坡体含水率的分布是一个复杂的过程,一直以来备受研究者的关注。

模型试验张力计布置见图 6.6,前期降雨作用下边坡的吸力变化见图 6.14,基质吸力开始采集时间与土压力计、渗压计开始采集时间不同,由于基质吸力数据采集是从边坡制成后开始,为便于试验分析,将张力计采集时间与土压力计和渗压计采集时间统一,58 h 为边坡前期降雨开始时间。由图可知,降雨前 5 支张力计基质吸力均为−41 kPa,前期降雨 10 h 后张力计 Z1 基质吸力随着时间增加而减小,其他 4 支张力计基质吸力不变,说明张力计变化滞后于降雨,即降雨后 10 h 张力计 Z1 基质吸力减小。从张力计布置图可知,Z1 布置于边坡坡脚处,前期降雨作用下水分的入渗引起 Z1 基质吸力减小;105 h 时张力计 Z2、Z3、Z4 随时间增

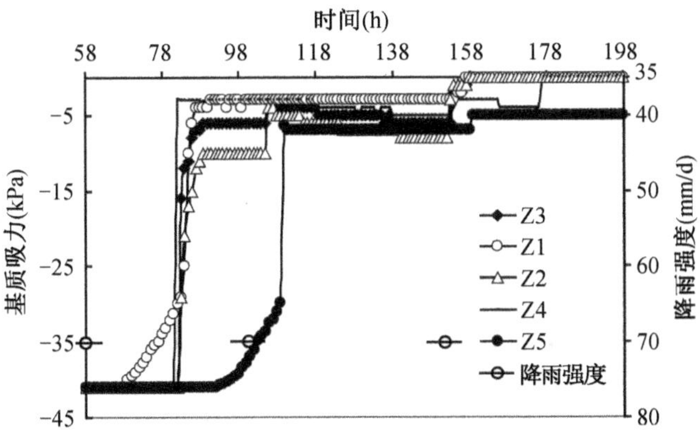

图 6.14 前期降雨作用下边坡基质吸力变化图

加而减小,Z5 保持不变,主要是 47h 时进行了第二次降雨;在第三次降雨作用下,154 h 时张力计 Z1、Z2、Z3、Z4 和 Z5 均减小,张力计 Z1、Z2、Z3 快速减小为 0,由于边坡发生了滑坡,而 Z5 基质吸力达到－5 kPa。

(4) 边坡含水率变化

滑坡后对滑坡体从边坡坡顶向下开挖一个垂直剖面分别进行不同深度含水率测量,为提高边坡土体含水率测量的准确度,分别采用 SK-100 水分仪和烘干法进行了滑坡体含水率测量;前期降雨作用引起边坡滑坡后坡体不同深度含水率变化见图 6.15,图中纵坐标深度 0 点对应实际边坡顶部 170 cm 处,纵坐标 170 cm 处为实际边坡坡脚处。由图可知,降雨前边坡 0～170 cm 深度的含水率均为 19.5%,前期降雨作用引起边坡滑坡后滑坡体 0～40 cm 深度含水发生变化,边坡深度0 cm、20 cm、40 cm、60 cm 处含水率分别为 24.9%、23.8%、21.1%、19.5%,60～170 cm 处坡体含水率与降雨前含水率相同,说明降雨入渗深度最大为 40 cm。

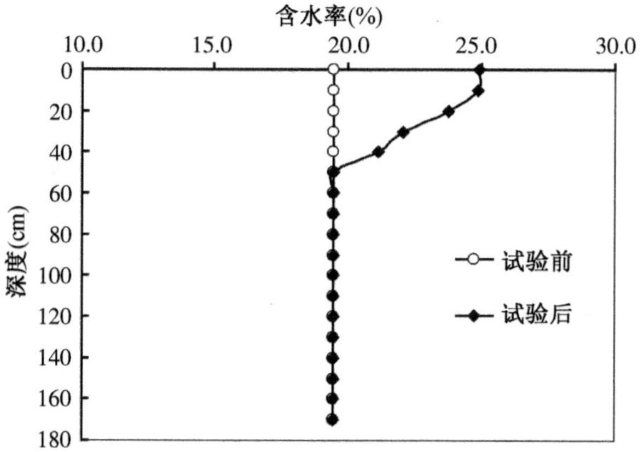

图 6.15　前期降雨作用下边坡含水率变化图

(5) 边坡滑坡破坏

前期降雨作用下边坡滑坡过程及裂缝见图 6.11、图 6.16。模型试验研究表明,前期降雨作用下边坡的滑坡发展过程基本上属于浅层滑动,试验开始时边坡滑动以块体破坏为主,随着降雨进行,滑坡过程以流滑破坏为主,在降雨一定时间后,边坡坡顶土体处于饱和状态进而产生流滑破坏。前期降雨时,坡脚处产生微小裂缝,随着降雨入渗持续,坡脚处产生不连续裂缝增加;第二次降雨时,坡脚不连续裂缝宽度增加,不连续裂缝贯通形成较大裂缝,随着降雨时间增加,坡脚 1/3

高处土体产生初始滑动，该滑坡以块体滑坡为主；随着降雨入渗的进行，降雨中一部分雨水以径流形式从边坡表面向坡脚处流动，此滑动重复发生，边坡滑动破坏不断向坡顶延伸发展，该过程边坡滑动以流滑为主。

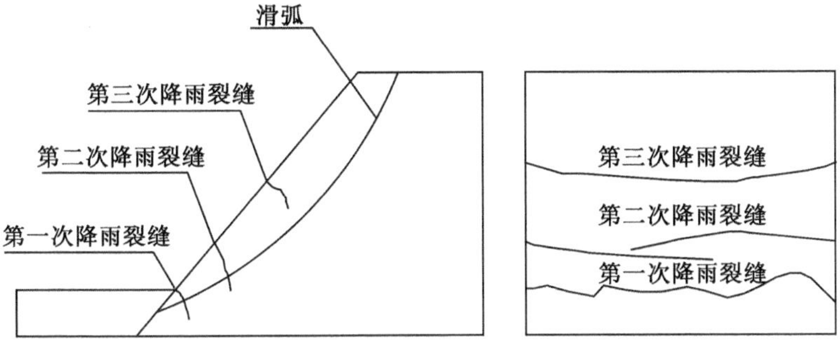

图 6.16　前期降雨作用下边坡裂缝及滑弧示意图

6.3　降雨与库水位耦合作用下边坡滑坡模型试验

目前，水库引起的滑坡研究主要包括蓄水初期水位上升引起的滑坡和水位骤降引起的滑坡。有关降雨与库水位相互作用下水库大坝滑坡的研究尚未报道。基于上述问题，本章进行了降雨与库水位耦合作用下水库大坝边坡滑坡的模型试验研究。

（1）边坡土压力变化

降雨与库水位作用下边坡的滑坡见图 6.17，降雨与库水位作用下边坡土压力变化见图 6.18。

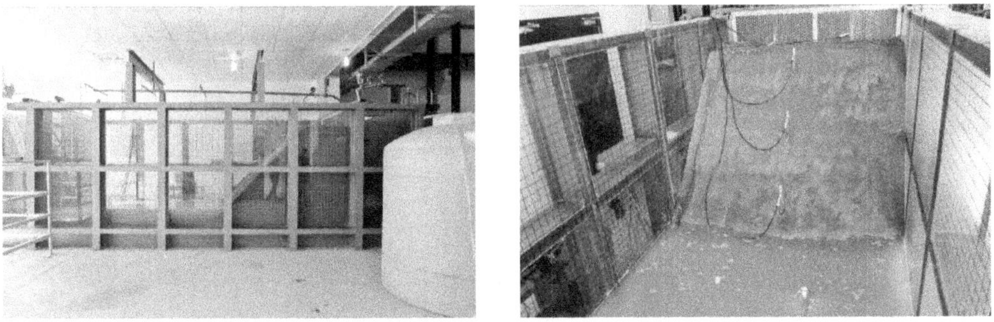

(a)　　(b)

（c）

（d）

（e）

（f）

图 6.17　降雨与库水位耦合作用下边坡滑坡图

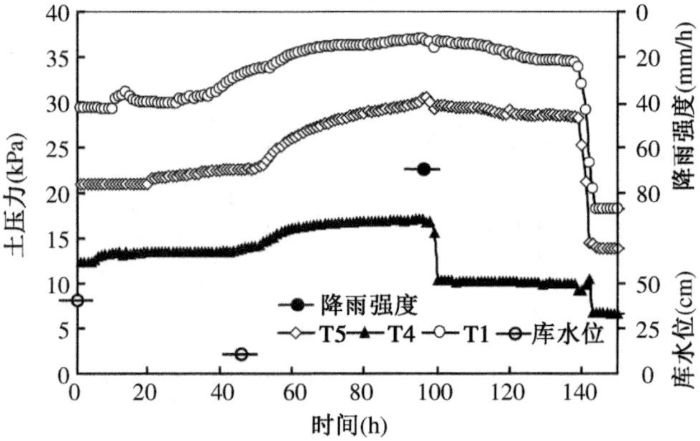

图 6.18　降雨与库水位耦合作用下边坡土压力变化图

土压力计布置见图 6.5，本次模型试验共布置 5 支土压力计，选取土压力计 T1、T4、T5 为代表点，对降雨与库水位耦合作用下边坡滑坡过程的土压力进行分析；由图 6.18 可知，0 h 时分别先后对模型箱Ⅲ、模型箱Ⅱ进行补水，加入 40 cm、30 cm 水头，模型箱Ⅲ补水用于模拟库水位，模型箱Ⅱ用于模拟地下水作用；0 h 时土压力计 T1、T4、T5 的土压力分别为 29.47 kPa、12.32 kPa、20.90 kPa，44 h 后分别向模型箱Ⅱ、模型箱Ⅲ中加入 10 cm、20 cm 水头，待模型箱Ⅱ、模型箱Ⅲ中的水分充分向边坡土体入渗后，通过供水箱不断向两个模型箱中加水直到两个模型箱水头保持 50 cm 不变为止；66h 后模型箱土压力计 T1、T4、T5 的土压力基本保持不变，表明两个模型箱中的水分入渗充分，96 h 时开始降雨，降雨强度 70.0 mm/h，降雨历时 1.5 h；98 h 时土压力计 T1、T4、T5 土压力均减小，其中土压力计 T4 减小明显，表明降雨与库水位作用下边坡发生了滑坡。139 h 时 3 支土压力的土压力值减小，变化较大，是由于进行了边坡滑坡后的土体清理。

(2) 边坡孔隙水压力变化

渗压计布置见图 6.7，共布置 10 支渗压计，其中 S1～S9 布置高度为 170 cm，S11 布置高度为 50 cm。本次试验分析以 S2、S5、S8、S11 为代表点进行分析；降雨与库水位耦合作用下边坡滑坡过程的孔隙水压力变化见图 6.19。由图可知，S11 孔隙水压力 0～180 h 为 0，0 h 后 S2、S8 孔隙水压力增加，是由于 0 h 后模型箱Ⅱ、模型箱Ⅲ开始加水，水分向边坡模型土体中入渗所致；66 h 后 S2、S5、S8 孔隙水压力均达到 4 kPa；97 h 时 S2、S5 先不变，S8 开始增大随后达到最大值 5.6 kPa，是由于降雨引起模型箱Ⅱ水位抬高，水分入渗至边坡模型土体中所致；

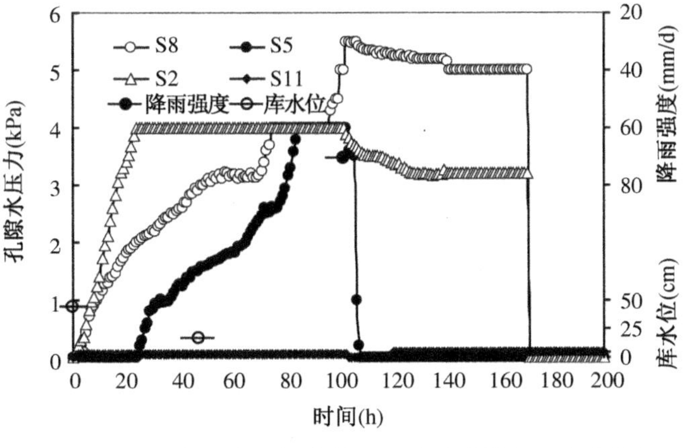

图 6.19　降雨与库水位耦合作用下边坡孔隙水压力变化图

103 h 对滑坡后的模型箱Ⅱ、模型箱Ⅲ中的水进行排水，因此，S2、S5、S8 孔隙水压力减小。

(3) 边坡吸力变化

张力计布置见图 6.6，张力计变化见图 6.20。由图可知，0～40 h 过程张力计 Z1、Z2、Z3、Z4、Z5 基质吸力不断增大，5 支张力计最大值基本达到－40 kPa；42 h 时张力计 Z1 基质吸力开始减小，是由于模型箱Ⅱ中的水分入渗至张力计 Z1 所在的位置；97 h 时张力计 Z2、Z3、Z4 的基质吸力减小，是由于 96 h 开始降雨，降雨过程中雨水从边坡顶部和边坡表面入渗至坡体内部，同时降雨引起边坡滑坡；而张力计 Z5 基质吸力没变化，由于降雨过程中雨水未入渗至张力计 Z5 底部 60 cm处。

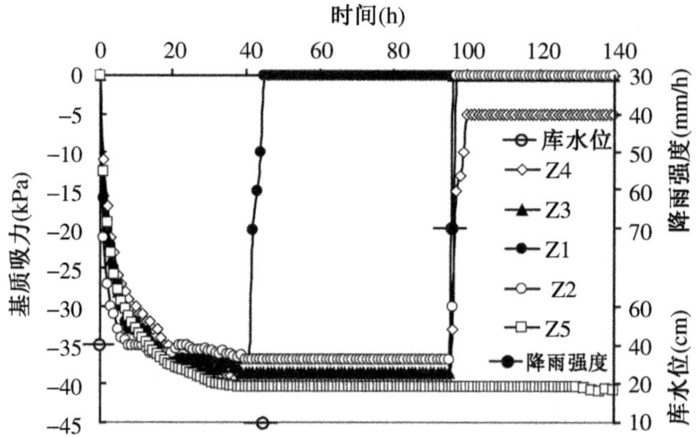

图 6.20　降雨与库水位耦合作用下边坡基质吸力变化图

(4) 边坡含水率变化

降雨与库水位耦合作用下边坡滑坡前和滑坡后边坡土体含水率的变化见图 6.21。由图可知，边坡顶部 0～40 cm 含水率与试验前相比发生了变化，0 cm、20 cm、40 cm 含水率分别为 23.7％、22.9％、22.8％，0～40 cm 含水率增加是由于降雨入渗引起；边坡底部 130～170 cm 含水率与试验前相比发生了变化，130 cm、150 cm、170 cm 含水率分别为 22.0％、25.7％、26.1％，130～170 cm 含水率增加是由于库水入渗引起。

(5) 边坡滑坡破坏

降雨与库水位耦合作用下边坡滑坡过程见图 6.17、图 6.22。库水位作用使得库水位以下边坡产生软化效应，边坡土体发生变形和局部滑动，主要是由于软化

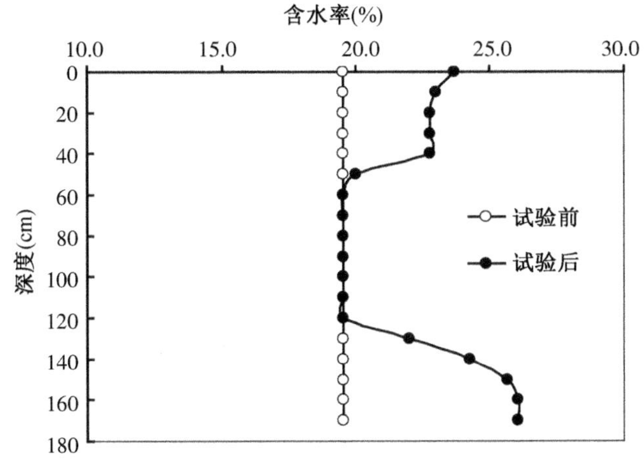

图 6.21　降雨与库水位耦合作用下边坡含水率变化图

效应使得库水位以下边坡土体在水的浸泡下其吸附水膜的厚度显著增大，从而使得土体的抗剪强度参数值 c、φ 大大减小。边坡在库水位作用下，坡脚处产生较多的不连续裂缝，随着降雨进行，库水位与坡脚接触处出现较多裂缝且不断贯通，库水位以上边坡开始滑动，边坡滑动以块体滑动破坏为主，降雨与库水位耦合作用下边坡滑坡与前期降雨作用下边坡滑坡相比，其滑坡范围和深度大于前期降雨作用工况。

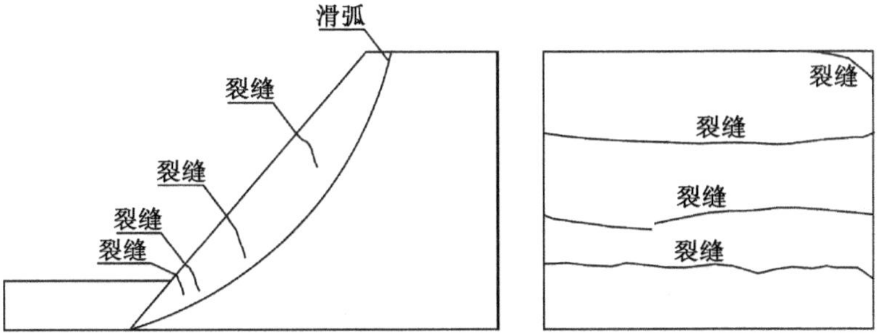

图 6.22　降雨与库水位耦合作用下边坡裂缝及滑弧示意图

6.4　坡脚冲刷作用下边坡滑坡模型试验

强降雨引起河道水位骤升，水流流速增大，河水对边坡侧向产生冲蚀，冲蚀会掏空坡脚岩土体;另外,坡脚已冲刷的边坡在降雨作用下对边坡稳定不利,边坡失稳下滑会引起边坡滑坡。因此,进行了边坡坡脚冲刷作用下降雨引起边坡滑坡试验,目前有关坡脚冲刷作用下降雨引起边坡滑坡的研究尚未报道。为研究坡脚冲刷作用下降雨引起边坡滑坡,按照图 6.10 模型尺寸制作边坡,首先在边坡坡脚处放置一个直径为 40 cm 的 PVC,然后按照 6.2.1 节方法制作边坡模型,待模型制作完毕后将 PUV 管从坡脚处拿出,使得在边坡坡脚处形成直径为 40 cm 的圆形管道,该管道假定为河水对边坡坡脚的冲刷作用形成,然后对该边坡进行降雨试验,研究坡脚冲刷作用下降雨引起的边坡滑坡的特性。坡脚冲刷作用下边坡模型及滑坡过程见图 6.23。

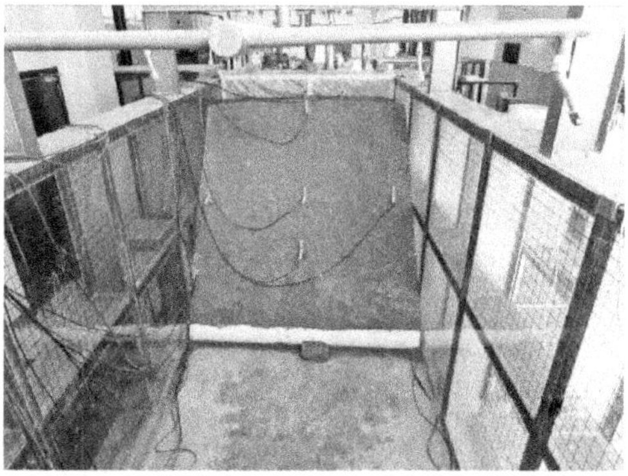

(a)

(b)

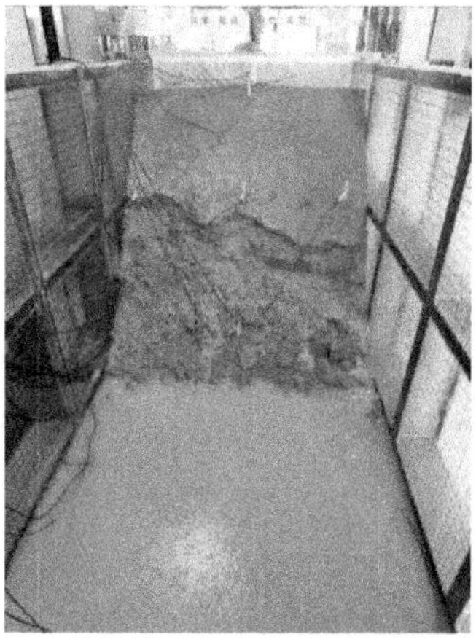

(c)

(d)

(e)

(f)

(g)

(h)

图 6.23 坡脚冲刷作用边坡滑坡图

(1) 边坡土压力变化

土压力计布置见图 6.5,坡脚冲刷作用下边坡土压力变化见图 6.24。由图可知,前 60 h 土压力计 T1、T4、T5 土压力分别为 29.47 kPa、12.32 kPa、20.90 kPa;58 h 和 82 h 时土压力计 T4 增大,土压力计 T1、T5 有减小趋势,是由于 47 h 时进行了前期降雨,71 h 时再次降雨所致;105 h 时为边坡滑坡后开始清理边坡土样,因此,土压力计 T1、T4、T5 土压力均开始减小。

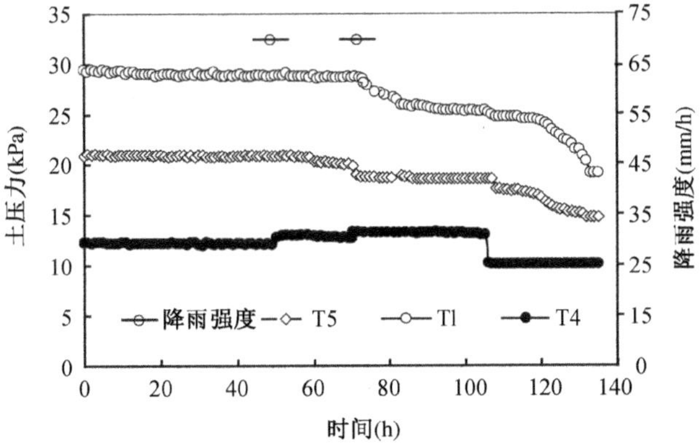

图 6.24 坡脚冲刷作用下边坡土压力变化图

(2) 边坡孔隙水压力变化

渗压计布置见图 6.7,共布置渗压计 9 支,其中 S1、S2、S3、S4、S5、S6 滑坡试验过程中无变化,S7、S8、S9 有变化,本次选取 S8 为代表点进行分析,坡脚冲刷作用下边坡 S8 孔隙水压力变化见图 6.25。由图可知,0～60 h 时渗压计 S8 为 0,60 h后 S8 孔隙水压力值随时间增大而逐渐增大,是由于 52 h 时边坡进行了前期降雨。之后随着继续降雨,孔隙水压力逐渐增大,最大值为 0.15 kPa。

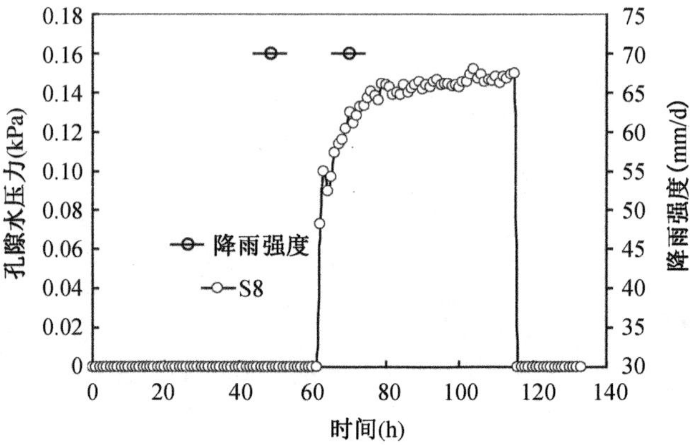

图 6.25　坡脚冲刷作用下边坡孔隙水压力变化图

(3) 边坡吸力变化

基质吸力的现场量测对于研究降雨型滑坡具有重要意义[6,10-12],基质吸力表示土颗粒吸水的能力,了解边坡非饱和带中基质吸力随外界条件的变化特征是非饱和土力学理论在工程中应用的关键。研究降雨入渗对边坡稳定性和变形破坏的影响,都涉及一个最基本的参数——基质吸力[13-15]。

坡脚冲刷作用下边坡坡脚基质吸力变化见图 6.26。由图可知,0～40 h 张力计 Z1、Z2、Z3、Z4、Z5 随着时间增加而增大,是由于 5 支张力计从纯净水桶中拿出放置于边坡的不同位置,边坡土粒为非饱和状态,因此,基质吸力随时间增加而增大。40 h 后 5 支张力计的基质吸力达到稳定,47 h 时开始第一次降雨,降雨强度为 70.0 mm/d,降雨持时 0.25 h;71 h 时开始第二次降雨,降雨强度为70.0 mm/d,降雨持时 1.5 h。47 h 时张力计 Z1、Z2 减小,由于坡脚冲刷处临空,降雨过程中发生张力计 Z1、Z2 处发生裂缝,雨水入渗至 Z1、Z2 处;张力计 Z3、Z4 的基质吸力在 71 h 后开始减小,因为 71 h 时进行第二次降雨,随后降雨引起了边坡滑坡;而张力计 Z5 的基质吸力无变化,由于张力计 Z5 埋深为 50 cm,降雨至边坡滑坡发生时水分入渗未达到边坡坡顶 50 cm 处。

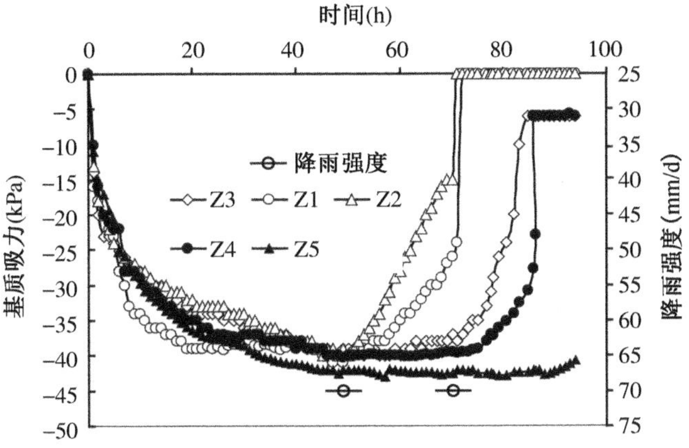

图 6.26　坡脚冲刷作用下边坡基质吸力变化图

(4) 边坡含水率变化

坡脚冲刷作用下边坡含水率变化见图 6.27。由图可知，试验前边坡 0～170 cm处含水率均为 19.5％，降雨滑坡后边坡 0～60 cm 处边坡含水率发生了变化，与试验相比，0 cm、20 cm、40 cm 处含水率分别为 24.3％、22.3％、21.2％，说明降雨入渗引起边坡坡体内部的水分重分布，40～170 cm 边坡坡体含水率与降雨前相同。

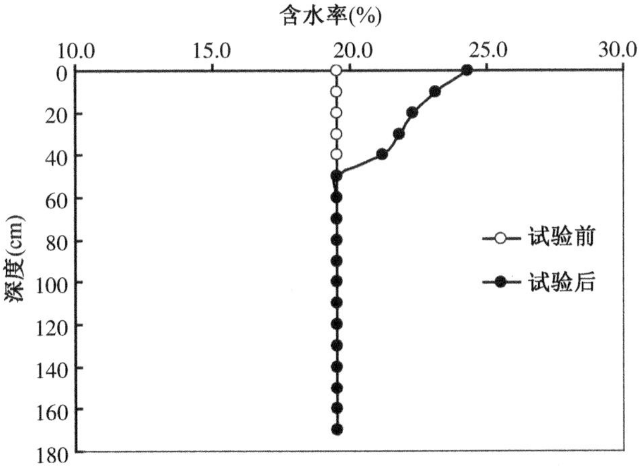

图 6.27　坡脚冲刷作用下边坡含水率变化图

(5) 边坡滑坡破坏

坡脚冲刷作用下边坡破坏过程见图 6.23、图 6.28。由图可知，降雨开始后，首先在边坡坡脚冲刷处产生裂缝并伴随滑坡，随着降雨入渗进行，坡脚处滑坡不断向边坡上部，在边坡高 1/2 处产生明显的一个坎，并逐渐向坡顶发展，该过程滑坡以滑动滑坡为主，与降雨与库水位耦合作用下边坡滑坡和前期降雨作用下边坡滑坡相比，其滑坡深度和范围均小于上述两种工况。

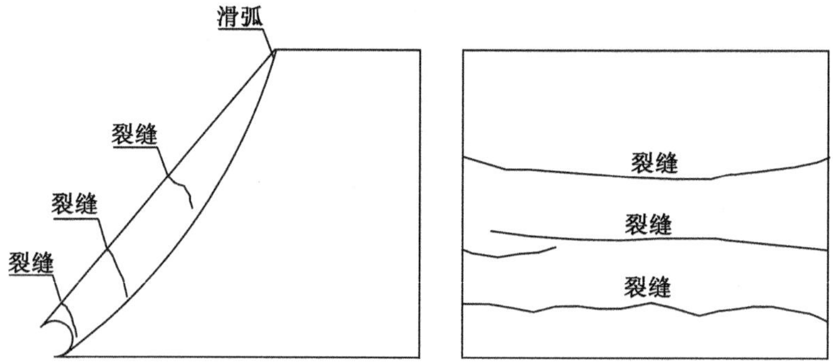

图 6.28　坡脚冲刷作用下边坡裂缝及滑弧示意图

6.5　小结

通过前期降雨作用、降雨与库水位耦合作用以及坡脚冲刷作用下边坡滑坡模型试验研究可知：

（1）前期降雨作用下边坡滑坡模型试验研究表明，前期降雨作用是引起边坡滑坡的重要因素，降雨使得雨水在边坡坡内和坡面进行了充分的入渗，从而导致边坡土体强度减小，再次降雨时极容易引起边坡滑坡。

（2）坡脚冲刷作用下边坡模型试验研究表明，边坡坡脚受到水流冲刷作用，引起边坡结构发生变化，使得边坡抗滑力减小，在相同降雨强度时，坡脚冲刷边坡与正常边坡相比更易产生滑坡，降雨过程中边坡坡面孔隙水压力和基质吸力变化较小。

（3）降雨与库水位耦合作用下边坡模型试验表明，降雨与库水位耦合作用下边坡滑坡有效应力减小，使得库水位以下边坡土体的抗剪强度减小，同时，库水位作用使得边坡产生沉降和裂缝，裂缝位置为边坡高度的 1/3 处；另外，在降雨入渗作用下边坡产生了滑坡，边坡的滑坡是由降雨和库水位相互作用引起的。

（4）由前期降雨作用下边坡滑坡模型试验、坡脚冲刷作用下边坡滑坡模型试验和降雨与库水位耦合作用下边坡滑坡模型试验可知，3 个模型试验的滑坡均属于浅层牵引式滑坡。

(5) 降雨与库水位耦合作用下边坡滑坡，库水位以下边坡土体水分入渗充分，边坡内部孔隙水压力较大，边坡易产生滑坡且滑坡规模较大。

(6) 前期降雨作用下雨水入渗引起非饱和土中基质吸力的丧失或减小是降雨引起边坡稳定性降低的主要机理。

主要参考文献

[1] 水利部水利水电规划设计总院，南京水利科学研究院.土工试验方法标准：GB/T 50123—1999[S].北京：中国计划出版社，1999.

[2] 郑东健，顾冲时，吴中如.边坡变形的多因素时变预测模型[J].岩石力学与工程学报，2005，24(17)：3180 - 3184.

[3] 水利部水利水电规划设计总院.水利水电工程边坡设计规范：SL 386—2007[S].北京：中国水利水电出版社，2007.

[4] 电力行业水电规划设计标准化技术委员会.水电水利工程边坡设计规范：DL/T 5353—2006[S].北京：中国电力出版社，2006.

[5] 崔广心.相似理论与模型试验[M].北京：中国矿业大学出版社，1990.

[6] 孙广忠，姚宝魁.中国典型滑坡[M].北京：科学出版社，1988.

[7] 钟力勋.中国重大地质灾害实例分析[J].中国地质灾害与防治学报，1999，10(3)：1-7.

[8] 李晓.重庆地区的强降雨过程与地质灾害的相关分析[J].中国地质灾害与防治学报，1995，6(3)：39-42.

[9] 黄润秋，许强，戚国庆.降雨及水库诱发滑坡的评价与预测[M].北京：科学出版社，2007.

[10] 魏丽，陈双溪，边小庚.暴雨型滑坡灾害因素分析及预测试验研究[J].应用气象学报，2007，18(5)：682 - 688.

[11] Rahardio H，Leong E C. Response of a residual soil slope to rainfall[J]. Canadian Geotechnical Journal，2005，42 (2)：340 - 351.

[12] Fredlund D G，Rahardio H. Soil mechanics for unsaturated soils[M].北京：中国建筑工业出版社，1997.

[13] 黄润秋，戚国庆.非饱和土渗流基质吸力对边坡稳定性的影响[J].工程地质学报，2002，10(4)：343-348.

[14] Fredlund D G，Huang S K. Matrix suction and deformation monitoring at an expansive soil southern China[A]. Proc. Int. Conf. on Unsaturated Soils，Paris：A. A. Balkema，1995：835 - 862.

[15] 戚国庆，黄润秋.降雨引起边坡位移研究[J].岩土力学，2004，25(3)：379-382.

第7章
水库大坝滑坡数值模拟

以某水库边坡滑坡为研究对象，建立边坡三维有限元模型，依据某水库边坡滑坡发生当月（2013年8月）的降雨情况，开发了饱和-非饱和渗流有限元计算程序，分析研究非稳定渗流状态下饱和-非饱和渗流场的变化，计算中考虑了降雨入渗引起的边坡土体渗透和强度参数的变异性，即非饱和带土的基质吸力与水力传导系数，非饱和带土的抗剪强度与基质吸力，数值模拟过程符合边坡滑坡的实际情况，分析了前期降雨作用引起边坡滑坡特性，阐明了边坡滑坡机理，计算结果合理地揭示了某水库边坡降雨诱发滑坡的过程及其滑坡体的时空演化特征。

7.1 饱和-非饱和渗流有限元计算方法

7.1.1 饱和-非饱和渗流基本理论方程

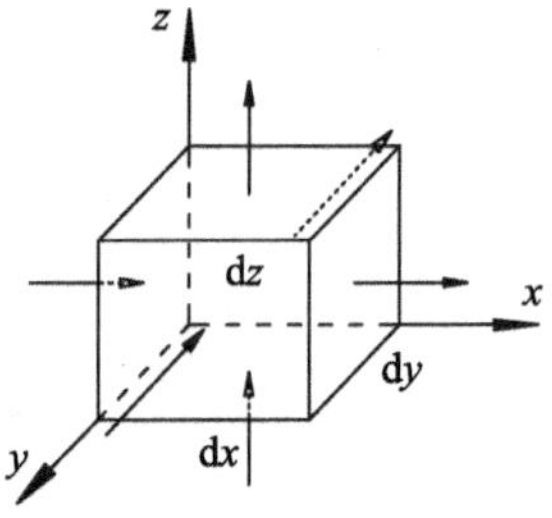

图7.1 微分单元体示意图

地下水运动的连续性方程可从质量守恒原理推导得到，若土体可压缩，如图7.1所示微分单元体积，即渗流场中水量在某一单元体单位时间内的增减速率等于进出该单元体流量速率之差。渗流连续性方程为：

$$-\left[\frac{\partial(\rho v_x)}{\partial x}+\frac{\partial(\rho v_y)}{\partial y}+\frac{\partial(\rho v_z)}{\partial z}\right]\Delta x\Delta y\Delta z=\frac{\partial}{\partial t}[\rho n\Delta x\Delta y\Delta z] \tag{7-1}$$

式中：ρ 为液体密度；n 为孔隙率；v_x、v_y、v_z 分别为 x、y、z 三个坐标方向的渗流速度。

一般情况下，我们假设微单元体的体积是不变的，即不考虑骨架及流体压缩影响，则渗流连续性方程为：

$$-\left[\frac{\partial(\rho v_x)}{\partial x}+\frac{\partial(\rho v_y)}{\partial y}+\frac{\partial(\rho v_z)}{\partial z}\right]=\frac{\partial[\rho n]}{\partial t} \tag{7-2}$$

如有源汇项,则:

$$-\frac{\partial}{\partial x_i}(\rho v_i)+Q=\frac{\partial(\rho n)}{\partial t} \tag{7-3}$$

如考虑非饱和区域对渗流场的影响,则根据达西定律为:

$$v_i=-k_r(\theta)k_{ij}^s\frac{\partial h}{\partial x_j} \tag{7-4}$$

式(7-3)、式(7-4)结合则可推出相应的非稳定饱和-非饱和渗流微分方程为:

$$\frac{\partial}{\partial x_i}\left[k_{ij}^s k_r(h_c)\frac{\partial h_c}{\partial x_j}+k_{i3}k_r(h_c)\right]-Q=[C(h_c)+\beta S_s]\frac{\partial h_c}{\partial t} \tag{7-5}$$

式(7-2)～式(7-5)中:ρ 为流体的密度;n 为孔隙率;h 为总水头,$h=x_3+p/\gamma$,x_3 为位置高程,$h_c=p/\gamma$ 为压力水头;k_{ij}^s 为介质饱和渗透系数张量;k_{i3} 为介质仅和第 3 坐标轴有关的饱和渗透系数张量值;k_r 为介质的相对透水率,在非饱和区 $0<k_r<1$,在饱和区 $k_r=1$;C 为比容水量,$C=\partial\theta/\partial h_c$,在正压区 $C=0$;β 为饱和-非饱和选择常数,在介质非饱和区及饱和区分别等于 0 和 1;S_s 为介质弹性贮水率,饱和及非饱和土体中的 S_s 分别为常数和 0,当忽略土体骨架及水的压缩性时对于介质饱和区也有 $S_s=0$;Q 为源汇项。

7.1.2　定解条件

为确定流场某物理量的分布情况,除了基本微分方程,还需要借助边界条件和初值条件。稳定渗流场和非稳定渗流场的求解条件也是不同的。

非稳定饱和-非饱和渗流场的定解条件为[1]:

$$h_c(x,y,z,0)=h_c(x,y,z,t_0) \tag{7-6}$$

$$h_c(x,y,z,t)\Big|_{\Gamma_1}=h_{c1}(x,y,z,t) \tag{7-7}$$

$$-\left[k_{ij}^s k_r(h_c)\frac{\partial h_c}{\partial x_j}+k_{i3}^s k_r(h_c)\right]n_i\Big|_{\Gamma_2}=q_n \tag{7-8}$$

$$-\left[k_{ij}^s k_r(h_c)\frac{\partial h_c}{\partial x_j}+k_{i3}^s k_r(h_c)\right]n_i\Big|_{\Gamma_3}\geqslant 0 \text{ 且 } h_c\Big|_{\Gamma_3}=0 \tag{7-9a}$$

$$-\left[k_{ij}^{s}k_{r}(h_{c})\frac{\partial h_{c}}{\partial x_{j}}+k_{i3}^{s}k_{r}(h_{c})\right]n_{i}\bigg|_{\Gamma_4}=q_{\theta}\ 且\ h_{c}\bigg|_{\Gamma_4}<0 \tag{7-9b}$$

式中：n_i 为边界面的外法线方向余弦；q_n 和 q_θ 为边界面法向流量；t_0 为初始时刻；Γ_1 为第一类边界，即已知水头边界条件；Γ_2 为流量边界；Γ_3 为饱和逸出面边界，Γ_4 是非饱和逸出面边界。如图 7.2 模型所示，$\Gamma_1=BG\cup CD$，$\Gamma_2=BC$，$\Gamma_3=ED$，$\Gamma_4=GA\cup GF\cup FE$[2-7]。

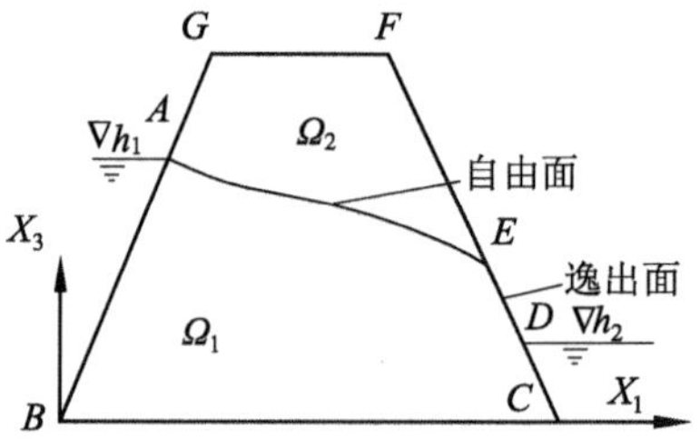

图 7.2 二维堤坝模型图

7.1.3 饱和-非饱和渗流场的有限元求解

以非稳定饱和-非饱和数学模型为例，采用 Galerkin 加权余量法进行有限元计算公式的推导，进而得到有限元求解公式[2]。

将整体计算域 Ω 离散为有限个单元体，如 NE 个，每个单元选取适当的形函数 $N_m(x, y, z)$，满足：

$$h_c(x, y, z, t)=N_m(x, y, z)h_{cm}(t) \tag{7-10}$$

式中：$h_{cm}(t)$ 为结点压力水头变量。

将 $h_c(x, y, z, t)$ 分别代入微分方程及定解条件，通常不能精确满足，会产生一定的误差，其残差分别记为 R 和 $\bar{R}$，残差值 R 和 $\bar{R}$ 也称为余量。

$$R(h_c)=\sum_{i=1}^{3}\sum_{j=1}^{3}\frac{\partial}{\partial x_i}\left[k_r(h_c)k_{ij}^{s}\frac{\partial h_c}{\partial x_j}+k_r(h_c)k_{i3}^{s}\right]-[C(h_c)+\beta S_s]\frac{\partial h_c}{\partial t}-Q \tag{7-11}$$

$$\bar{R}(h_c)=\sum_{i=1}^{3}\sum_{j=1}^{3}\left[k_r(h_c)k_{ij}^{s}\frac{\partial h_c}{\partial x_j}+k_r(h_c)k_{i3}^{s}\right]n_i+q_n \tag{7-12}$$

依据 Galerkin 加权余量法理论，选择权函数 $W(x, y, z)$ 及 $\bar{W}(x, y, z)$，必须使得

$$\iiint_{\Omega}W(x, y, z)\cdot R(h_c)\mathrm{d}\Omega+\oiint_{\Gamma_2}\overline{W}(x, y, z)\cdot\bar{R}(h_c)\mathrm{d}S=0 \tag{7-13}$$

Galerkin 加权余量法取 $W(x, y, z)=N_n(x, y, z)$，在边界上，取 $\overline{W}(x, y, z)=-N_n(x, y, z)$，此处 $N_n(x, y, z)$ 即为单元的形函数，将式(7-11)和式(7-12)代入式(7-13)，则：

$$\iiint_{\Omega}\left\{\sum_{i=1}^{3}\sum_{j=1}^{3}\frac{\partial}{\partial x_i}\left[k_r(h_c)k_{ij}^s\frac{\partial h_c}{\partial x_j}+k_r(h_c)k_{i3}^s\right]\right\}N_n\mathrm{d}\Omega-$$

$$\iiint_{\Omega}N_n[C(h_c)+\beta S_s]\frac{\partial h_c}{\partial t}\mathrm{d}\Omega-\iiint_{\Omega}N_nQ\mathrm{d}\Omega-$$

$$\oint_{\Gamma_2}N_n\left\{\sum_{i=1}^{3}\sum_{j=1}^{3}\left[k_r(h_c)k_{ij}^s\frac{\partial h_c}{\partial x_j}+k_r(h_c)k_{i3}^s\right]n_i+q_n\right\}\mathrm{d}S=0 \tag{7-14}$$

对式(7-14)中左边第一项应用格林-高斯转换得：

$$\iiint_{\Omega}\left\{\sum_{i=1}^{3}\sum_{j=1}^{3}\frac{\partial}{\partial x_i}\left[k_r(h_c)k_{ij}^s\frac{\partial h_c}{\partial x_j}+k_r(h_c)k_{i3}^s\right]\right\}N_n\mathrm{d}\Omega$$

$$=\iiint_{\Omega}\sum_{i=1}^{3}\sum_{j=1}^{3}\frac{\partial}{\partial x_i}\left[k_r(h_c)k_{ij}^s\frac{\partial h_c}{\partial x_j}N_n+k_r(h_c)k_{i3}^sN_n\right]\mathrm{d}\Omega-$$

$$\iiint_{\Omega}\sum_{i=1}^{3}\sum_{j=1}^{3}\left[k_r(h_c)k_{ij}^s\frac{\partial h_c}{\partial x_j}+k_r(h_c)k_{i3}^s\right]\frac{\partial N_n}{\partial x_i}\mathrm{d}\Omega$$

$$=\oint_{\Gamma_2}\sum_{i=1}^{3}\sum_{j=1}^{3}\left[k_r(h_c)k_{ij}^s\frac{\partial h_c}{\partial x_j}+k_r(h_c)k_{i3}^s\right]n_iN_n\mathrm{d}S-$$

$$\iiint_{\Omega}\sum_{i=1}^{3}\sum_{j=1}^{3}\left[k_r(h_c)k_{ij}^s\frac{\partial h_c}{\partial x_j}+k_r(h_c)k_{i3}^s\right]\frac{\partial N_n}{\partial x_i}\mathrm{d}\Omega \tag{7-15}$$

将式(7-15)代入式(7-16)，并引入式(7-14)，对于离散后的空间域Ω有

$$\sum_{e=1}^{NE}\left[\iiint_{\Omega^e}\sum_{i=1}^{3}\sum_{j=1}^{3}k_r(h_c)k_{ij}^s\frac{\partial N_n}{\partial x_i}\frac{\partial(N_mh_{cm})}{\partial x_j}\mathrm{d}\Omega\right]+$$

$$\sum_{e=1}^{NE}\left[\iiint_{\Omega^e}\sum_{i=1}^{3}k_r(h_c)k_{i3}^s\frac{\partial N_n}{\partial x_i}\mathrm{d}\Omega\right]+\sum_{e=1}^{NE}\left[\iiint_{\Omega^e}N_n[C(h_c)+\beta S_s]\frac{\partial(N_mh_{cm})}{\partial t}\mathrm{d}\Omega\right]$$

$$+\sum_{e=1}^{NE}\left[\iiint_{\Omega^e}N_nQ\mathrm{d}\Omega+\oint_{\Gamma_2}q_nN_n\mathrm{d}S\right]=0 \tag{7-16}$$

在式(7-16)中，令

$$[A]=\sum_{e=1}^{NE}\left[\iiint_{\Omega^e}\sum_{i=1}^{3}\sum_{j=1}^{3}k_r(h_c)k_{ij}^s\frac{\partial N_n}{\partial x_i}\frac{\partial N_m}{\partial x_j}\mathrm{d}\Omega\right]$$

$$[B]=\sum_{e=1}^{NE}\left[\iiint_{\Omega^e}N_nN_m[C(h_c)+\beta S_s]\mathrm{d}\Omega\right]$$

$$\{P\}=-\sum_{e=1}^{NE}\left[\iiint_{\Omega^e}\sum_{i=1}^{3}k_r(h_c)k_{i3}^s\ \frac{\partial N_n}{\partial x_i}\mathrm{d}\Omega\right]-\sum_{e=1}^{NE}\left[\iiint_{\Omega^e}N_nQ\mathrm{d}\Omega+\oint_{\Gamma_2^e}q_nN_n\mathrm{dS}\right]$$

式(7-16)中：h_{cm} 代表计算域中单元各结点的压力水头变量，在随后的公式中将统一用 h_c 代替，于是式(7-16)变为

$$[A]\{h_c\}+[B]\left\{\frac{\partial h_c}{\partial t}\right\}=\{P\} \tag{7-17}$$

式中：$\{h_c\}$ 代表计算域中的结点压力水头变量列阵。

本节采用了有限差分法对方程(7-17)进行时间域上的离散，其主要目的是在步长 Δt 内根据 h_c^t 和 P_t 求得 $h_c^{t+\Delta t}$。假设 h_c 在步长 Δt 内呈线性变化，则在时间 $t+\delta\Delta t$ 时，h_c 以及 $\partial h_c/\partial t$ 可以表示为：

$$h_c\big|_{t+\delta\Delta t}=(1-\delta)h_c+\delta h_c^{t+\Delta t} \tag{7-18}$$

$$\frac{\partial}{\partial t}h_c\bigg|_{t+\delta\Delta t}=\frac{h_c^{t+\Delta t}-h_c}{\Delta t} \tag{7-19}$$

将式(7-18)和式(7-19)代入式(7-17)，得到

$$\left(\delta A+\frac{B}{\Delta t}\right)h_c^{t+\Delta t}=\Delta t[(1-\delta)P_t+\delta P_{t+\Delta t}]-\left[(1-\delta)A-\frac{B}{\Delta t}\right]h_c \tag{7-20}$$

因此，$h_c^{t+\Delta t}$ 可通过求解式(7-20)得到，其中选取的参数 δ 不同，相应压力水头的加权平均值 $\{\bar{h}_c\}$ 的含义也不同，这就形成了不同的有限元方程时间差分格式。考虑到求解精度要求，选取 $\delta=1/2$。由于土体渗透系数以及容水度均为土体体积含水率的函数，则方程(7-20)具有高度的非线性，因此，计算中采用了改进的 Newton-Raphson 迭代法。

7.1.4 有限元逆变换算法

要将饱和-非饱和渗流有限元计算的结果应用于边坡稳定分析中，就要将土体渗流分析模型网格节点上的孔隙水压力值插值到滑动面上，可采用等参单元的有限元逆运算来实现，国内外很多学者均对等参单元逆运算展开过研究。本节采用 Toylor 级数展开的线性项进行逆变换。

等参单元是有限元分析中常用到的单元，广泛地应用于各种复杂的工程计算中，关于等参单元的介绍此处不再展开，下面将主要介绍逆变换算法。

根据等参单元的定义,整体坐标 (x, y, z) 和局部坐标 (ξ, η, ζ) 之间的变换关系式为:

$$\begin{cases} x = \sum_{i=1}^{n} N_i(\xi, \eta, \zeta) x_i \\ y = \sum_{i=1}^{n} N_i(\xi, \eta, \zeta) y_i \\ z = \sum_{i=1}^{n} N_i(\xi, \eta, \zeta) z_i \end{cases} \tag{7-21}$$

将上式中的 x、y、z 在局部坐标点 (ξ_0, η_0, ζ_0) 用 Taylor 级数展开,只保留线性项,得到如下式:

$$\begin{aligned} x &\approx x_0 + \left.\frac{\partial x}{\partial \xi}\right|_{(\xi_0, \eta_0, \zeta_0)} (\xi - \xi_0) + \left.\frac{\partial x}{\partial \eta}\right|_{(\xi_0, \eta_0, \zeta_0)} (\eta - \eta_0) + \left.\frac{\partial x}{\partial \zeta}\right|_{(\xi_0, \eta_0, \zeta_0)} (\zeta - \zeta_0) \\ y &\approx y_0 + \left.\frac{\partial y}{\partial \xi}\right|_{(\xi_0, \eta_0, \zeta_0)} (\xi - \xi_0) + \left.\frac{\partial y}{\partial \eta}\right|_{(\xi_0, \eta_0, \zeta_0)} (\eta - \eta_0) + \left.\frac{\partial y}{\partial \zeta}\right|_{(\xi_0, \eta_0, \zeta_0)} (\zeta - \zeta_0) \\ z &\approx z_0 + \left.\frac{\partial z}{\partial \xi}\right|_{(\xi_0, \eta_0, \zeta_0)} (\xi - \xi_0) + \left.\frac{\partial z}{\partial \eta}\right|_{(\xi_0, \eta_0, \zeta_0)} (\eta - \eta_0) + \left.\frac{\partial z}{\partial \zeta}\right|_{(\xi_0, \eta_0, \zeta_0)} (\zeta - \zeta_0) \end{aligned} \tag{7-22}$$

式中:(x_0, y_0, z_0) 为局部坐标点 (ξ_0, η_0, ζ_0) 对应的整体坐标。

式(7-22)采用矩阵形式表示成如下:

$$[\tilde{x}] \approx [\tilde{x}_0] + [J_0]^{\mathrm{T}}[\tilde{\xi} - \tilde{\xi}_0] \tag{7-23}$$

式中:$[\tilde{x}]$ 为整体坐标 (x, y, z);$[\tilde{\xi}]$ 代表局部坐标 (ξ, η, ζ);$[J_0]$ 为 (ξ_0, η_0, ζ_0) 处的雅克比矩阵;$[J_0]^{\mathrm{T}}$ 为 $[J_0]$ 的转置矩阵。

由于上式为线性表达式,则通过转换可以得到:

$$[\tilde{\xi}] \approx [\tilde{\xi}_0] + [J_0^{\mathrm{T}}]^{-1}[\tilde{x} - \tilde{x}_0] \tag{7-24}$$

式中:$[J_0^{\mathrm{T}}]^{-1}$ 为雅克比转置矩阵的逆矩阵。

根据式(7-24)可以得到由整体坐标 (x, y, z) 求解局部坐标 (ξ, η, ζ) 的迭代方程式,单元中任一整体坐标点 (x_p, y_p, z_p) 的局部坐标求解公式如下:

$$[\tilde{\xi}_{k+1}] \approx [\tilde{\xi}_k] + [J_k^{\mathrm{T}}]^{-1}[\tilde{x}_p - \tilde{x}_k] \tag{7-25}$$

式中：下标 k 代表迭代次数，$[J_k]$ 和 $[\widetilde{x}_k]$ 分别代表局部坐标 $\widetilde{\xi}_k$ 对应的雅克比矩阵和整体坐标。

具体迭代求解步骤如下：首先判断插值点在网格中所处的单元；设初始 $[\widetilde{\xi}_0]=\mathbf{0}$，将其代入式(7-21)求解 $[\widetilde{x}_k]$，然后求得雅克比矩阵 $[J_k]$；由式(7-25)求得 $[\widetilde{\xi}_{k+1}]$；若 $\|\widetilde{x}_p-\widetilde{x}_k\|\leqslant\varepsilon$，则迭代收敛，求出插值点的各物理量，若不收敛，则 $k=k+1$，继续进行迭代直至收敛。

7.2 降雨入渗作用下的边坡稳定分析方法

降雨入渗使土体饱和度增大，含水率增加，引起土体抗剪强度下降，持续降雨还可引起地下水位上涨或在相对隔水层以上出现暂时性地下水，当持续降雨的历程和强度超过一定限度时，可导致边坡失稳乃至出现滑坡。目前国内外考虑雨水水分入渗影响的非饱和土坡分析方法有以下几种：

(1) 在极限平衡条分法提出之初，可近似地在分析中用孔隙水压力系数加以反映。

(2) 考虑残余强度的方法。该方法认为雨水入渗导致土体发生软化，使土体抗剪强度随着变形的发展逐渐趋于残余强度。通过对土体抗剪峰值强度的折减直至取土的残余强度来反映降雨作用的影响程度。

(3) 利用水分运移理论。根据实验室测定的非饱和土的土水特征曲线，确定现场土坡不同部位的含水率，查出相对应的基质吸力，然后根据 Fredhind 提出的抗剪强度公式算出抗剪强度，再用极限平衡方法(简化的 Bishop 方法或 Janbu 方法)得出土坡的安全系数。

(4) 运用渗流有限元方法，得出从降雨开始后不同时刻的孔隙水压力。计算出对应的基质吸力，然后再按极限平衡方法进行安全系数计算。本节将利用此方法对某水库边坡稳定性进行分析。

7.2.1 非饱和土抗剪强度理论

传统进行饱和土稳定分析时，一般采用有效抗剪强度参数 c'、φ'，这种方法难以反映降雨入渗的影响，因此需要对传统的常规分析方法进行改进。传统的饱和土边坡稳定分析方法对地下水位以上由负孔隙水压力(吸力)提供的部分抗剪强度通常予以忽略不计。但是,负孔隙水压力在提高土的强度方面的作用不可忽略,所以在非饱和土坡的稳定分析中应考虑负压提供的抗剪强度,所用的分析方法可看作是传统的极限平衡方法的延伸。

开展非饱和土的抗剪强度研究较早的是美国,以后很多学者对这个课题进行了研究,有代表性的有毕肖普(Bishop)和弗雷德朗德(Fredlund)的理论。

Bishop 等认为非饱和土的有效应力 (σ') 可表达为:

$$\sigma' = \sigma - u_a + \chi(u_a - u_w) \tag{7-26}$$

式中:σ 为总应力;u_a 为孔隙气压力;u_w 为孔隙水压力;χ 为有效应力参数;$u_a - u_w$ 为基质吸力。

由于参数 χ 为一经验系数,和土的饱和度、干湿循环、应力路径及土的类型有关,难于测定,因此该理论在工程实践中的应用受到了限制。为了区别 $\sigma - u_a$ 和 $u_a - u_w$ 两个变量,必须把它们作为各自独立的状态变量来研究强度的本构关系。

Frendlund 等于 1978 年提出了他们的非饱和土抗剪强度公式:

$$\tau_f = c' + (\sigma - u_a)\tan\varphi' + (u_a - u_w)\tan\varphi^b \tag{7-27}$$

式中:c' 为有效黏聚力,即净法向应力 ($\sigma - u_a$) 和基质吸力 ($u_a - u_w$) 均为零时莫尔-库仑破坏包线的延伸与剪应力轴的截距;φ' 为与净法向应力分量 ($\sigma - u_a$) 有关的内摩擦角;φ^b 为抗剪强度随基质吸力 ($u_a - u_w$) 而变化的内摩擦角。实际上 Frendlund 提出的非饱和土抗剪强度公式是饱和土抗剪强度公式的延伸,饱和土仅需一个应力状态变量来描述其抗剪强度,而非饱和土需要两个应力状态变量来描述,则 Frendlund 公式亦可看作是扩展的莫尔-库仑理论。

Bishop 公式和 Frendlund 公式的物理概念基本相同,其差别只是在选用参数时分别采用了 χ 和 φ^b 两种不同的形式。但 Frendlund 方法确定 φ^b 比 Bishop 方法确定 χ 值容易得多,因此,目前在非饱和土土坡的稳定计算中通常采用 Frendlund 理论。

7.2.2　非饱和土土坡稳定分析方法

进行饱和土的边坡稳定分析时,一般采用有效抗剪强度参数。对于地下水位以上由负孔隙水压力提供的部分抗剪强度通常忽略不计,其主要原因是量测负孔隙水压力并将其纳入稳定分析比较困难。对于滑动面的主要部分处在地下水位以下的许多情况,这种不计负孔隙水压力的做法尚算合理。但对地下水位很深或主要考虑是否可能出现浅层滑动的情况,就不能再忽略负孔隙水压力的影响了。

近年来，人们对负孔隙水压力在提高土的抗剪强度方面所起的作用已有较多认识，并且已开发出较易量测负孔隙水压力的若干设备。因此，应该在土坡稳定分析中考虑负孔隙水压力所提供的抗剪强度。

在简化 Bishop 法的基础上，通过有限元和稳定分析方法相结合，将降雨模拟后得到的土体负孔隙水压力考虑进简化 Bishop 法，从而可以得到降雨入渗条件下边坡安全系数的变化。任意取一土条 i，其上作用的力见图 7.3。

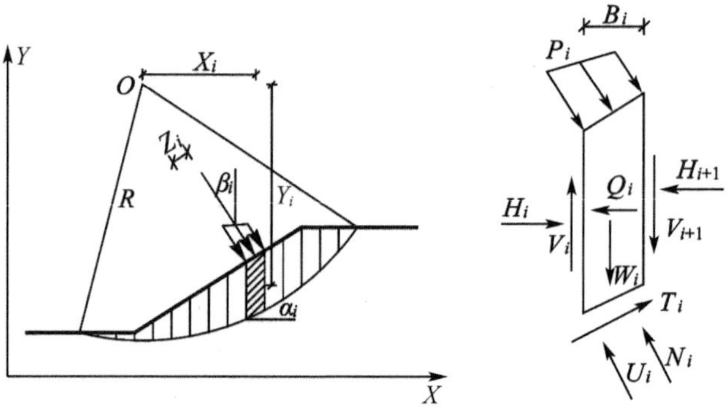

W_i—自重；Q_i—水平地震力；H_i、H_{i+1}—侧面法向力；
V_i、V_{i+1}—侧面切向力；N_i—条底法向有效反力；U_i—条底孔隙水压力；
T_i—条底切向抗剪力；P_i—表面线性分布荷载。

图 7.3 土条受力分析示意图

根据土条的竖向平衡有：

$$W_i + (V_{i+1} - V_i) + P_i \cos\beta_i - N'_i \cos\alpha_i - U_i \cos\alpha_i - T'_i \sin\alpha_i = 0 \tag{7-28}$$

考虑到安全系数的定义

$$T'_i = \frac{[c'_i + (u_a - u_w)\tan\varphi^b]L_i + N'_i \tan\varphi'_i}{F_s} \tag{7-29}$$

将式(7-29)代入式(7-28)可得：

$$N'_i = \frac{1}{m_i}\left[W_i + (V_{i+1} - V_i) + P_i \cos\beta_i - U_i \cos\alpha_i - \frac{[c'_i + (u_a - u_w)\tan\varphi^b]L_i}{F_s}\sin\alpha_i\right] \tag{7-30}$$

其中：

$$m_i = \cos\alpha_i + \frac{\tan\varphi_i'}{F_s}\sin\alpha_i \tag{7-31}$$

整个滑动土体对滑动圆心 O 求力矩平衡，此时相邻土条之间的侧壁作用力的力矩将互相抵消。各土条滑动面上的有效法向反力和孔隙压力通过圆心，没有力矩贡献。因此总的力矩平衡方程为：

$$\sum W_i X_i + \sum Q_i Y_i + \sum P_i Z_i - \sum T_i R = 0 \tag{7-32}$$

将式(7-31)代入式(7-30)，然后再代入式(7-32)可得：

$$F_s = \frac{\sum \frac{1}{m_i}\{[c_i' + (u_a - u_w)\tan\varphi^b]L_i\cos\alpha_i + [W_i + (V_{i+1} - V_i) + P_i\cos\beta_i - U_i\cos\alpha_i]\tan\varphi_i'\}}{\sum W_i \frac{X_i}{R} + \sum Q_i \frac{Y_i}{R} + \sum P_i \frac{Z_i}{R}} \tag{7-33}$$

Bishop 忽略了切向条间作用力项 $(V_{i+1} - V_i)$，而得到了下面的简化 Bishop 法计算公式为：

$$F_s = \frac{\sum \frac{1}{m_i}\{[c_i' + (u_a - u_w)\tan\varphi^b]L_i\cos\alpha_i + (W_i + P_i\cos\beta_i - U_i\cos\alpha_i)\tan\varphi_i'\}}{\sum W_i \frac{X_i}{R} + \sum Q_i \frac{Y_i}{R} + \sum P_i \frac{Z_i}{R}} \tag{7-34}$$

7.3　降雨条件下边坡渗流分析

7.3.1　某水库边坡概况

某水库边坡[8-9]所处地河谷呈基本对称的“V”字形，谷底宽 50～70 m，边坡开挖前的绝对高程为 850.00～935.00 m，地形坡度为 45°。边坡最大高度约 70 m，按梯段放坡，每个梯段高约 15 m，分 5 级，每两级之间设有宽约 2 m 的马道。工程所在地气候类型由北部的中亚热带逐步过渡到南部的南亚热带气候，雨量充沛，但降水时空分布极不均匀，降雨主要集中于 5—10 月，其降水量占全年的 82%。单点暴雨极易导致地表水下渗、边坡局部地下水位过高的情况。此区域排水不畅，伴随暴雨及泥石流，容易引起该部位滑坡，滑坡不仅影响边坡下部交通安全，而且影响到边坡坡顶 220 kV 水电站送出线终端塔基安全。前期，由于连续降雨，该部位已产生部分滑坡，边坡滑坡规模大致长为 71 m，宽约 53 m，滑坡体厚度约 5～10 m，边坡滑坡见图 7.4。

(a) (b)

(c) (d)

(e) (f)

(g)　(h)

(i)　(j)

图 7.4　某水库大坝边坡滑坡图

7.3.2　区域自然地理

某水库位于云南省某市。边坡位于某水库工程左岸，边坡地处低纬度高原，属于南亚热带季风气候，干湿分明，日照时间长，雨量充沛。每年 5—10 月是雨季，11 月—次年 4 月是旱季。年平均气温 18.9℃，极端最高气温35.7℃，极端最低气温－2.9℃，最热月平均温度 23.4℃，最冷月平均温度 11.2℃。年平均日照时数 2 284.4 h，无霜期 296 d。年平均风速 1.5 m/s，最大风速30 m/s。历年平均降雨量 1 709.4 mm，终年无雪。

7.3.3　区域地形地貌

边坡区位于横断山区西南端，高黎贡山的南延部分。边坡区域地势东部山高坡陡，西部山低、地形平缓。滑坡区域海拔 1 000～2 000 m，地形切割较为强烈。山脉、盆地均呈北东—南西向分布，与构造线方向一致。山间盆地大小不等，其中以潞西、遮放、瑞丽、陇川等盆地较为著名。

7.3.4 地层岩性及结构特征

边坡滑坡区地层主要为寒武系变质岩，场地及附近除零星陡崖出露外，地表天然露头少见，上部覆盖第四系黏土层，根据勘探揭露：

上层为黏土②：棕红、灰黄色，硬塑状态，局部混粉土团块。切面粗糙，土层结构较松散，手按易散开，雨水易软化。顶部 50 cm 为耕土，主要分布于坡体中部及坡顶，分布厚度 6～8 m。

下层为全风化片麻岩③-1：灰白、灰深、灰黄色，矿物成分主要为长石、石英、黑云母。斑状变晶结构、糜棱结构，片麻构造。全风化，多为土状、砂状。厚度约 15～20 m。

最下层为强风化片麻岩③-2：灰、深灰、灰黄色，矿物成分主要为长石、石英、黑云母。斑状变晶结构、糜棱结构，片麻构造。强风化，多为碎石及角砾状，少部分呈砂状、土状，干钻不易钻进，用镐可挖动。

7.3.5 有限元模型建立

根据边坡平面布置图 7.5 以及典型剖面示意图 7.6，建立边坡的三维有限元模型，如图 7.7 所示。由图可见滑坡位于 2-2 剖面，且滑弧穿过了表层黏土②和全风化片麻岩③-1，因此将表层土体单元进行加密剖分处理。

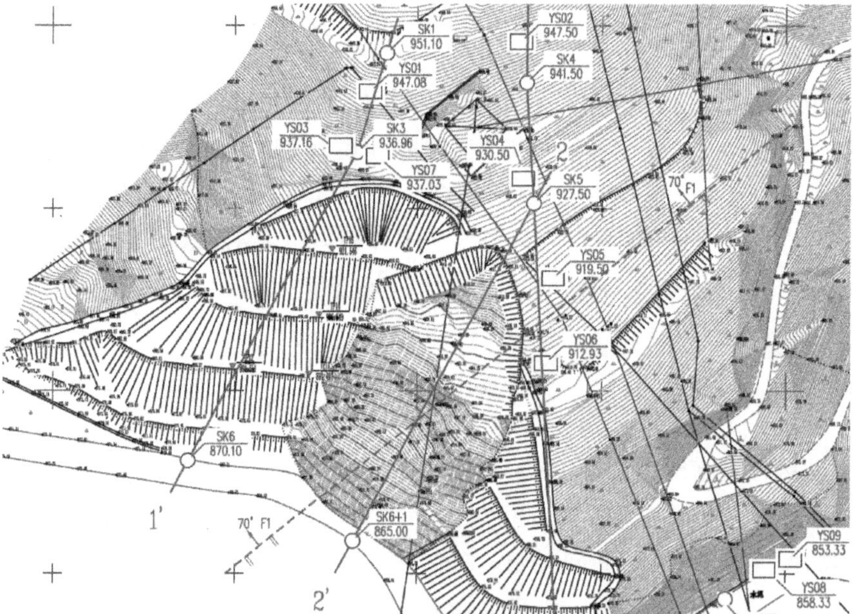

图 7.5 边坡及滑坡位置平面布置图(m)

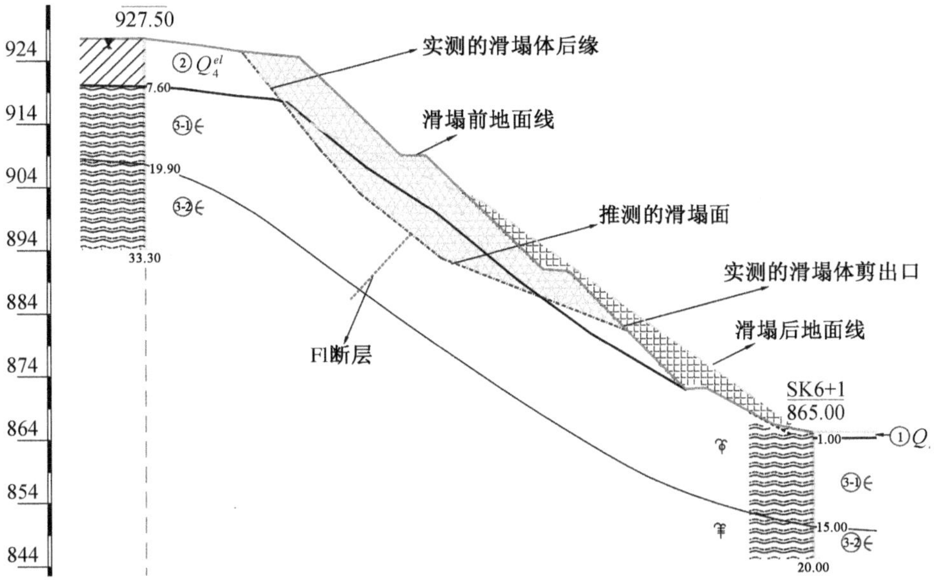

图 7.6　边坡典型剖面图(m)

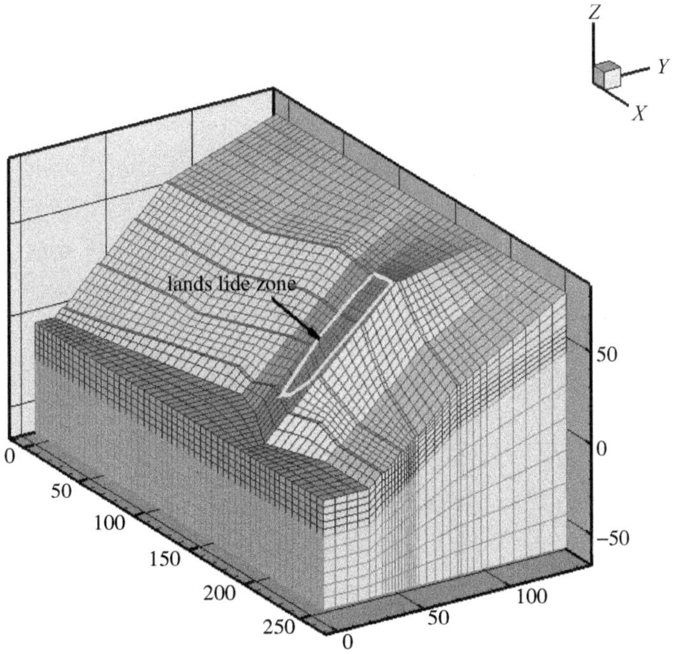

图 7.7　三维有限元模型(m)

7.3.6 计算参数

滑坡体的渗流计算中最重要的参数是渗透系数，饱和带的渗透系数通过试验测得，而非饱和带渗透系数主要通过实测的土水特征曲线，再结合室内试验及其经验值拟合而得。

本次计算的土水特征曲线采用 van-Genuchten 模型拟合，其中饱和度与吸力的关系为：

$$S_e=[1+(s/p_0)^n]^{-m} \tag{7-35}$$

式中：s 为吸力 (u_a-u_w)，假设土体中的孔隙气压等于大气压，则吸力等于负孔隙水压力，其中规定吸力最大不超过 10^4 kPa；p_0 为进气值；n、m 为曲线拟合参数，$m=1-1/n$；S_e 为有效饱和度，

$$S_e=\frac{S_r-S_{rw}}{S_{sw}-S_{rw}} \tag{7-36}$$

式中：S_{rw} 为残余水饱和度；S_{sw} 为土体的最大饱和度。

渗透系数随土水特征曲线变化采用 van-Genuchten-Mualem 模型拟合：

$$k_{rl}=\begin{cases}S_e^{1/2}[1-(1-S_e^{1/m})^m]^2 & S_w<S_{sw}\\ 1 & S_w\geqslant S_{sw}\end{cases} \tag{7-37}$$

式中：k_{rl} 为相对渗水系数，其中渗透系数为 $k=k_{rl}k_{\text{sat}}$，k_{sat} 为饱和渗透系数，当饱和度大于土体的最大饱和度 S_{sw} 时，则相对渗透系数等于 1，此时渗透系数为饱和渗透系数。根据试验结果，本次数值模拟所需的基本参数见表 7.1。

表 7.1 模型参数表

材料	比重 (g/cm³)	给水度 μ	e	S_{sw} (%)	S_r (%)	p_0 (kPa)	n	饱和渗透系数(cm/s)
黏土②	2.8	—	0.92	77	45	20	1.16	1.69e−5
全风化片麻岩③-1	2.85	—	0.83	85	45	10	1.13	5.0e−5
强风化片麻岩③-2	—	0.25	—	—	—	—	—	2.0e−6

7.3.7 初始条件

在滑坡之前，该地区前三年的降雨量较小，地下水位埋深较深。为尽可能使初始水位符合实际情况，本次计算取多年平均降雨量作为入渗降雨条件，取其稳

定水位作为初始水位，见图 7.8。

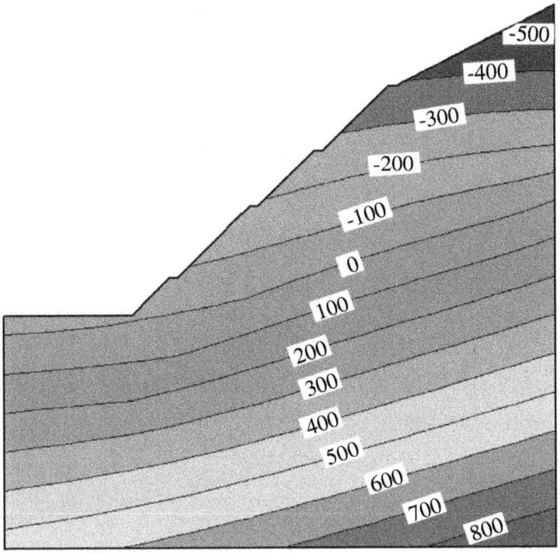

图 7.8 初始水头等值线图(m)

7.3.8 边界条件

鉴于该地区的滑坡往往发生在雨季，降雨为主要诱发因素，地下水补给类型主要为降雨补给，为全面分析该滑坡的自然状态下稳定特性，采用 2013 年降雨量最大的 8 月份的降雨量作为极端降雨条件下的渗流边界条件，见图 7.9。计算时，模型底面设为不透水边界；模型前后及两侧面边界设为零流量边界；模型表面设为降雨入渗边界。

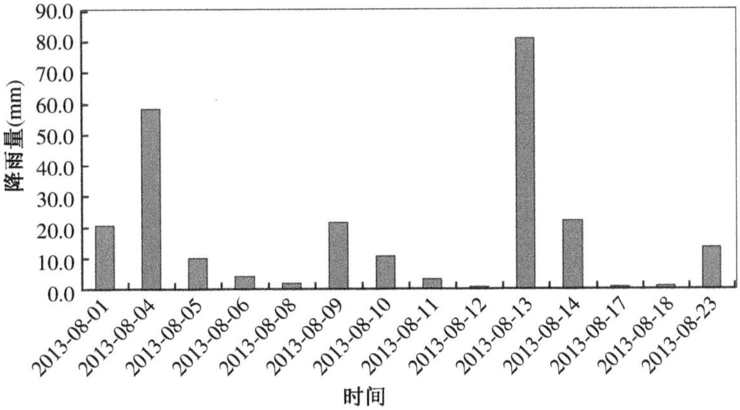

图 7.9 8 月逐日降雨量图

7.3.9 计算结果分析

考虑到降雨导致的滑坡滑弧位置主要位于表层②-1 黏土和③-1 全风化片麻岩中，因此，仅取该两层土体进行分析。图 7.10 为 8 月 23 日滑坡时边坡内的孔隙水压力及其相对于初始时刻(8 月 21 日降雨之前)的增量。由图 7.10(a)可见，经历 8 月份间断性的降雨之后，表层土体中的孔隙水压力明显增大，其中边坡坡脚处土体出现正的孔隙水压力，坡脚以上的坡表土体吸力也基本在 0～100 kPa 之间，这较初始时刻的吸力减小显著。由图 7.10(b)可见，降雨后的最大孔隙水压力增量位于滑坡区域的坡顶位置，增量最大值为 256 kPa，说明在该位置上的土体软化最为明显，所产生的土体湿化变形也最为显著，而在实际观测中，也是在该位置首先发现裂缝。因此，该计算结果一定程度上解释了坡顶首先出现裂缝现象的原因。

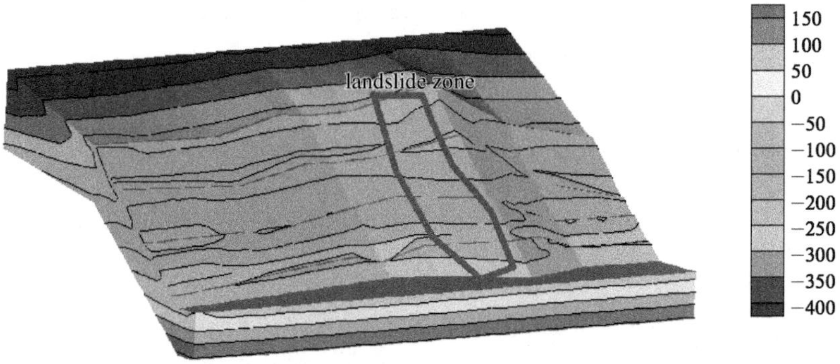

(a) 孔隙水压力(kPa)

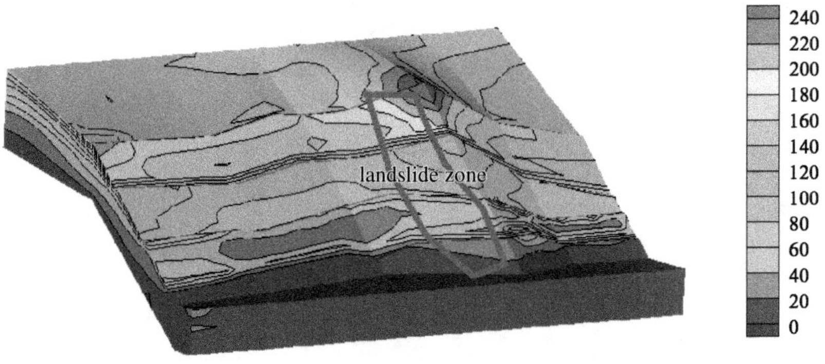

(b) 孔隙水压力增量(kPa)

图 7.10 8 月 23 滑坡时的孔隙水压力及其增量分布图

8 月份降雨集中在大中小雨之间，采用 24 h 降雨量划分强度方法，将日降雨量大于 30 mm 的降雨称为大雨，介于 10～30 mm 的为中雨，小于 10 mm 的为小雨。降雨特征及其对渗透性的影响直接关系到边坡坡体的稳定性，为此，下面截取滑坡区域处的典型断面对不同时刻降雨后的孔隙水压力、孔隙水压力增量以及含水率分布变化进行分析。

根据降雨实测资料，8 月 1 日的 24 h 降雨量为 20.4 mm，为中雨。图 7.11 为 8 月 1 日第一场降雨后的孔隙水压力、孔隙水压力增量以及含水率分布规律。可以看到，第一场降雨后，坡表的负孔隙水压力急剧增大，最大增量为 149.5 kPa。同时从孔隙水压力增量分布等值线可以看出，此时降雨入渗深度基本还处于表层②-1 黏土层中，对下部的③-1 全风化片麻岩影响还不是十分显著。含水率的分布规律基本与孔隙水压力一致，坡脚含水率大于坡顶含水率，边坡坡表含水率大于坡内含水率。

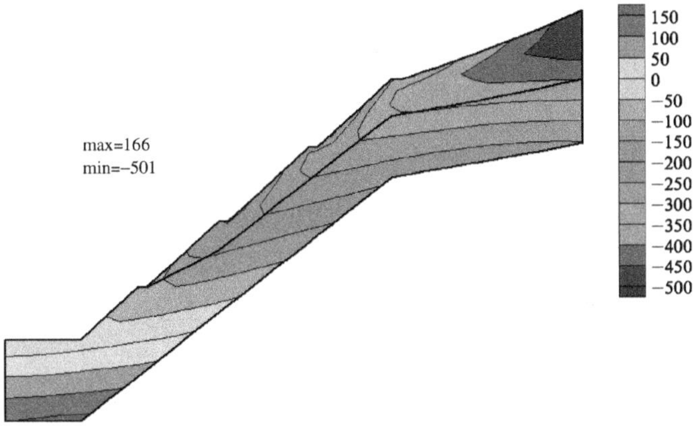

(a) 孔隙水压力(kPa)

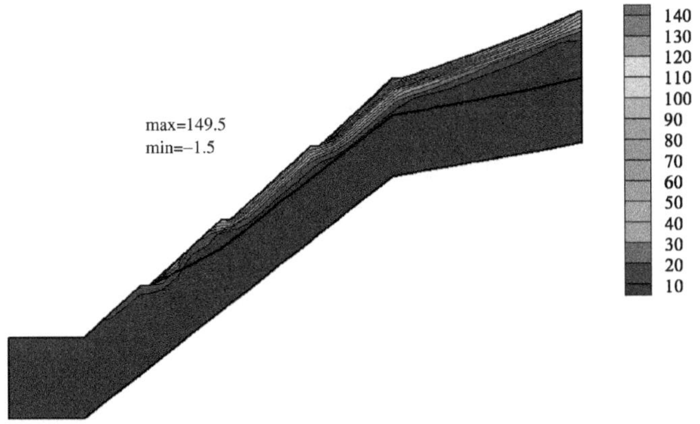

(b) 孔隙水压力增量(kPa)

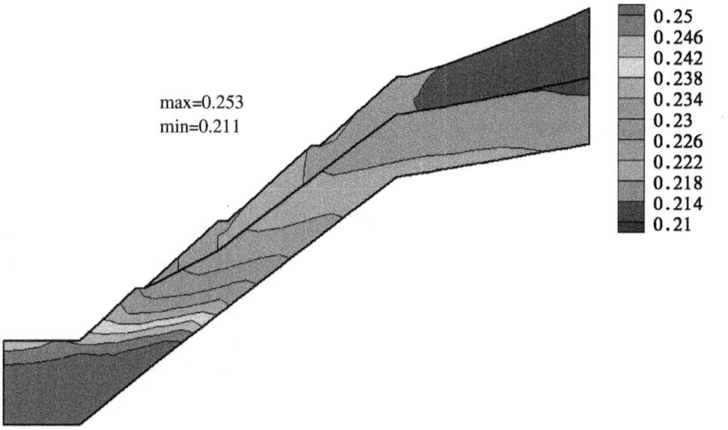

(c) 含水率(%)

图 7.11　8 月 1 日第一场降雨结束时孔隙水压力、孔隙水压力增量及含水率分布图

8 月 4 日开始第二场降雨，其 24 h 降雨量为 58.8 mm，为大雨。图 7.12 为 8 月4 日降雨 1 d 后的孔隙水压力、孔隙水压力增量以及含水率分布规律。可以看到，经历 8 月 4 日的强降雨之后，坡表的负孔隙水压力增大明显，最大增量为 317.5 kPa，这主要是由于该日平均降雨量 58.8 mm 远大于表层土体的饱和渗透系数(14.6 mm/d)，使得降雨无法及时入渗，仅仅对表层土体的影响显著。同时，随着时间的推移，之前降雨渗入坡表的雨水已有部分渗入到下部的③-1 全风化片麻岩层中。

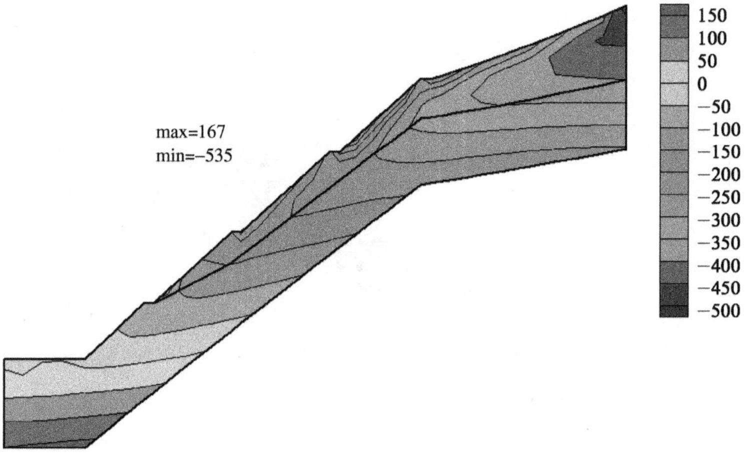

(a) 孔隙水压力(kPa)

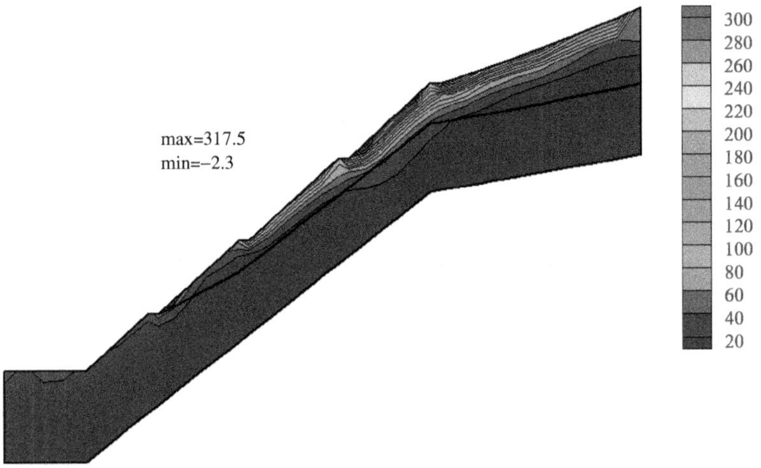

(b) 孔隙水压力增量(kPa)

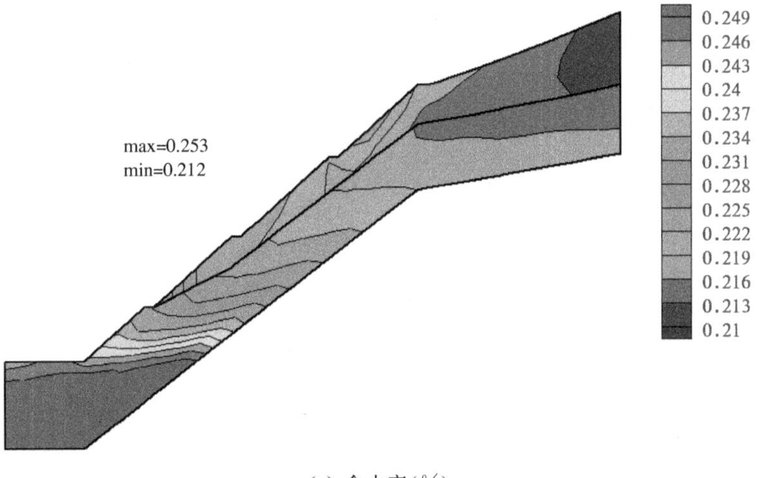

(c) 含水率(%)

图 7.12 8 月 4 日强降雨后孔隙水压力、孔隙水压力增量及含水率分布图

8 月 5 日—8 月 9 日之间为小雨及降雨间歇期,在此期间,降雨量小于表层黏土的饱和渗透系数,因此,降雨及前期降雨渗入表层土体中的雨水均往下入渗,从而使得表层土体中的孔隙水压力减小,吸力有所回升。

8 月 9 日的 24 h 降雨量为 21.5 mm,为中雨。图 7.13 为 8 月 9 日降雨 1d 后的孔隙水压力、孔隙水压力增量以及含水率分布规律。土体内部的最大吸力在前期降雨和本次降雨后已减小到 428.9 kPa,孔隙水压力增量较 8 月 4 日降雨后有所减小,但入渗范围明显增大,最大入渗深度已达到边坡坡表以下 30 m 左右。

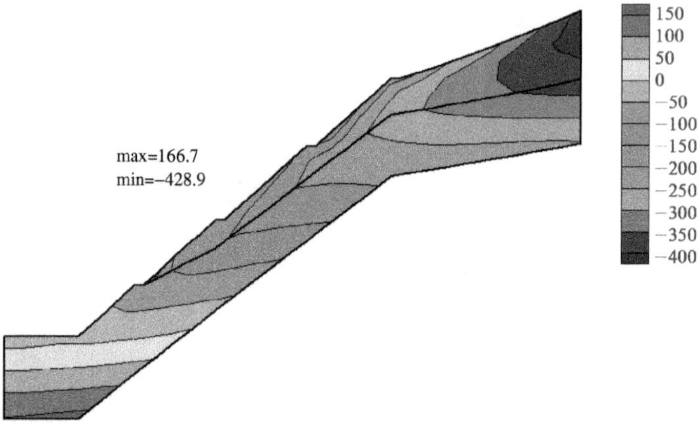

(a) 孔隙水压力(kPa)

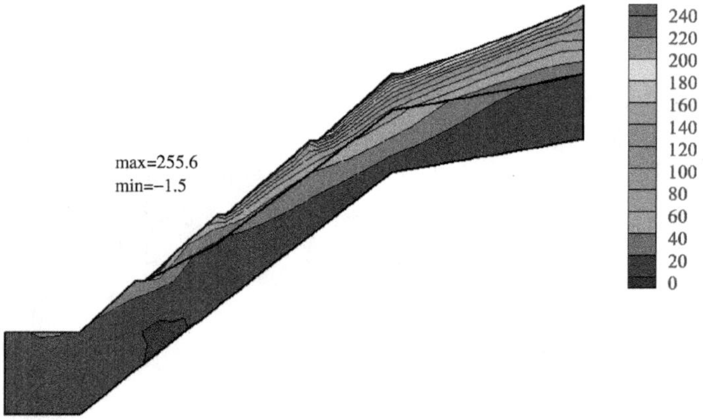

(b) 孔隙水压力增量(kPa)

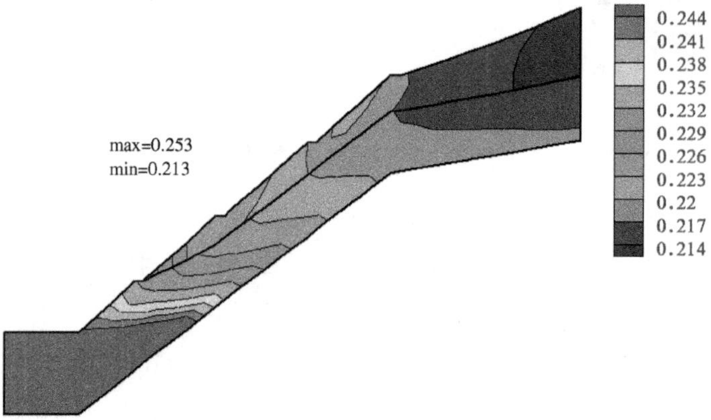

(c) 含水率(%)

图 7.13　8 月 9 日降雨结束时孔隙水压力、孔隙水压力增量及含水率分布图

8 月 13 日和 8 月 14 日连续两天降雨，其 24 h 的降雨量分别为 81 mm 和 22 mm，分别为大雨和中雨，其降雨强度均大于表层黏土的饱和渗透系数。由图 7.14 和图 7.15 可见，土体内部的最大吸力在这两次降雨后分别减小到 413 kPa 和 390 kPa，最大孔隙水压力增量分别为 312.4 kPa 和 318 kPa，入渗深度已进入强风化片麻岩层。

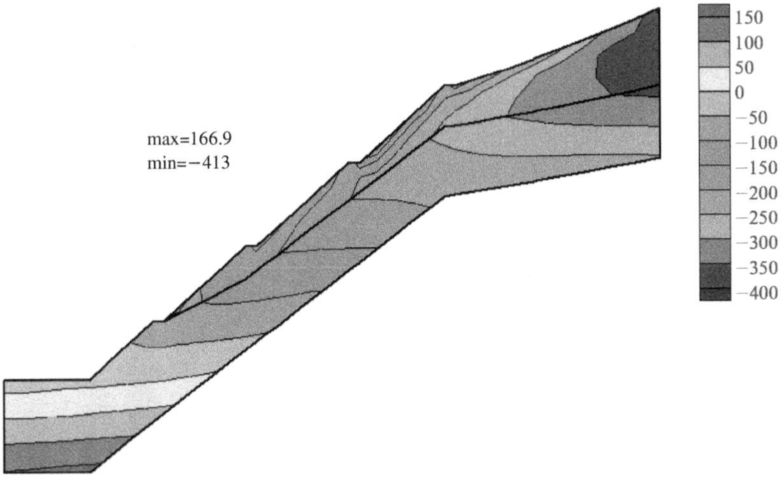

(a) 孔隙水压力(kPa)

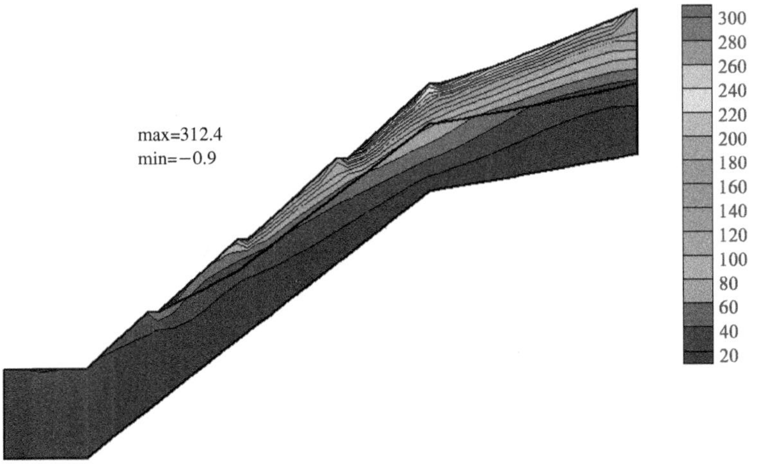

(b) 孔隙水压力增量(kPa)

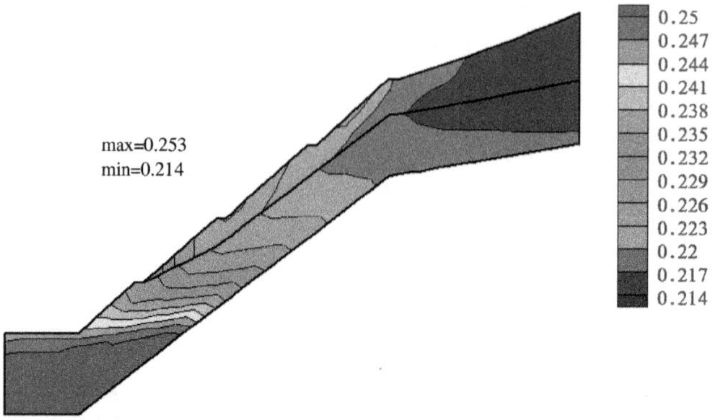

(c) 含水率(%)

图 7.14　8 月 13 日强降雨结束时孔隙水压力、孔隙水压力增量及含水率分布图

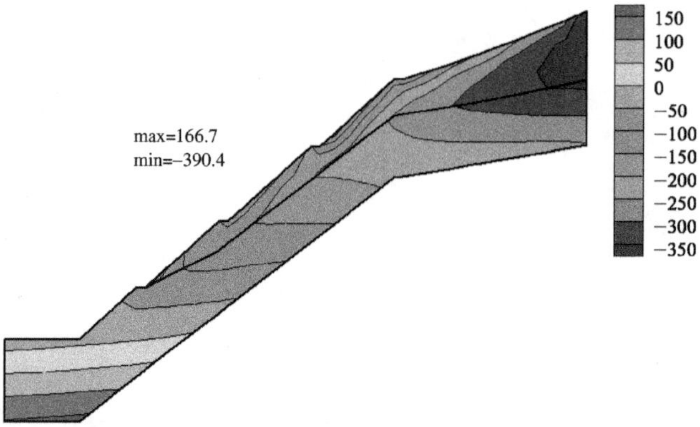

(a) 孔隙水压力(kPa)

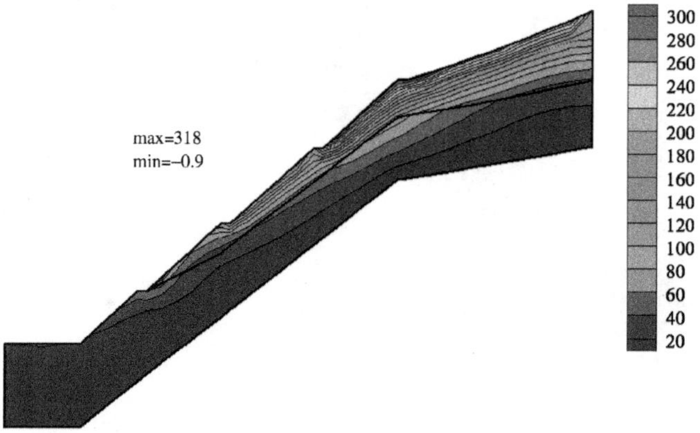

(b) 孔隙水压力增量(kPa)

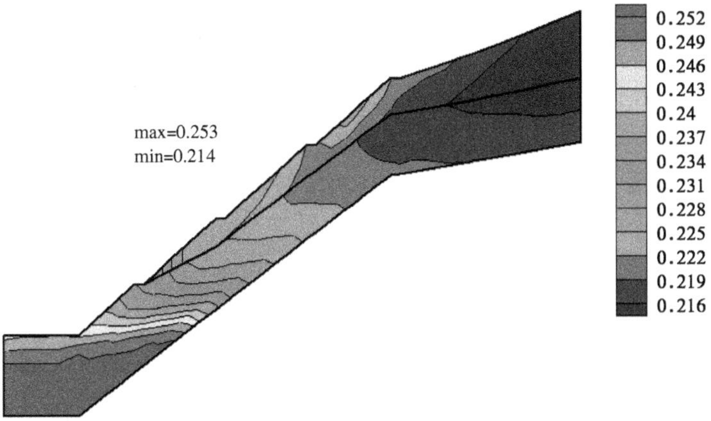

(c) 含水率(%)

图 7.15 8月14日降雨结束时孔隙水压力、孔隙水压力增量及含水率分布图

降雨入渗量与土体的渗透系数有关,而非饱和土的渗透系数取决于土体含水率,降雨入渗形成地下水的补、径、排过程伴随着土体的含水率分布的变化,体积含水率的变化又使得土体的饱和状态发生变化,这又使得基质吸力逐步失去作用,为了分析降雨过程中滑坡体的渗流特性,在滑坡体坡顶和中部的黏土层和全风化片麻岩土层分别设置了监测点,在坡脚的黏土层中也设置了监测点。

图 7.16 为自 8 月 1 日到 8 月 23 日之间不同部位监测点测定的孔隙水压力的变化曲线。可以看到,滑坡体坡顶、坡中以及坡脚黏土层中的孔隙水压力受降雨影响的变化幅度较大,其中坡顶处的最大,坡中和坡脚处的变化幅度明显减小,说

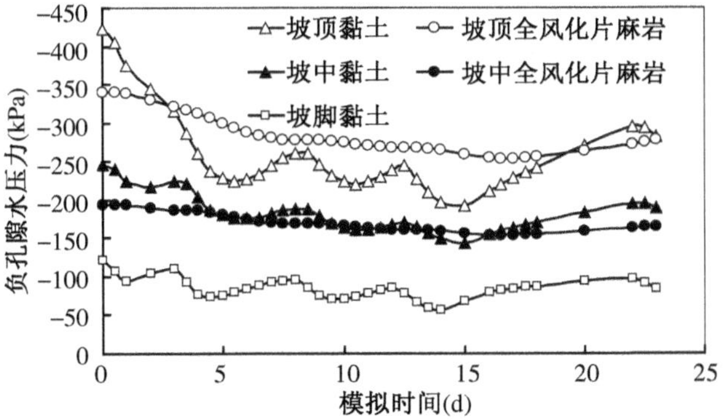

图 7.16 边坡表层不同部位孔隙水压力时变曲线图

明滑坡体饱和带是自坡顶往下逐渐扩展开。坡顶黏土中的孔隙水压力在 8 月 6 日之前一直呈增大趋势，而坡中和坡脚黏土中的孔隙水压力基本在强降雨阶段才明显增大，这是由于黏土层厚度自上而下依次减小造成的，这种分布形式也容易导致坡顶土体率先破坏。

坡顶和坡中全风化片麻岩中的孔隙水压力受外界大气影响不明显，其变化主要是由上部黏土层中的雨水下渗引起的，可见该土层中土体吸力在 8 月 1 日至滑坡当天呈缓慢减小的趋势，表明降雨时表层土体的吸力虽然大幅度减小，但该降雨对下部土层吸力影响具有滞后性。同时，这也解释了该水库边坡滑坡没有发生在降雨量最大的 8 月 13 日和 8 月 14 日，而是发生在中雨条件下的 8 月 23 号的原因。

7.4 降雨条件下边坡稳定分析

7.4.1 非饱和土强度计算参数

现场试验和室内试验表明表层黏土和全风化片麻岩在降水饱和后的强度明显降低，根据 Frelund 的非饱和土强度理论可知，这主要是由于土体的吸力降低所致。根据地勘资料和室内试验分析得到不同试验条件下场地主要岩土层力学参数如表 7.2 所示。

表 7.2 天然及饱和状态下场地主要岩土层力学参数表

岩土材料		黏土②	全风化片麻岩③-1	强风化片麻岩③-2
天然重力密度(kN/m^3)		17.3	18.2	22.6
饱和重力密度(kN/m^3)		17.8	18.8	23.0
天然状态取值	内摩擦角 φ (°)	17.0	23.0	28.0
	黏聚力 c (kPa)	45.0	47.0	50.0
饱和状态取值	内摩擦角 φ' (°)	16.0	18.0	28.0
	黏聚力 c' (kPa)	22.0	30.0	45.0

依据土水特征曲线得到天然含水率和饱和含水率以及对应的吸力，并根据 Frelund 的非饱和土强度理论公式，得到表层黏土和全风化片麻岩的计算参数如

表 7.3 所示。

表 7.3　非饱和土力学参数表

材料	黏土②	全风化片麻岩③-1
内摩擦角 φ' (°)	17.3	23
黏聚力 c' (kPa)	23.9	18
吸力内摩擦角 φ^b (°)	12.4	20

7.4.2　计算结果

图 7.17 分别为 8 月份雨季开始前、8 月 4 日和 8 月 5 日连续降雨结束时、8 月 17 日(8 月 13 和 8 月 14 日连续降雨结束后 3 d)的安全系数 F_s 以及最危险滑动面的分布位置。可见 8 月 1 日至 8 月 17 日的滑弧位置依次变浅，说明降雨引起的滑坡主要是浅层滑动。

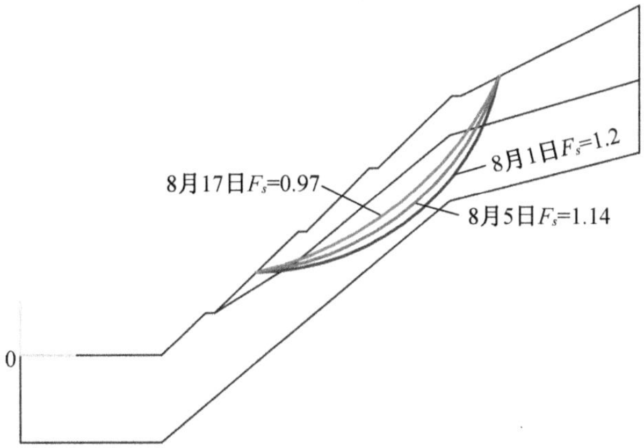

图 7.17　不同时刻的边坡最危险滑动面图

图 7.18 为 8 月 1 日至 8 月 23 日滑坡当日边坡安全系数的时变曲线，可以看到在 8 月 17 日之前，边坡的安全系数呈递减趋势，其中在 8 月 4 日第二场降雨开始之前，边坡安全系数减小较为缓慢，这主要是因为此时雨水还未渗入第二层全风化片麻岩内。随着 8 月 4 日和 8 月 5 日连续降雨结束之后，边坡安全系数在雨水向全风化片麻岩地层中入渗的作用下基本呈线性减小，在 8 月 10 日时减小到 1.05，此时边坡开始处于临界破坏状态。8 月 14 日时，边坡安全系数小于 1，边坡处于非稳定状态，且在 8 月 14 日降雨之后，安全系数继续减小，直至 8 月 17 日达到 0.97。之后，由于 8 月 11 日至 8 月 13 日处于降雨间歇期，此时渗入黏土层和

全风化片麻岩层中的水分在蒸发和排水释放的作用下，使得土体吸力有所增大，边坡安全系数回升至 1.02，但仍处于临界破坏状态。

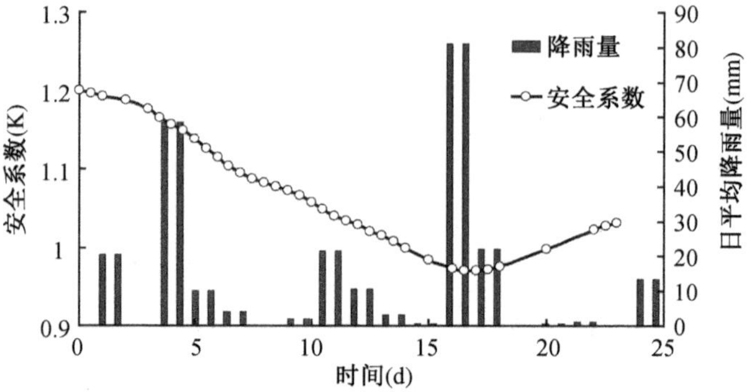

图 7.18　边坡安全系数时变曲线图

7.5　小结

本章建立了某水库大坝边坡滑坡有限元模型，开发了饱和-非饱和有限元计算程序，对降雨入渗条件下的某水库边坡的渗流和稳定性进行了分析：

(1) 阐述了非稳定饱和-非饱和渗流场数学模型，根据模型的数理方程及相应的定解条件，利用 Galerkin 加权余量法推导了数学模型的求解过程，获取了定解条件下的有限元求解格式。

(2) 通过对不同降雨条件下的稳定及渗流分析，深入了解了降雨入渗规律。计算结果表明，降雨对边坡的稳定作用影响明显。

(3) 滑坡区坡顶位置的吸力减小幅度最大，表明该部位土体容易产生较大的湿陷变形，从而增大裂缝产生的可能性，这与实际观测到破坏之前坡顶出现裂缝的现象符合。

(4) 全风化片麻岩层中土体吸力的变形明显滞后于外界大气环境的变化，在整个雨季中，该层土体的吸力在上层雨水的入渗下呈缓慢减小的趋势，这也是滑坡发生在强降雨结束后一段时间的原因。

(5) 边坡后缘表层黏土中的吸力降低幅度明显大于中缘和前缘处，且坡顶黏土层厚度大于中缘和前缘位置，滑坡体饱和带自坡顶往下逐渐扩展开。

(6) 降雨引起的滑坡为浅层滑坡，引发滑坡的主要原因为降雨后形成的地表滞水逐渐往深层全风化片麻岩层中入渗，导致该层土体强度逐渐减小，进而在后期降雨产生的雨水自重作用下促发了滑坡。

主要参考文献

[1] 白福青.土工袋处理膨胀土渠坡的试验研究与数值解析[D].南京：河海大学,2011.

[2] 严绍军.渗流对滑坡稳定性与变形影响过程研究[D].北京：中国地质大学,2007.

[3] 王世梅.基于非饱和土理论的滑坡稳定性分析方法及过程应用[D].武汉：武汉大学,2007.

[4] 马崇武.边坡稳定性与滑坡预测预报的力学研究[D].兰州：兰州大学,1999.

[5] Seboong O H, Ning L. Slope stability analysis under unsaturated conditions: Case studies of rainfall-induced failure of cut slopes[J]. Engineering Geology, 2015,184: 96-103.

[6] Jaehong K, Sangseom J, Richard A. Instability of partially saturated soil slopes due to alteration of rainfall pattern[J]. Engineering Geology, 2012, 147-148: 28-36.

[7] Huang C C, Lo C L, Jang J S. Internal soil moisture response to rainfall-induced slopes failures and debris discharge[J]. Engineering Geology, 2008,101: 134-145.

[8] 云南省电力设计院.某水库左岸边坡治理工程施工图设计阶段岩土工程勘察报告[R].2013.

[9] 云南省电力设计院.某水库工程左岸边坡治理工程初步设计阶段边坡治理专题报告[R].2013.

第 8 章 水库大坝滑坡漫顶溃决过程研究

在库水位变化、降雨及坝体排水系统失效等条件下，土石坝坝坡可能发生滑坡失稳，导致坝体断面大幅度减小或坝顶高程降低，继而形成初始溃口，导致大坝发生漫顶而溃坝，因此大坝滑坡漫顶过程研究主要包含坝坡稳定性分析和漫顶溃坝过程分析两个模块。本章结合沟后面板砂砾石坝溃坝案例(图 8.1)，主要对混凝土面板砂砾石坝滑坡漫顶溃决机理进行研究，建立了可合理模拟其溃坝过程的数学模型，编制了相应的计算软件，并采用沟后水库大坝溃决案例对数学模型的合理性进行了验证。

图 8.1 沟后面板砂砾石坝最终溃口

8.1 混凝土面板砂砾石坝滑坡漫顶溃决机理

8.1.1 坝坡稳定性分析方法

土石坝非稳定渗流状态下渗流场计算方法及边坡稳定性分析方法参考第七章内容。

当土石坝上游或下游坝坡发生滑坡失稳后，坝顶高程降低时，残余坝体将发生漫顶溃决，如图 8.2(a)所示；而当坝顶高程没有降低时，残余坝体仍会因受力条件急剧恶化，在上游库水荷载作用下发生剪切破坏并导致漫顶溃决，如图 8.2(b)所示。

库水荷载和滑坡后残余坝体的抗剪强度表达式如下：

$$P_w = \rho_w g h_w \sin\theta \tag{8-1}$$

$$\tau_f = c + \delta \tan\varphi \tag{8-2}$$

式中：P_w 表示库水压力；h_w 表示水深；θ 表示上游坡脚；δ 表示剪切面上法向应力；当 $P_w/A \geqslant \tau_f$（A 表示剪破面面积）时，坝体发生剪切破坏，形成初始溃口，导致残余坝漫顶溃决；ρ_w 为水密度；c 为黏聚力；φ 为内摩擦角。

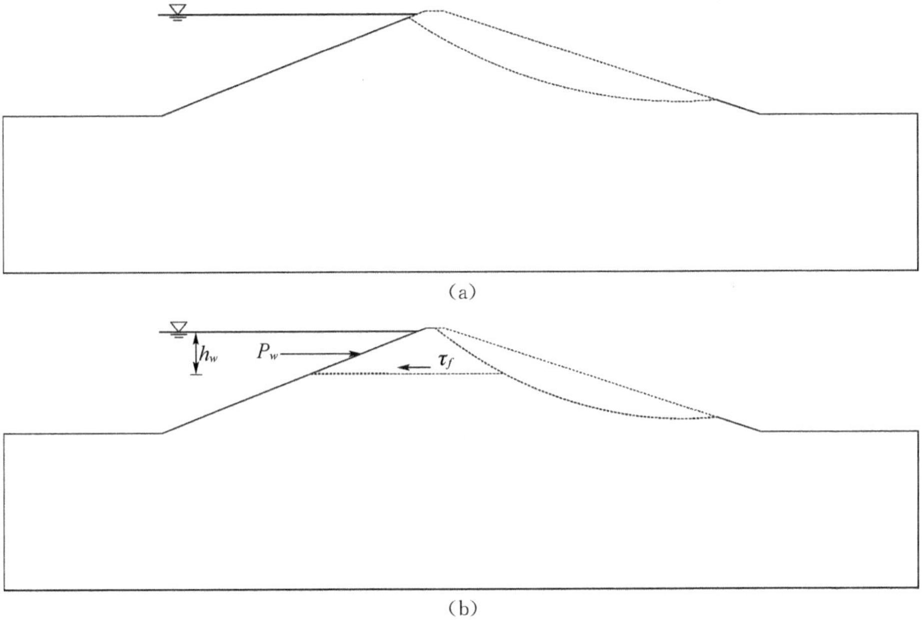

图 8.2　土石坝滑坡漫顶示意图

8.1.2　面板砂砾石坝漫顶溃决机理

大坝溃决机理由于涉及水文、地质、坝体材料性能、施工质量等诸多因素而尤为复杂，至今仍在探索过程中。但研究溃坝机理，对于了解大坝溃决发生、发展过程，掌握下游溃坝洪水演进规律，处置溃坝突发性洪水灾害，编制应急预案，发布洪水预警，组织撤离与逃生，实施紧急救援等，均具有十分重大的意义。由于土石坝自身的特点，其溃坝概率较其他坝型更大，且其溃决机理尤为复杂，因此研究重点在于土石坝溃决机理及其溃口发展过程。

尽管溃坝问题研究主要以数值模拟及历史资料统计分析为主，但物理模型试验仍是研究溃坝问题不可或缺的技术手段。溃坝模型试验成果不但可以弥补溃坝历史资料在数量及可靠性上的局限，亦可为数值模拟提供验证数据，并在溃坝机理研究方面具有上述两种手段无可比拟的优越性。土石坝溃决机理试验研究主要采用室内水槽试验和少数的大尺度试验，其中最具有代表性的是欧盟IMPACT项目资助的溃坝模型试验[1-2]和美国农业部农业研究中心（USDA-ARS）开展的溃坝模型试验[3]，以及南京水利科学研究院开展的世界上坝高最大的原型坝溃坝试验（坝高 9.7 m）[4]。上述试验主要针对均质坝或心墙堆石坝开展，而面板坝的溃决试验相对较少。面板坝的溃决机理与其他坝型存在明显不同，混凝土面板的破坏将参与溃坝的全过程，如图 8.3 所示。目前国内外关于面板坝溃决机理的试验研究主要有南京水利科学研究院开展的沟后面板坝溃决模型试验[5]、面板坝溃坝离心模型试验[6]以及 MÁ Toledo 等[7]开展的面板坝溃决水槽试验。

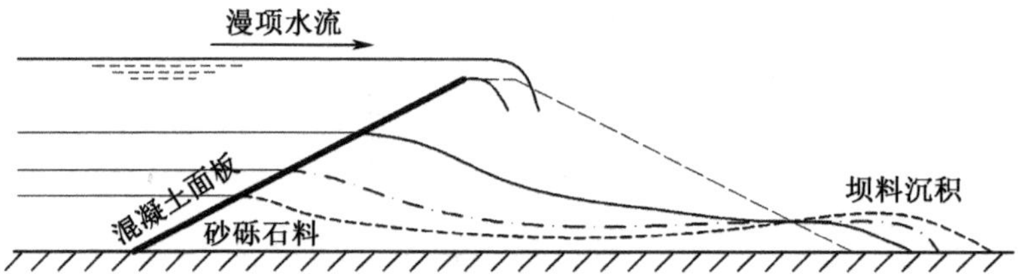

图 8.3　混凝土面板砂砾石坝漫顶溃坝过程示意图

1993 年 8 月 27 日，位于青海省共和县黄河支流恰卜恰河上的沟后面板砂砾石坝发生溃坝事故，造成了巨大的生命财产损失。事故发生后，南京水利科学研究院胡去劣等[5]针对沟后面板砂砾石坝破坏机理及溃决过程开展了相关的模型试验，主要包括溃口的局部模型试验及溃决过程的半整体模型试验。模型试验的目的在于通过溃决过程的演示，加深对面板坝溃决机理、溃决方式及过程特点的认识，同时也为溃决过程的计算奠定基础。

溃口局部模型试验是在宽 0.4 m 的玻璃水槽内进行的，截取原型宽 16 m 的坝段缩至局部模型，模型比尺为 1∶40，试验为模拟面板溃口形状对水流的影响，把面板端部分割为 3 个台阶。为模拟溃坝非恒定流，把水头从高到低分为 5 组，按恒定流进行试验。试验中测量了面板所承受的动水压力、溢流流态及流量系数等，为面板受力分析和溃决过程流量计算提供了依据。溃决过程半整体试验在宽 0.8 m 的玻璃水槽内进行，按重力相似设计，正态模型，比尺为 1∶75。模型设计中除遵守一般的水工模型相似准则外，还考虑了泄量过程演变、面板结构及砂砾石料的相似，为力求满足上述的相似条件，试验中采用了系列模型试验逐步逼近法，共进行了 8 组试验。

试验结果表明，溃决过程中，下游坝体形成陡坡渠道，无明显局部深坑，是水流冲刷与边坡滑动共同作用的结果。水流经面板头部抛射跌落或以涌波形式过渡为陡坡明渠流，是沟后溃坝的基本流态。从试验中还可以发现，在坝顶止水失效或其他原因造成漫顶侵蚀形成初始溃口后，在溢流作用下，下游坝体受到冲刷，而在面板下方被覆盖的堆石体，虽未受到水流直接冲刷，但是随着坝体冲刷加深，残存部分将形成局部坍塌，面板顶部形成临空悬臂，在溃坝下泄水流中如同倾斜的薄壁堰；悬臂当发展到一定的长度后折断，流量随即加大，冲蚀加剧，之后多次重复上述过程，直到最终溃口形成。堰顶水头是计算泄流量及溃口流速等的主要参数，当下泄流量大于入库流量时，库水位随溃决过程不断下降，处在相对稳定时刻的面板顶高程未变，故其上的水头相应地减少。然而，在面板折断的瞬时，面板顶突然降至新的高程，此时的堰顶水头也就急骤增大。由此可见，溃坝水流参数随着面板折断的变化有一定的阶段性或周期性[5,8]。

为了探讨面板砂砾石坝漫顶溃决机理，Toledo 等[7]开展了面板砂砾石坝的漫顶溃决过程试验，试验坝体参数如表 8.1 所示，砂砾石坝料参数如表 8.2 所示。在试验中可以发现，上游面板的破坏过程是逐步发展的，与之伴随的是溃口流量过程的不断变化。模型在一定的流量冲刷下，下游坡支撑面板的坝料逐步被冲刷，当冲刷达到一定量时，面板逐步悬空并产生破坏，进而产生瞬时溃坝洪水。当这部分的水下泄后，下游坡其他区域的坝料又被冲走，使得面板再次逐渐发生悬空，当面板难以承受水荷载及其他荷载时，面板将再次发生破坏，溃坝洪水再次发生，此过程将重复发生直至面板达到难以破坏的程度。图 8.4 给出了试验中观察到的面板坝破坏过程。从图 8.4(a)可以看出，面板出现悬空，面板下方相当一部分坝料被冲走；从图 8.4(b～e)可以看出，面板第一次发生折断，水头骤增，冲蚀大量堆石料，面板再次悬空；从图 8.4(f～k)可以看出，面板第二次折断，面板下方及下游坝坡大量坝料被冲走，面板再次悬空；从图 8.4(l～p)可以看出，面板第三次折断，大量坝料被冲走。整个试验过程中面板一共折断了 4 次，面板每次折断的长度分别为 8.7 cm、13.4 cm、11.8 cm 及 13.0 cm，平均值为(11.73±2.13)cm。

表 8.1 试验坝体参数

坝高(m)	0.67
坝顶宽(m)	0.14
上游坝坡(V∶H)	1∶1.5
下游坝坡(V∶H)	1∶1.5
面板厚度(mm)	6.3

表 8.2 试验所用砂砾石坝料主要参数

中值粒径 d_{50}(mm)	12.5
干重度(kN/m³)	14.3
饱和重度(kN/m³)	18.3
孔隙比	0.69
孔隙率	0.41

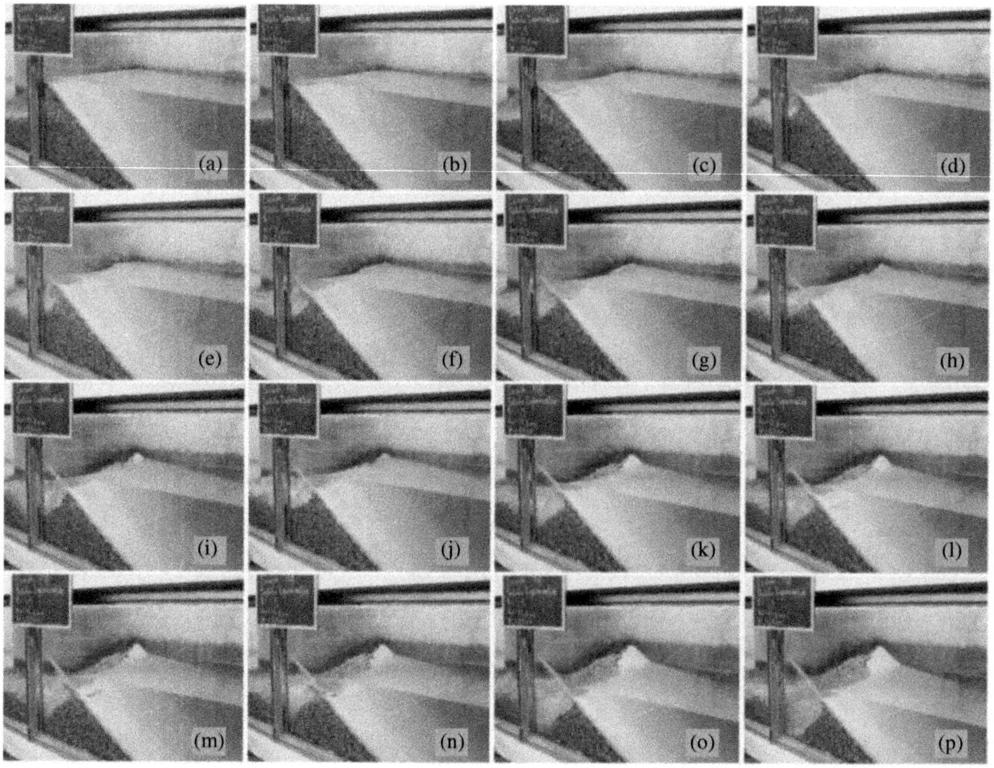

图 8.4 面板逐渐破坏过程

为有效解决小比尺溃坝试验的尺寸效应问题和大比尺溃坝试验的场地难寻、耗时长、成本高和风险大等问题，陈生水等[9]基于离心机的“时空压缩效应”，研发了一套土石坝溃坝离心模型试验系统。利用该系统研究了原型 19.0 m 高面板砂砾石坝的漫顶溃决机理与溃坝过程。试验模型坝高为 38.0 cm，坝体上游和下游坡坡比为 1∶1.6，坝顶中部预留缺口宽 2.0 cm，深 1.0 cm，坝壳料密度 2.24 g/cm³，无黏聚力，内摩擦角 48.1°，坝料中值粒径 d_{50} =3.5 mm，根据离心模型试验系统的相似比关系，选择厚度为 1.0 cm 的石膏板模拟混凝土面板，试验离

心加速度 $50g$。试验过程录像显示，面板坝形成初始溃口后，随着库水的冲蚀，下游坝体高程虽然在不断降低，但面板在尚未冲毁的下游坝体支撑下，仍起着挡水作用，此时水头并未因下游坝体高程降低而增加。只是随着水流对支撑面板下游坝体的冲蚀，当面板悬空长度过大，无法承受自重和水荷载共同作用而折断时，水头才突然增大，相应地，溃口流量急剧增大。面板坝的溃坝过程实际上是上述过程的多次重复。

8.1.3　面板砂砾石坝溃口发展过程

基于面板坝溃坝试验及沟后面板砂砾石坝溃决案例调查所揭示的溃决机理，可以发现混凝土面板砂砾石坝漫顶溃决过程是以表层冲刷为主，坝体漫顶破坏溃口发展过程主要由“水流冲蚀引起的连续纵向下切和横向发展”、“溃口边坡失稳坍塌横向扩展”以及“混凝土面板的间歇性折断”组成，因此面板坝的整个漫顶溃决过程可以分为 4 个阶段，在初始时刻假设坝顶防浪墙已倒塌，坝顶表面存在一个初始溃口，$t=t_0$ 时刻，水流从坝顶初始溃口流过，溃决过程开始，如图 8.5 所示。

第一个阶段，在 $t_0<t<t_1$ 时间内，当上游水位略高于坝顶高程时，水流开始漫溢。由于漫顶水流的持续冲刷，初始的纵向侵蚀开始于大坝的下游侧，坝顶及上游坡的冲刷微弱，水面基本和坝体表面平行；下游坝坡逐渐冲刷至上游坝坡侧，但由于面板的遮挡，溃口流量变化不大，溃口高程下降速度缓慢。随着库水的冲蚀，下游坝体高程持续降低，同时溃口边坡保持临界角向两侧扩展，但面板在尚未冲毁的下游坝体的支撑下仍起着挡水的作用，此时水头并未因下游坝体的高程降低而增加。随着水流对支撑面板下游坝体的冲蚀，面板的悬空长度不断增大，在 $t=t_1$ 时刻，面板无法承受自重以及水荷载共同作用而发生折断，这时水头突然增大。

第二个阶段，在 $t_1<t<t_2$ 时间内，由于水头突然增大，溃口流量和流速激增，溃口处发生剧烈冲刷，面板下方溃口急速下切和边坡横向坍塌持续发展；坝料颗粒同时以推移质和悬移质运动，当面板悬空长度达到临界值时，面板继续发生折断，上述过程不断重复发生，溃坝流量在 $t=t_2$ 时刻达到最大，水面与坝体表面不平行。

第三个阶段，在 $t_2<t<t_3$ 时间内，溃口流量逐渐减小，坝体表面的侵蚀速率同时降低。随着库水下泄以及坝顶高程的降低，上下游水头差逐渐减小，坝体材料的侵蚀速度与水流流量以及筑坝材料的抗冲刷性能有关。

第四个阶段，在 $t_3 < t < t_4$ 时间内，溃口形态逐渐趋于稳定。随着库水的下泻，溃口水流的冲蚀能力逐渐减小，当溃口水流的冲蚀能力小于坝体材料的起动流速或水库水位小于面板顶部高程时，冲刷结束，溃口停止发展，溃口流量趋于平稳。

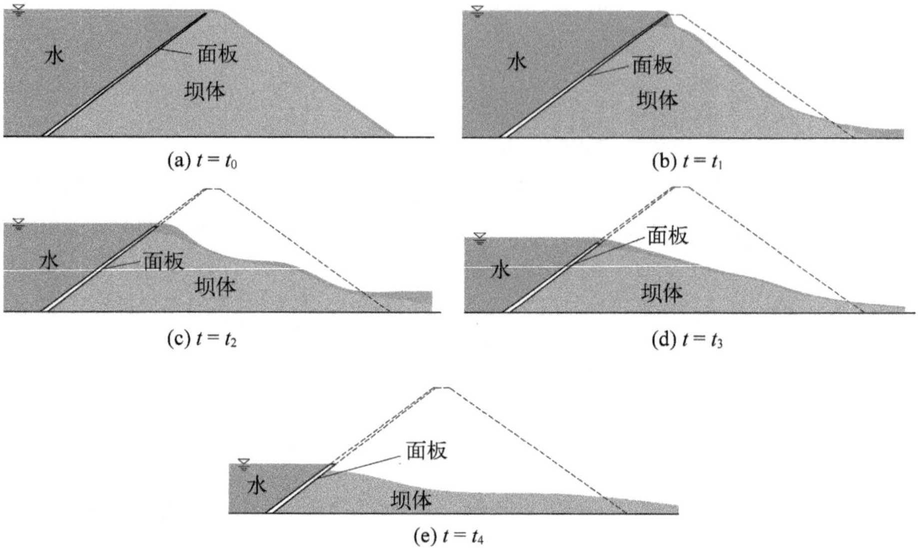

图 8.5　溃口发展过程示意图

8.1.4　影响溃口发展过程的主要因素

影响坝体溃口发展的因素大致可以分为内部因素和外部因素两种。内部因素主要与坝体自身的特性有关，决定了坝体材料的抗冲刷能力和抗剪强度；外部因素主要与水流运动有关，表现为水流的冲刷力。对于混凝土面板砂砾石坝来说，影响溃口发展的主要因素有：

（1）筑坝材料的种类。筑坝材料的不同对于溃决过程有着不同影响，对混凝土面板砂砾石坝来说，其筑坝材料主要为砂砾石料，部分填筑区域采用开挖爆破料，都属于非黏性填筑材料，一般表现为较为急剧的冲刷，溃决速度较快，主要的冲刷形式为持续的表面冲刷，溃口冲刷过程与坝料粒径有很大的关系。然而，爆破料是有棱角的材料，咬合力较大，易于排水，属于难冲蚀性材料，而砂砾石是浑圆形的，易于滚动，且砂砾石在施工过程中易产生粗、细颗粒分离的现象，相较于爆破料更易冲蚀。因此不同分区的坝体在不同位置处的冲蚀情况可能不同。

（2）大坝的构筑状况。筑坝材料的物理状态对溃口发展的过程存在一定的影响，即使采用相同的筑坝材料，但土石料的压实度和含水率不同，溃口的发展过程也存在巨大的差别。Vaskinn 等[1,10]在试验中发现，由于密实度和含水率的差别，非黏性坝料溃口发展过程甚至出现了与研究者传统预期相反的现象。这是由于土石料的含水率很低时，堆积土石料呈固态或者半固态，土体抗剪能力较差，土粒之间比较松散地结合在一起，抗冲刷能力差；当含水率增加到一定值时，土体周围有弱结合水存在，土体呈塑性状态，土体受外力形状容易改变，外力消失后形状保持不变，此时土体的抗冲刷性能最佳；含水率继续增大，土中除结合水外，还有相当数量的自由水，土体呈液态，不能承受任何剪应力，抗冲刷性能很差。土体压实度受土体类别、土颗粒级配、土体含水率以及压实功的影响。在一定的压实功作用下，土体达到最大密实度时的含水率为最优含水率。另外，压实功越大，则土体越密实。通常情况下土石体越密实，则坝料的抗冲刷性能就越强。

(3) 坝体的形态与结构。坝体的坡度（包括临水侧以及背水侧坡度）存在差异，坡度越缓，坝体越稳定，越不容易发生坍塌，溃口发展则相对越慢。混凝土面板砂砾石坝坝体下游的块石护坡等岸坡防护措施以及防渗设施可能对溃口发展和形式有影响，一般可以延缓坝体的破坏。

(4) 混凝土面板的承载能力及布设方式。面板在坝体溃口发生一定程度的冲蚀后仍能发挥挡水的作用，因而将影响溃口发展过程及溃口流量。面板的最大悬空长度是与混凝土面板的抗弯承载力相关的，当混凝土面板较薄或抗弯承载力较低时，面板每次的折断长度较短，进而使得面板折断时突然增大的溃口水头减小，因此，承载能力较低的混凝土面板所造成的溃口流量激增要比承载能力较高的混凝土面板次数多，但瞬时激增流量较小。面板坝特别是高面板坝的每块混凝土面板的宽度和长度并不是完全相同，并且每块面板之间一般采用止水材料进行连接，止水材料的承载能力较弱，与混凝土面板本身的承载能力相比，一般可以忽略，因此每块面板的受力折断过程可以看作是单独发生的，混凝土面板的宽度将影响单块面板的折断过程，进而对溃口发展和溃口流量产生一定的影响。

(5) 水力荷载的种类及大小。溃口发生后，其发展过程主要取决于水流冲刷力与坝体材料抗冲刷能力之间的对比。因此，水流的作用力是影响溃口展宽速率的主要外部因素。当水流的床沙质含量低于水流挟沙力时，水流就有冲刷溃口底部和边坡的能力。并且纵向水流流速越大，边壁处黏滞切应力也越大，水流中的涡体对溃口处泥沙的输移作用也就越强。水流强度主要与水深和比降相关，持续的水位条件和变动水位条件对坝体的溃口发展过程影响也不尽相同。

8.2 混凝土面板砂砾石坝漫顶溃坝数学模型

混凝土面板砂砾石坝初始溃口形成后的漫顶溃决过程涉及非恒定水流运动、宽级配砂砾石坝料的运移、溃口的展宽下切以及混凝土面板的间歇性折断。本节采用有限体积法建立了动床条件下溃坝水流的水砂耦合模型,考虑砂砾石料密度和底床变形对水流运动的影响,模拟溃口水流的非恒定流动;采用不平衡全沙输移方程和底床变化方程,计算全级配砂砾石坝料的运移过程及溃口发展过程;对单块混凝土面板在漫顶溃决过程的受力状况进行分析,模拟每块混凝土面板在坝体溃决过程中的间歇性折断过程。

8.2.1 溃口发展过程模型

在砂砾石坝溃口水流运动过程中,水流会携带大量的砂砾石料,通常会对溃口底床造成剧烈的冲刷和侵蚀,甚至造成溃口边坡失稳坍塌等现象,导致短时间内溃口发生较大的变形。因此,在该过程中,不但存在水波的运动和急缓流的交替变化,同时砂砾石料颗粒之间的相互作用、水流中砂砾石料浓度的变化以及溃口底床的急剧变化都会对水流的运动带来重大影响。本节建立考虑溃坝水流、砂砾石料和溃口底床变形三者相互作用关系的动床溃口水流模型更符合实际,即数学模型中需充分考虑溃坝水流中砂砾石料含量变化和底床变形对水流运动的影响。考虑溃坝水流、砂砾石料和溃口底床变形三者相互作用的控制方程[11]为:

$$\frac{\partial(\rho A)}{\partial t}+\frac{\partial(\rho Q)}{\partial x}+\rho_b\frac{\partial A_b}{\partial t}=0 \tag{8-3}$$

$$\frac{\partial(\rho Q)}{\partial t}+\frac{\partial}{\partial x}\left(\frac{\rho\beta Q^2}{A}\right)+\rho g A\frac{\partial z_s}{\partial x}+\frac{1}{2}gAh_p\frac{\partial\rho}{\partial x}+\rho g A S_f=0 \tag{8-4}$$

式中:t 为时间变量;x 为水平横向坐标;$\rho=\rho_f(1-C_t)+\rho_s C_t$,表示水砂混合物的密度,$C_t$表示砂砾石料体积分数,$\rho_f$ 表示水的密度,ρ_s 表示砂砾石料的密度;ρ_b 表示溃口底床水和砂砾石料混合物密度,$\rho_b=\rho_f p'_m+\rho_s(1-p'_m)$,$p'_m$ 为溃口底床砂砾石料孔隙率;A 表示过水断面面积;Q 表示流量;A_b表示溃口断面底床面积;z_s表示水面高程;g 是重力加速度。如图 8.6 所示,$h_p=\int_0^B h_{2d}^2\mathrm{d}y/A$ 为水流断面平均深度,其中 h_{2d}表示局部水流深度;β 是断面水流非均匀性引起的动量修

正系数，一般表示为 $\beta=\iint_A u^2\mathrm{d}A/(AU^2)$，其中 u 为断面局部流速，S_f 是摩阻坡度，表示为 $S_f=M^2Q|Q|/(A^2R^{4/3})$，R 是水力半径，M 是曼宁系数。方程(8-3)左侧第三项考虑了底床急剧改变对水流量变化的影响，方程(8-4)通过引入水和砂砾石料混合物的密度 ρ 来考虑砂砾石料浓度在时空上的变化对水运动动量变化的影响。

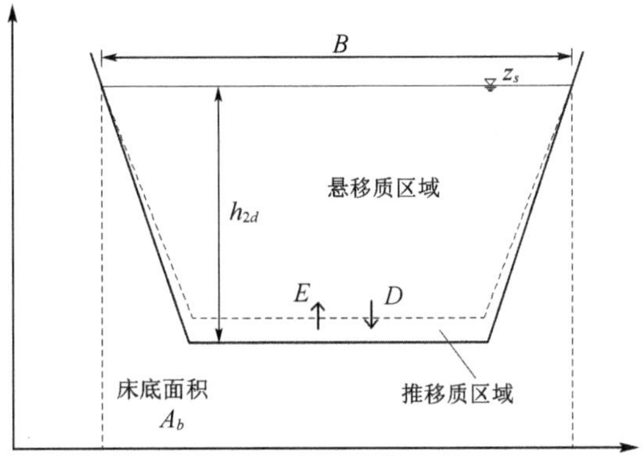

E—冲刷；D—沉积；B—溃口宽度

图 8.6　溃口断面示意图

溃坝水流是一种高流速的非恒定流，传统的局部平衡输沙模型和恒定流输沙公式并不适用，必须采用不平衡(非饱和)输沙模型。一般情况下，混凝土面板砂砾石坝采用的坝料级配较宽，在溃口发展过程中，宽级配砂砾石坝料的运移以推移质和悬移质两种形式运动，因此本节将坝料分为悬移质和推移质，分别建立泥沙运移方程进行计算。

由于砂砾石坝料多为卵、砾石挟沙物质，颗粒粗，级配较宽，不同粒径的坝料在一定的非恒定水流的作用下的运动方式可能不同，有的小粒径坝料可能被冲刷，而大颗粒坝料可能会沉积，进而形成粗化保护层，因而在模拟过程中必须充分考虑宽级配砂砾石坝料的输移特性。

宽级配砂砾石坝料可以分为数量为 N 的不同粒径组，假设不同粒径组泥沙在运动过程中的相互作用是可以忽略的，且每粒径组的冲刷运动过程与相同粒径均匀沙相同。因而可以先求出每粒径组泥沙的可能输沙率，再与该粒径组泥沙在床沙中的级配相乘得到实际该粒径组泥沙的输沙率，进而得到宽级配坝料的总体输沙率。对于每粒径组坝料，其悬移质非平衡输移方程为：

$$\frac{\partial}{\partial t}\left(\frac{AC_k}{\beta_{sk}}\right)+\frac{\partial(AUC_k)}{\partial x}=\alpha\omega_{sk}B(C_{*k}-C_k) \tag{8-5}$$

式中：α 是泥沙恢复饱和系数，反映了悬移质泥沙不平衡输沙时含沙量向挟沙力靠近的速度；ω_{sk} 为泥沙沉降速度；β_{sk} 是悬移质运移速度与水流速度之间的修正系数，可以表示为悬移质速率与水流速率之比 $\beta_{sk}=U_{\text{sedk}}/U$，$U_{\text{sedk}}=\int_{\delta}^{h}u_s c\,\mathrm{d}z/\int_{\delta}^{h}c\,\mathrm{d}z$，对于细颗粒泥沙可以忽略，数值取为 1，对粗颗粒泥沙需进行考虑；C_k 表示 k 组粒径泥沙真实悬移质输沙浓度；C_{*k} 表示 k 粒径组泥沙平衡状态时悬移质输沙浓度，表示为：

$$C_{*k}=p_{bk}C_k^* \tag{8-6}$$

式中：C_k^* 表示悬移质中 k 粒径组泥沙的可能平衡输沙浓度，可使用考虑遮蔽和暴露效应的等效粒径为 d_k 的均匀沙平衡悬移质输沙浓度来表示；p_{bk} 为泥沙可动系数，通常使用混合层中 k 粒径组泥沙的级配来表示。

推移质运动方程为：

$$\frac{\partial}{\partial t}\left(\frac{Q_{bk}}{U_{bk}}\right)+\frac{\partial Q_{bk}}{\partial x}=\frac{1}{L}(Q_{b*k}-Q_{bk}) \tag{8-7}$$

式中：Q_{bk} 表示为 k 组粒径泥沙真实推移质输沙率；L 是泥沙调整长度，即泥沙非平衡输移到平衡输移所需要的长度；U_{bk} 表示推移质运动速率，可用 Rjin (1984) 经验公式[12]表示：

$$U_{bk}=1.5T_k^{0.6}\sqrt{(\rho_s/\rho-1)gd_k} \tag{8-8}$$

其中：T_k 为无量纲的附加床沙剪应力或输移级数，表示为：

$$T_k=(U'_{*k}/U_{*crk})^2-1 \tag{8-9}$$

其中：$U'_{*k}=Ug^{0.5}/C'_{hk}$ 是与颗粒粗糙度相关的有效床沙剪切速度；$C'_{hk}=18\lg(4h/d_k)$；U_{*crk} 是 k 粒径组泥沙临界起动流速。

Q_{b*k} 表示 k 粒径组泥沙平衡状态时推移质输沙率，表示为：

$$Q_{b*k}=p_{bk}Q_{bk}^* \tag{8-10}$$

其中：Q_{bk}^* 表示推移质中 k 粒径组泥沙的可能平衡输沙率，可以使用考虑遮蔽和暴露效应的等效粒径为 d_k 的均匀沙平衡推移质输沙率来表示。

推移质可能平衡输沙公式采用 Rijn (1984)[12]公式计算：

$$Q_{bk}^*=\begin{cases}0.053[(\rho_s/\rho-1)g]^{0.5}d_k^{1.5}T_k^{2.1}/D_{*k}^{0.3} & T_k<3\\ 0.1[(\rho_s/\rho-1)g]^{0.5}d_k^{1.5}T_k^{1.5}/D_{*k}^{0.3} & T_k\geqslant 3\end{cases} \tag{8-11}$$

其中：$D_{*k}=d_k\left[(\rho_s/\rho-1)g/\nu^2\right]^{1/3}$ 是无量纲的颗粒参数；ν 是水的运动黏度。

悬移质可能平衡输沙公式采用 Rijn (1984)[13]公式计算：

$$C_k^*=0.015d_kT_k^{1.5}/(\delta D_*^{0.3}) \tag{8-12}$$

其中：δ 为近床悬移质参考面，一般为 $\max(2d,\ 0.005h)$。需要注意的是，溃坝水流下悬移质泥沙的输沙浓度可能很大，但不能超过床沙的上限，即床沙中的泥沙含量为 $(1-p'_m)$。

溃口底床的变化过程可以看作是由不同粒径组坝料的冲刷和沉积过程形成，由于 k 粒径组坝料导致的溃口底床变化可以表示为：

$$(1-p'_m)\left(\frac{\partial A_b}{\partial t}\right)_k=\alpha\omega_{sk}B(C_k-C_{*k})+\frac{1}{L}(Q_{bk}-Q_{b*k}) \tag{8-13}$$

式中：$(\partial A_b/\partial t)_k$ 表示由 k 粒径组泥沙引起的底床面积变化。其余符号意义同前。

则溃口底床总变化可以表示为：

$$\frac{\partial A_b}{\partial t}=\sum_{k=1}^{N}\left(\frac{\partial A_b}{\partial t}\right)_k \tag{8-14}$$

通过式(8-14)可以得到下泄水流冲蚀作用下每个时间步长内溃口断面的面积变化，具体到溃口的横向扩展及纵向下切尺寸，需要将溃口面积变化量分摊到溃口的深度及宽度增量中。当溃口位于坝体中部，在下泄水流冲刷作用下，溃口边坡同时向两侧扩展造成溃口的横向展宽，即溃口发生两边冲蚀，考虑此种情况下断面面积变化过程，最简单的方法是将总的面积变化量沿溃口断面平均分配。根据断面的不同，提出了相应的分配方法，如对于 V 形断面，两岸不易冲淤，只将冲淤面积在河槽断面内进行分配；对于 U 形断面，可将冲淤面积沿湿周进行等厚分配。吴伟明等[14]对宽断面采用等厚冲刷或等厚淤积的形式，对窄断面采用等厚冲刷和平行淤积的模式。韩其为等[15]采用沿湿周等厚冲淤，但淤积时遍布全湿周，冲刷时只在槽内稳定河宽以内进行的处理方法。由于悬移质沿断面的分布相对均匀，而推移质常常是呈现条状运动状态，这种方法主要适用于悬移质运动为主的情况。

底床的冲淤变形与床面受到的剪切作用力密切相关，考虑床面泥沙条件，Chang[16]提出了一种考虑床面切应力的冲淤分配模式：

$$\Delta z_b=\frac{(\tau_b-\tau_c)^m}{\sum\limits_{B}(\tau_b-\tau_c)^m\Delta y}\Delta A_b \tag{8-15}$$

式中：$\tau_b=\gamma hS$ 是子断面局部床面切应力，h 为局部水流深度；τ_c 是临界切应力，在淤积时，其值为 0；y 是断面坐标；B 是水流宽度；m 是一个介于 0 和 1 之间的指数，其取值较小时断面基本呈均匀分配，其取值较大时，断面冲淤面积分配趋向于不均匀。

式(8-15)可以进行一定的简化[11]，令 $\tau_c=0$ 以及 S 沿断面为常数，则其可以转化为：

$$\Delta z_b=\frac{h^m}{\sum_B h^m\Delta y}\Delta A_b \tag{8-16}$$

在溃口被水流冲刷的过程中，溃口边坡因坡脚被冲刷而失稳发生坍塌，因此需要对溃口边坡失稳过程进行考虑。

溃口边坡坡脚在时间步长 Δt 内的冲刷距离可以表示为：

$$\Delta B=C_l\frac{\tau_f-\tau_c}{\gamma_{bk}}e^{-1.3\tau_c}\Delta t \tag{8-17}$$

式中：C_l 是冲蚀性系数，根据试验数据可以取为 3.64×10^{-4}；γ_{bk} 是坝料重度；τ_f 和 τ_c 是边坡坡脚的水流作用力和临界起动力，可以采用以下公式进行计算：

$$\tau_f=\gamma_w M^2 v^2 h^{-1/3} \tag{8-18}$$

$$\tau_c=0.047(\gamma_{bk}-\gamma_w)d_{50} \tag{8-19}$$

式中：d_{50} 为坝料中值粒径；v 为流速；h 为水深。

溃口边坡失稳过程存在两种情况，开始时，假定坡角为 i_0 的溃口边坡沿直线滑动，滑动面经过溃口边坡坡角，与水平方向夹角为 β，不考虑土体两端阻力的影响，将溃口土体边坡的稳定性分析简化为平面应力问题，随后的边坡失稳过程中边坡初始角度将变成 β，如图 8.7 所示。

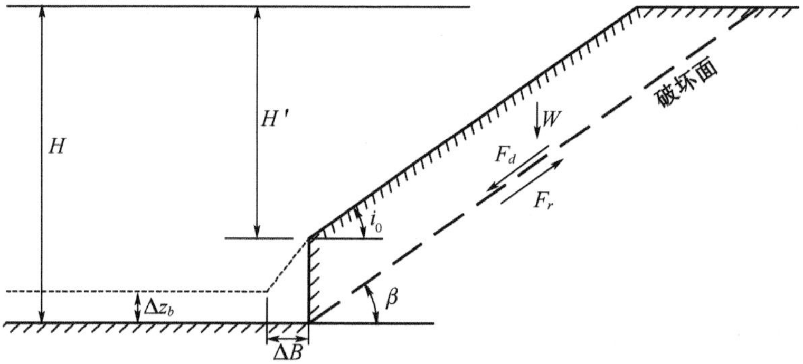

(a) 初始边坡失稳

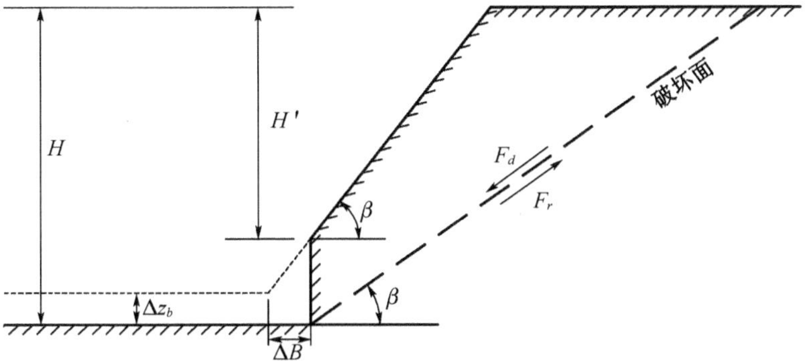

(b) 随后边坡失稳过程

图 8.7　溃口边坡失稳示意图

F_d 为作用在滑动面上的滑动力，为重力的分力，可用下式表示：

$$F_d = W\sin\beta = \frac{1}{2}\gamma_s\left(\frac{H^2}{\tan\beta} - \frac{H'^2}{\tan i_0}\right)\sin\beta \tag{8-20}$$

式中：W 为滑动土体的重力；γ_s 为土体重度；H' 为初始溃口深度；H 为冲刷后的溃口深度；F_r 为作用在滑动面上的抗滑阻力，包括摩擦分量和黏聚分量两部分，F_r 可用下式表示：

$$F_r = \frac{1}{2}\gamma_s\left(\frac{H^2}{\tan\beta} - \frac{H'^2}{\tan i_0}\right)\cos i_0 \tan\varphi + \frac{cH}{\sin\beta} \tag{8-21}$$

式中：φ 为土体摩擦角，c 为土体黏聚力。其余符号意义同前。

根据 Osman 和 Thorne[17] 的研究成果，破坏角 β 可以采用以下公式进行计算：

$$\beta = 0.5\{\arctan[(H/H')\tan i_0] + \varphi\} \tag{8-22}$$

其中：H/H' 可以用来判断边坡是否发生失稳，采用以下公式计算：

$$\left(\frac{H}{H'}\right)_c = 0.5\left[\frac{\lambda_2}{\lambda_1} + \sqrt{\left(\frac{\lambda_2}{\lambda_3}\right)^2 - 4\frac{\lambda_2}{\lambda_3}}\right] \tag{8-23}$$

其中：

$$\lambda_1 = \sin\beta\cos\beta - \cos^2\beta\tan\varphi \tag{8-24}$$

$$\lambda_2 = 2c/(\gamma_{bk}H') \tag{8-25}$$

$$\lambda_3 = (\sin\beta\cos\beta\tan\varphi - \sin^2\beta)/\tan i_0 \tag{8-26}$$

在具体计算时，当 $(H/H') \leqslant (H/H')_c$ 时，溃口边坡将沿破坏面发生失稳，溃口的形状依据边坡失稳的情况发生变化，并且滑坡失稳的坝料将作为泥沙运动方程中的旁侧入流项进行计算。

溃口断面坝料级配变化过程采用了一种多层床沙概化模型[18-20]来计算，如图8.8所示。一般将底沙分为三层：表层、中间层和底层。表层为泥沙交换层，也称活动层或混合层，是指在水流的冲刷过程中，参与冲淤变形的那一层床沙。在这一厚度范围内，所有的泥沙均感受到水流的作用，不同程度地发生运动。同时，这一层中的泥沙不断地与推移质或悬移质进行混合交换，床沙级配将不断进行调整。中间层为过渡层，底层为泥沙冲刷极限层，该两层不参与泥沙输移运动。规定在每个计算时间步长内，各层的界面是固定不变的，泥沙交换在表层(混合层)内进行，中间层和底层暂时不受影响。在每个时间步长计算完成后，根据床面的冲刷或淤积情况往下或往上移动表层和中间层，保持这两层的厚度不变，而令底层的厚度随着冲淤厚度的大小而变化，底边界为初始边界。

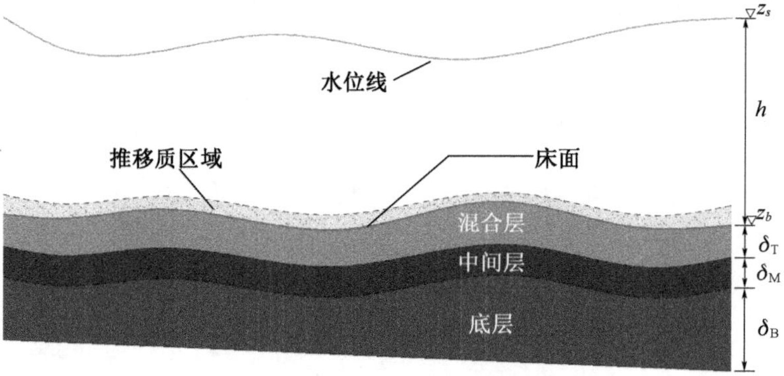

图 8.8　泥沙运动分层示意图

混合层的级配变化可以表示为[21]：

$$\frac{\partial (A_m p_{bk})}{\partial t} = \left(\frac{\partial A_b}{\partial t}\right)_k + p_{bk}^{*}\left(\frac{\partial A_m}{\partial t} - \frac{\partial A_b}{\partial t}\right) \tag{8-27}$$

式中：p_{bk} 是混合层中泥沙级配；A_m 为混合层面积。式(8.27)右侧第一项表示运动泥沙与底床泥沙的交换过程，第二项表示混合层中泥沙与第二层中泥沙的交换过程。

当 $\frac{\partial A_m}{\partial t} - \frac{\partial A_b}{\partial t} \leqslant 0$，即淤积时：

$$p_{bk}^{*}=p_{bk} \tag{8-28}$$

当 $\dfrac{\partial A_m}{\partial t}-\dfrac{\partial A_b}{\partial t}>0$，即冲刷时：

$$p_{bk}^{*}=p_{sbk} \tag{8-29}$$

其中：p_{sbk} 为第二层床沙的级配。

一般情况下，不需要考虑第二层泥沙和第三层泥沙之间的交换过程，则中间层泥沙的级配调整：

$$\frac{\partial(A_{sub}p_{sbk})}{\partial t}=-p_{bk}^{*}\left(\frac{\partial A_m}{\partial t}-\frac{\partial A_b}{\partial t}\right) \tag{8-30}$$

其中：A_{sub} 是第二层床沙的面积。

混合层厚度的确定在非均匀沙数学模型中具有极其重要的意义，直接决定了数学模型计算结果的可靠性和准确性。

首先，从非均匀沙的起动条件来看，非均匀沙起动不仅取决于水流条件和泥沙颗粒自身的物理特性，同时受制于床沙组成。不同床沙组成条件下，不仅床面附近阻力特性的不同将导致床面流速及床面剪切力的不同，而且近底水流结构的不同也将导致粗细颗粒之间的隐蔽与暴露作用不同，从而影响非均匀沙的起动条件。因此，混合层的级配将在很大程度上影响非均匀沙的起动情况，从而决定不同粒径组泥沙的受冲刷强度。其次，混合层的厚度直接决定了计算时段内参与冲刷交换的泥沙数量，从而制约了单位时间内的最大冲刷量，进而影响到整个计算时段内的冲刷速度。再次，由于混合层的厚度决定了参与冲淤交换的泥沙数量，在冲刷量或淤积量一定的情况下，混合层厚度的大小将直接影响混合层厚度范围内床沙级配的调整情况，从而进一步影响泥沙的起动与冲刷强度。最后，混合层厚度的大小还决定着河床的极限冲刷量的大小。这是因为当混合层厚度范围内的泥沙均无法起动时或者全部为推移质时，冲刷将终止或进入以推移质运动为主的调整阶段。此时，混合层厚度的大小决定了无法起动的泥沙的数量，在一定初始床沙级配条件下，这一数量还决定了最终的冲刷量。综合以上分析可见，混合层厚度在非均匀沙数学模型中有着举足轻重的地位，合理的确定混合层厚度对于准确模拟床面冲淤具有极其重要的意义。关于混合层厚度的确定，目前常用的有以下几种方法：

经验确定方法主要根据实际计算过程的冲刷厚度，根据经验进行取值，如 Karim 和 Kennedy[22] 认为混合层厚度是水流深度的 0.1～0.2 倍，钱宁等[23] 认为河床可动层厚度为 2.5～3.5 m，韩其为[24]认为活动层厚度比实际冲刷厚度多 1 m。经验取值强烈地依赖于冲刷厚度，而模型中冲刷厚度本身就与混合层厚度有着密切的关系，显然前者不能作为决定后者取值的依据。目前，许多模型都是在计算中根据经验，结合具体情况取一活动层厚度，这些做法均具有一定的任意性。

由于沙波在运动过程中，迎水面水流顶冲点以上的泥沙不断地被水流冲起，经过水流的拣选作用后，可悬浮泥沙直接进入水体中作为悬浮泥沙随水流一起运动，而不可悬浮泥沙则落入沙波的背水面，作为推移质随沙波一起运动。因此，沙波运动中床沙交换造成的这种垂直分选现象，可以作为混合层概念的一个典型实例，众多学者都从沙波运动角度出发以确定混合层厚度的大小。

Borah 等[25]认为混合层厚度为：

$$\delta = \frac{d_L}{(1-p'_m)p_{bm}} \tag{8-31}$$

式中：d_L 是泥沙不动颗粒中的最小粒径；p_{bm} 是混合层中所有不动粒径的体积分数。

Niekerk 等[26]认为混合层厚度与无量纲底床剪应力相关：

$$\delta = 2d_{50}\frac{\tau'_b}{\tau_{c50}} \tag{8-32}$$

式中：d_{50} 是混合层中的坝料中值粒径；τ'_b 是底床拖拽力；τ_{c50} 是 d_{50} 坝料的临界起动剪应力。

Wu 和 Vieera[27]认为混合层厚度采用如下公式计算：

$$\delta = \max[0.5\Delta,\ 2d_{50}] \tag{8-33}$$

式中：Δ 为沙波运动高度，采用 Rijn 公式[28]进行计算。

混合层厚度的确定方法十分复杂，在实际计算中需要根据实际计算情况进行选择，本节采用式(8-33)的计算方法。

面板砂砾石坝的砂砾石坝料级配较宽，最大粒径和最小粒径相差较大，在水流作用下，由于粗颗粒对细颗粒的阻拦遮蔽，细颗粒泥沙较均匀沙情况时不易起动，而粗颗粒泥沙的情况则刚好相反。为了考虑非均匀泥沙的遮蔽和暴露效应，可对推移质和悬移质输沙中的临界剪切流速进行修正[29]：

$$U_{*crk} = \xi_k U_{*crd_k} \tag{8-34}$$

式中：U_{*crd_k} 是粒径为 d_k 的均匀泥沙临界起动流速；ξ_k 为修正系数，表示为：

$$\xi_k = d_{50}/d_k \tag{8-35}$$

由于目前大部分泥沙起动公式是针对平缓河床泥沙提出的，只能计算少量细颗粒泥沙的起动，因此需要对溃坝过程中坝坡上宽级配坝料的起动进行分析。采用 Liu 等[30]根据斜坡上泥沙的受力情况提出的泥沙斜坡上起动流速的修正公式，考虑了水流拖拽力和泥沙自重的影响，则粒径为 d_k 的均匀泥沙临界起动流速可以表示为：

$$U_{*crd_k} = K\sqrt{2g\frac{\gamma_s-\gamma_w}{\gamma_w}d_k\left(\cos\theta-\frac{\sin\theta}{\tan\varphi}\right)} \tag{8-36}$$

式中：K 为泥沙稳定性系数，颗粒为卵石时取 0.89，颗粒为细颗粒时取 0.93；φ 为泥沙水下止息角；θ 为坡度；γ_s 和 γ_w 分别为泥沙和水的比重。

泥沙沉降速度公式采用张瑞瑾公式[31]：

$$\omega_{sk} = \sqrt{\left(13.95\frac{\upsilon}{d_k}\right)^2 + 1.09\frac{\gamma_s-\gamma_w}{\gamma_w}gd_k} - 13.95\frac{\upsilon}{d_k} \tag{8-37}$$

式中：υ 为水的运动黏滞性系数。其余符号意义同前。

泥沙饱和恢复系数 α 反映了悬移质泥沙不平衡输沙时含沙量向挟沙能力靠近的速度，该系数不仅受到断面形态的影响，还受到泥沙沉降速度的影响。由于泥沙沉降速度公式是通过单个颗粒在准静态纯水中的沉降过程推导求得的，这样处理可能对于泥沙浓度较低时是比较适用的，在泥沙含量较高时，需要对泥沙沉降流速公式进行修正，而一般是通过修正饱和恢复系数 α 来反映不同影响因素对泥沙沉降速度的影响。

8.2.2 混凝土面板折断过程分析

在溃决发生后，溃口的发展主要以溢流水流对下游坝体的冲刷为主，随着坝体不断经受过坝水流的冲刷，面板下方的砂砾石料不断冲走，由于混凝土面板存在一定的强度，在下方坝料被冲走后，面板仍能发挥挡水作用。当支撑面板的砂砾石料冲刷到一定程度后，面板悬空长度达到临界状态，面板将会发生折断。从沟后面板坝溃坝后残余面板的形状（图 8.1）可以发现，每块面板的折断长度并不完全相同，面板的破坏形态呈台阶状，如图 8.9 所示，因此，需要对每一块混凝土面板在溃坝过程中的破坏过程进行单独分析。由于混凝土面板浇筑时每块混凝土面板之间采用接缝止水材料连接，而垂直缝止水材料承载能力较弱，因此可以忽略每块面板之间的相互作用力。对单块面板进行受力分析，如图 8.10 所示，悬空面板主要承受水荷载和面板自重荷载作用。

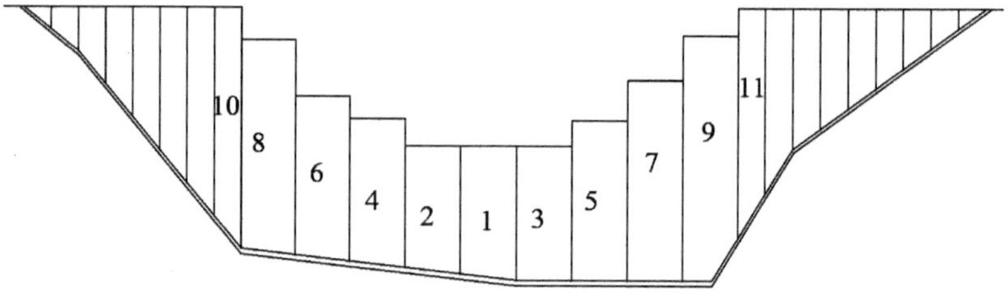

图 8.9　混凝土面板间歇性折断示意图

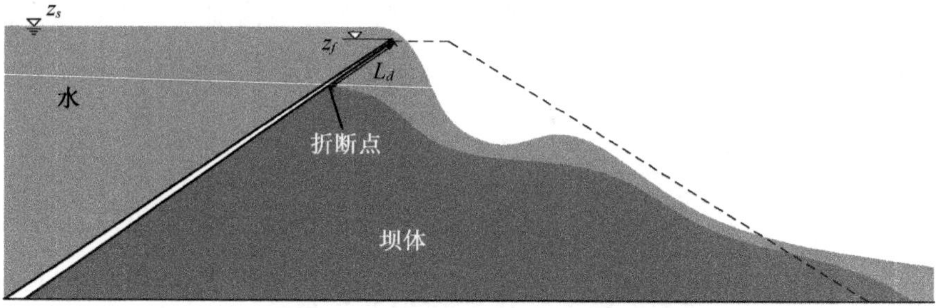

图 8.10　混凝土面板受力分析示意图

一般来说，在面板坝的设计中，面板厚度从顶部向底部逐渐增加，在相应高度处的厚度可以采用下式确定：

$$\delta = \delta_{top} + \alpha H \tag{8-38}$$

式中：δ_{top} 为面板顶部厚度；α 为系数；H 为计算断面至面板顶部的垂直距离。

当下游支撑体被冲蚀后，面板可视为在自重和水荷载共同作用下的悬臂板，悬臂板承受自重荷载产生的弯矩 M_1 可通过下式计算：

$$M_1 = \frac{\rho_m g m_1 (2\delta_1 + \delta_2) w_i L_{di}^2}{6\sqrt{1+m_1^2}} \tag{8-39}$$

式中：ρ_m 为面板的密度；δ_1 为折断面板上端的厚度；δ_2 为折断面板下端的厚度；L_{di} 为面板 i 的悬空长度；w_i 为第 i 块面板的宽度；上游坝坡的坡比为 $1:m_1$。

水荷载产生的弯矩 M_2 需要分两种情况进行考虑。在溃口范围内的面板由于漫顶水流的存在，面板顶部高程小于库水位高程；而在溃口范围之外的面板，随着溃坝过程的发生，库水位逐渐下降，面板顶部高程可能会高于库水位高程。因而水荷载产生的弯矩 M_2 可通过下式计算：

$$\begin{cases} M_2 = \dfrac{\rho_w g(z_s - z_{fi}) w_i L_{di}^2}{2} + \dfrac{\rho_w g w_i L_{di}^3}{6\sqrt{1+m_1^2}} & z_s \geqslant z_{fi} \\ M_2 = \dfrac{\rho_w g w_i \left[L_{di} - (z_{fi} - z_s)\sqrt{1+m_1^2}\right]^3}{6\sqrt{1+m_1^2}} & z_s < z_{fi} \end{cases} \tag{8-40}$$

式中：ρ_w 为水的密度；z_s 为库水位高程；z_{fi} 为面板 i 的顶部高程。

在自重荷载和水荷载的共同作用下，单块面板承受的总弯矩 M 为：

$$M_i = M_1 + M_2 \tag{8-41}$$

根据混凝土面板所用混凝土标号、配筋率和面板的横截面积，可得到混凝土面板的极限弯矩：

$$M_{ui} = f_y A_s \left(h_0 - 0.5\frac{f_y A_s}{f_c w_i}\right) \tag{8-42}$$

式中：f_y 为钢筋抗拉强度设计值；f_c 为混凝土轴心抗压强度设计值；A_s 为钢筋截面面积；h_0 为混凝土面板截面有效高度。

当面板所受弯矩大于混凝土抗弯弯矩临界值时，面板将发生折断。且在计算面板折断时，只有在溃口范围内的面板才能发生折断，因而只需对溃口范围内的面板是否破坏进行判断。不同面板的折断点位置不同，如图 8.11 所示，处于溃口底部范围内的面板破坏时折断点为面板与溃口底部的交界点，处于溃口边坡范围内的面板的折断点为面板与边坡交接的最高点。受实际河谷地形的影响，每块面板的长度并不完全相同，一般来说是位于河谷的面板较长，位于两岸的面板长度较短，在计算过程中需考虑狭窄河谷的约束作用，对每块面板折断的总长度作出控制，不能大于其实际长度。面板发生破坏需要同时满足以下两个条件：

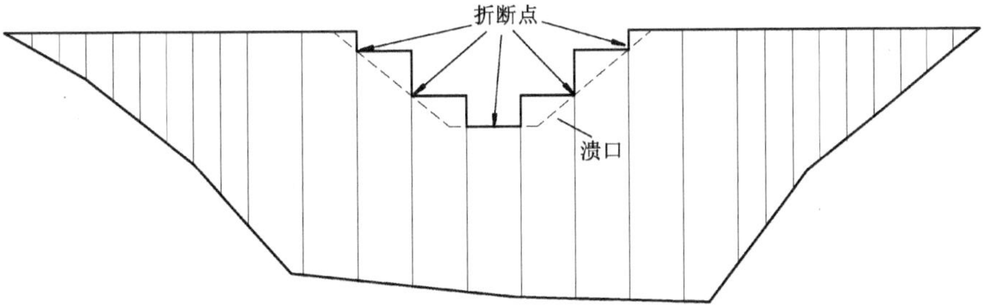

图 8.11　面板破坏折断点示意图

$$\sum B_i < B_u \tag{8-43}$$

$$M_i > M_{ui} \tag{8-44}$$

式中：B_u为溃口底部宽度。

式(8-43)表示折断面板的宽度小于溃口宽度，式(8-44)表示面板所受弯矩大于面板极限抗弯弯矩。

8.2.3 面板砂砾石坝滑坡漫顶的计算过程

(1) 输入初始条件、边界条件(包括水头边界条件、流量边界条件以及降雨边界条件)及计算参数；

(2) 给定计算总时长及时间步长；

(3) 在单位时间步长内，通过定解条件求出各单元渗透矩阵并合成总体渗透矩阵，求出各结点水头值；

(4) 利用计算得到的各结点水头值计算出孔隙水压力，并对坝体做抗滑稳定性分析，判断坝体是否发生滑坡，如果否，返回第(3)步；

(5) 对滑坡后的残余坝体进行受力分析，计算出受力情况，判断残余坝是否发生折断，如果否，返回第(3)步；

(6) 计算出残余坝发生折断后的坝体几何尺寸、滑坡形成初始溃口参数以及库容信息等；

(7) 计算溃口水流的变化情况，通过计算得到的水流参数计算溃口段的坝料输移量，确定溃口断面的形状参数，通过对溃口边坡的稳定性进行分析，最终确定该时间步长内的溃口断面形状；

(8) 依据库水位和溃口深度、宽度，判断混凝土面板的折断情况，若发生折断，更新面板折断点的底高程和断面形状，若不发生折断，则重复第(7)步计算过程直至达到计算终止条件(上游水位小于面板高程，$t > t_c$)。

8.3 沟后面板砂砾石坝滑坡漫顶溃决过程模拟

8.3.1 沟后水库面板砂砾石坝概况

沟后水库位于我国青海省海南藏族自治州共和县北 13 km 的恰卜恰河上，总

库容 3.30×10^6 m^3，流域面积 197.8 km^2，水库正常蓄水位、设计洪水位、校核洪水位均为 3 278.0 m，死水位 3 241.0 m。1989 年初填完大坝，同年 9 月下闸蓄水。1990 年 10 月枢纽全面竣工，1992 年 9 月验收。水库枢纽由面板砂砾石坝和右岸隧道组成，如图 8.12 所示。钢筋混凝土隧道长 391 m，洞周岩石破碎，曾作回填灌浆及固结灌浆处理，隧洞兼作导流、引水、排沙使用。隧洞进口高程 3 237.00 m，设计最大泄水量为 208 m^3/s，最大流速 23.3 m/s，设计引水量为 1.2 m^3/s。面板砂砾石坝最大坝高 71.0 m，坝顶长 265.0 m，顶宽 7.0 m，上游坡坡比 1∶1.6（$m_1=1.6$），下游坡坡比 1∶1.5，下游坡设有两道马道，坝顶有 5 m 高的混凝土防浪墙，面板顶部高程 3 277.20 m，大坝典型断面如图 8.13 所示，坎顶防浪墙如图 8.14 所示[32]。

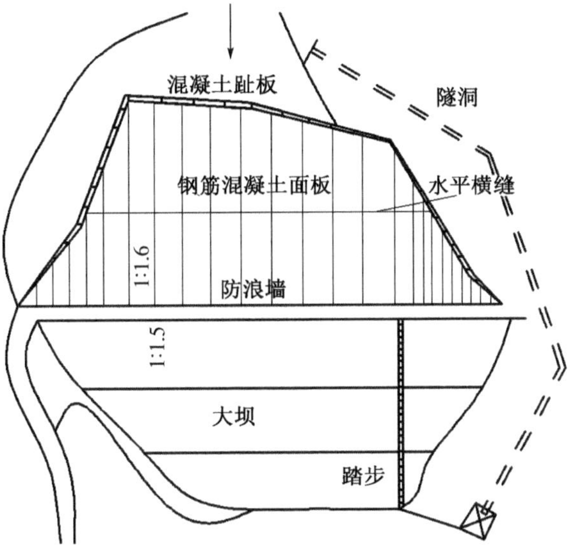

图 8.12　大坝平面布置图

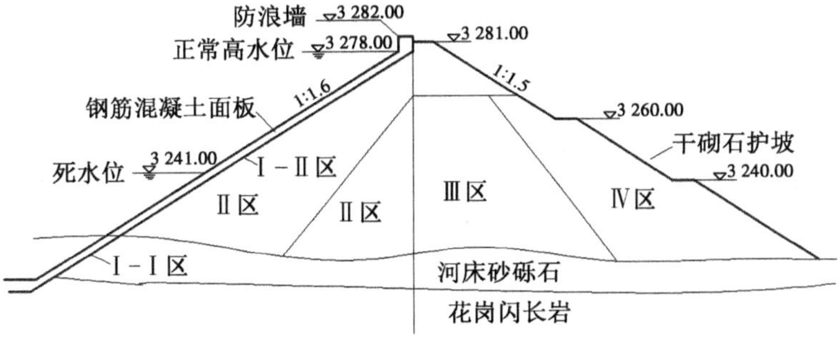

图 8.13　沟后水库面板砂砾石坝典型横断面(m)

沟后面板坝筑坝材料[33]取于下游 3 km 的料场。砾石坚硬、圆形、未风化，为花岗岩和砂岩。根据料场土工试验报告，细骨料砾石（小于 5 mm）含量为 33%，含泥量（小于 0.1 mm）为 4%，不均匀系数平均为 78，渗透系数为 1.48×10^{-1} cm/s。大坝分四区，如图 8.13 所示，该四区的主要特性要求如表 8.3 所示。实际填坝时，除垫层区控制较严外，其余各区一般只对最大粒径作出控制，分区不明显，材料级配也多变异，对溃坝残留坝体作级配试验，结果如图 8.15 所示。

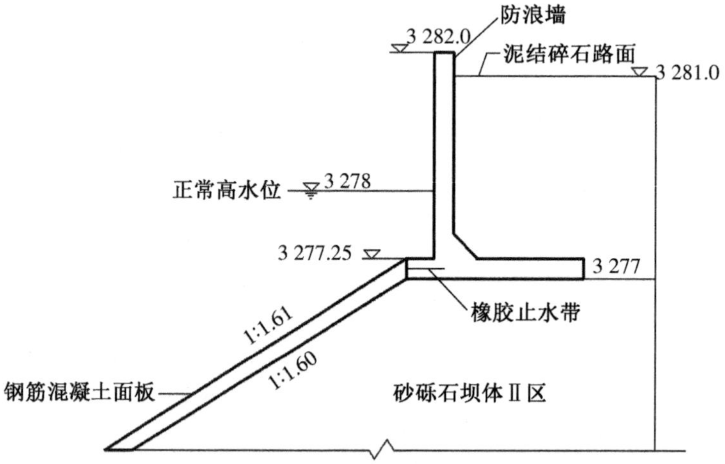

图 8.14　防浪墙示意图(m)

表 8.3　大坝各区填筑料的技术要求[34]

分区名称	料名称	层厚(cm)	最大粒径(mm)	相对密度	干密度(kN/m^3)
特殊区Ⅰ-Ⅰ	砂砾石垫层料	20	20	0.8	2.25
垫层区Ⅰ-Ⅱ	砂砾石垫层料	30	100	0.8	2.25
过渡区Ⅱ	Ⅱ#料场砂砾石	60	400	0.75	2.23
Ⅲ	新选料场	90	600	0.70	2.21
Ⅳ	新选料场石渣开挖料	130	800	0.70	2.21

钢筋混凝土防渗面板用的是 200# 水泥，抗渗标号 S_8，抗冻标号 D_{250}。面板厚度从顶部的 0.3 m 沿高程线性增厚至底部，为 0.6 m。面板内布单层双向钢筋，含钢率 0.35%（河床段）～0.5%（两岸段）。中部设混凝土面板 9 块，宽度为 14 m，两侧设面板 18 块，宽度为 7 m，在 3 255.00 m 高程设一水平缝。中部受压面板设紫铜片和丁基胶两道止水，两侧受拉区则加设一道橡胶止水。

1993 年 8 月 27 日晚大坝发生溃决，调查表明[34-35]，大坝溃决的原因主要是

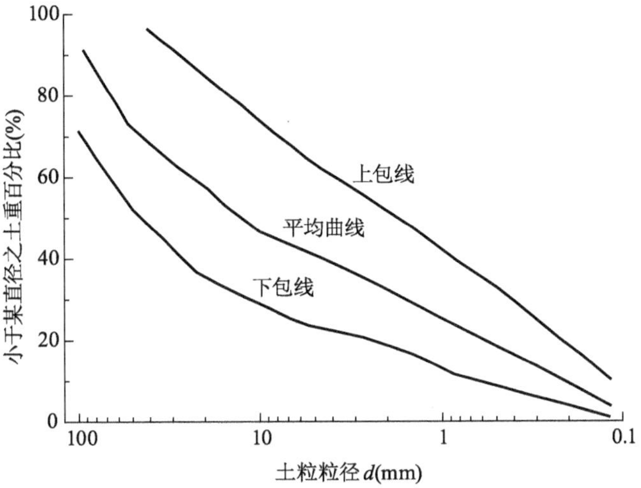

图 8.15　坝料级配曲线

暴雨导致库水位迅速上涨，坝顶防浪墙与混凝土面板的水平接缝发生渗漏，导致坝顶湿陷和坝体下游坡发生后退型滑坡，防浪墙倒塌而形成初始溃口。8 月 27 日下午库水位高程超过 3 277.00 m，逐步达到 3 277.30 m，超过面板顶部 30 cm[36]。溃坝下泄水量约为 268×10^4 m^3，溃坝峰值流量根据现场调查后推测约为 1 500～3 800 m^3/s，溃坝历时约 1.8 h。溃口为两侧呈锯齿状（多沿接缝）的倒梯形，残留面板呈悬臂状，仍能挡水，溃口以外残留面板未见明显变形或破损，如图 8.16 所示。坝体的溃口在高程 3 281.00 m 处宽 137.5 m，向下游变窄，溃口底部宽约 60.0 m，其高程在 3 221.00～3 228.00 m 之间，普遍高于筑坝前地面，坝顶左右岸沿坝轴线各残留长 58.0 m 及 69.0 m，如图 8.17 所示。垮坝下泄的库水总计约 261×10^4 m^3，高程 3 250.00 m 以下的库容在垮坝后始终保留着，水从坝体剩

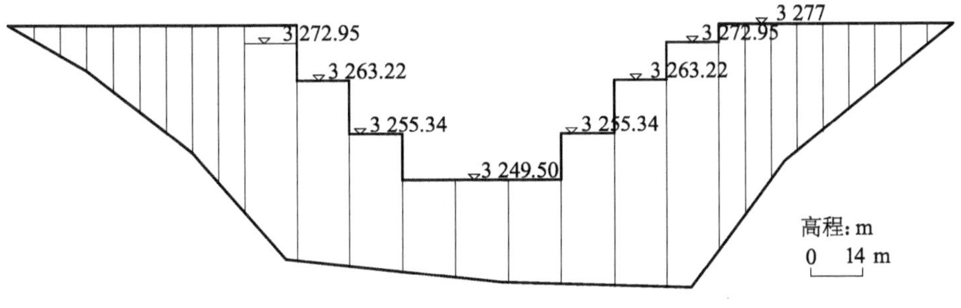

图 8.16　溃坝后面板决口体型高程示意图

余部分顶溢流，因而形成一个流量相当于入库流量的水瀑布。

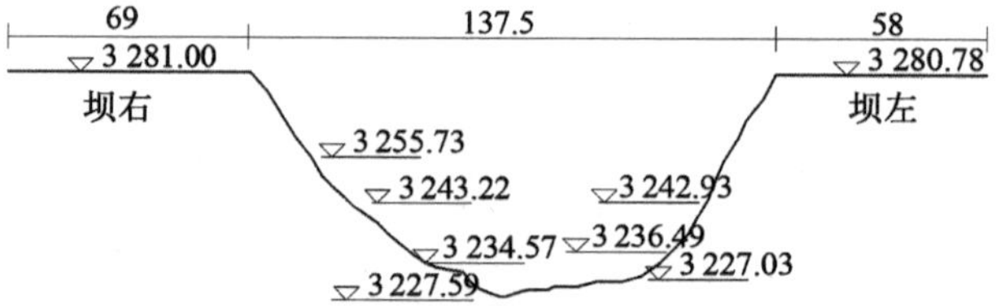

图 8.17　大坝溃口轮廓(m)

8.3.2　计算参数选取

根据沟后面板砂砾石坝溃坝过程调查结果，在坝体发生漫顶前，防浪墙已倒塌，下游坝坡发生滑坡，滑坡线如图 8.18 所示。

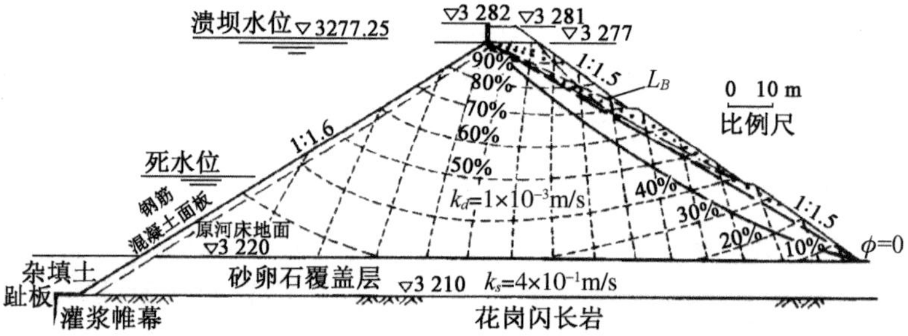

图 8.18　沟后面板砂砾石坝滑坡线示意(m)

由于溃坝持续时间较短，假设在溃坝过程中，上游库区无入库流量，初始库水位高程为 3 277.30 m，初始溃口底部高程 3 277.00 m，溃口发生在坝体中部。对于砂砾石坝料的参数，结合工程设计资料及溃坝现场取样试验结果，本次计算取值如下：不均匀系数 $C_u=32$，粒径比 $d_{90}/d_{30}=30$，平均粒径 $d_{50}=16.7\,mm$，坝料重度 $\gamma_s=2.08\times10^4\ kN/m^3$，坝料内摩擦角 $\varphi=40°$，坝体孔隙率 $n=0.23$。钢筋混凝土面板密度 $\rho_m=2.6\times10^3\ kg/m^3$，面板顶部高程 $Z_f=3\,277.00\ m$，计算时单块面板的编号如图 8.19 所示。时间步长设为 $\Delta t=0.01$ s，根据实际溃坝时间，设置计算模拟时间，计算参数如表 8.4～表 8.6 所示。

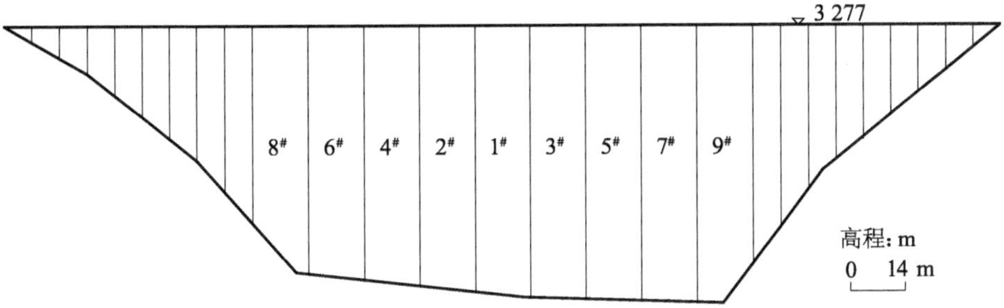

图 8.19　面板计算编号示意图

表 8.4　沟后面板坝漫顶溃坝计算参数

坝高(m)	顶宽(m)	上游坡比	下游坡比	坝长(m)
71.0	7.0	1∶1.6	1∶1.5	264.5
总库容(m^3)	初始库水位 (m)	入库流量 (m^3/s)	初始溃口深度(m)	初始溃口宽度(m)
3.3×10^6	67.3	0	5.0	5.0

表 8.5　坝料计算参数

中值粒径(m)	比重	孔隙率	黏聚力(Pa)	$\tan\varphi$
0.016 7	2.6	0.23	30 000	0.839

表 8.6　面板计算参数

面板数量	面板顶部厚度(m)	α	f_y(N/m^2)	f_c(N/m^2)	A_t(m^2)	h_0(m)
27	0.3	0.004 5	3.0×10^8	1.43×10^7	0.018	0.175

8.3.3　沟后水库面板漫顶溃决计算结果

沟后面板砂砾石坝漫顶溃坝溃口流量过程如图 8.20 所示。从图中可以看出,在溃坝开始阶段,溃口流量较小,基本维持在 3～12 m^3/s。当溃坝发生约 1.4 h 后,可以从图中明显看到溃口流量有一个瞬间增大的过程,在流量过程线中体现为近乎垂直的直线,这是由于随着溃坝过程的进行,溃口底部高程不断下降,面板悬空长度不断增加继而发生首次折断,导致漫顶水头突然增大,进而溃口流量瞬时增大。当面板发生初次折断后,溃口流量开始急剧增加,扩大了溃口,库水沿溃口下泄,加剧了坝体砂砾石料的冲蚀和面板悬空,溃口流量在溃坝时间 1.57 h 时达到峰值,峰值流量为 3 665.1 m^3/s,随后溃口流量迅速下降,在溃坝历时约为 1.9 h 时回落至 300 m^3/s,当溃坝发生约 2.1 h 后,坝体冲刷过程基本结束,溃口流

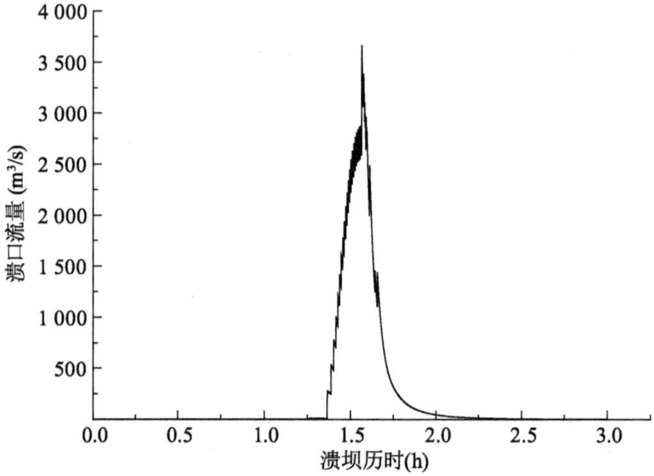

图 8.20　沟后面板砂砾石坝溃坝溃口流量过程

量也逐渐接近于 0。从图中可以发现,溃口流量过程曲线中存在流量突然增大但随后稍微降低的现象,这是由于面板折断后导致水头突然增大,溃口流量瞬时增大,但随着库水的下泄,库水位逐渐下降,当面板没有发生再一次折断时,面板顶部水位差逐渐减小,导致流量稍微下降,面板折断过程在溃坝过程中重复了数次。

图 8.21 为沟后面板砂砾石坝漫顶溃坝计算库容下泄流量随溃坝历时的发展

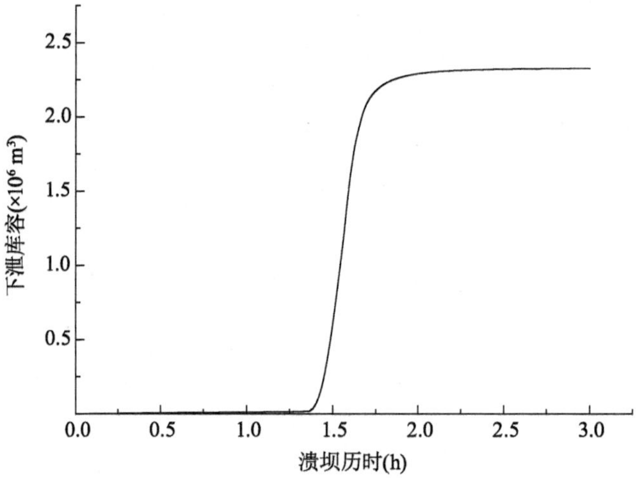

图 8.21　沟后面板砂砾石坝溃坝下泄库水量发展过程

过程。与溃口流量过程线相对应，任意时刻库容总泄流量为对应时刻泄流过程线与时间坐标轴所围成的面积。从图 8.21 可以看出，溃坝初始阶段下泄流量较小，溃坝开始约 1.5 h 后，总下泄流量增速较快，溃坝 2 h 后，总下泄流量已经达到 2.3×10^6 m^3，溃坝过程也基本达到平衡状态。计算结束时刻，得到沟后面板砂砾石坝漫顶溃坝总库容下泄量为 2.33×10^6 m^3。根据沟后面板砂砾石坝溃坝事故调查结果，溃坝下泄的库水总计约 2.61×10^6 m^3，与计算值 2.42×10^6 m^3 较为接近。

沟后面板砂砾石坝漫顶溃坝过程中库水位变化过程如图 8.22 所示。溃坝开始前库水高程为 3 277.30 m，溃坝开始 1.3 h 内，由于混凝土面板能发挥挡水作用，冲刷作用较弱，坝前库水位与面板顶部的高程差较小，因此坝前库水位降低缓慢。当溃坝 1.3 h 后，面板发生折断，流量瞬时增大，坝体在过坝水流作用下发生急剧冲刷，在此过程中面板重复折断数次，库水下泄过程明显加速，因而库水位高程下降明显。当溃坝 2 h 后，坝顶继续过流，但坝体冲刷基本结束，溃口冲刷基本停止，混凝土面板再发挥挡水作用，坝前水位下降速度缓慢，直至库水高程与面板顶部高程相当，最终溃坝结束后计算库水位高程为 3 247.58 m。沟后面板砂砾石坝漫顶溃坝事故调查结果显示，库水位高程约为 3 250.00 m，计算值与实测值相差不大。

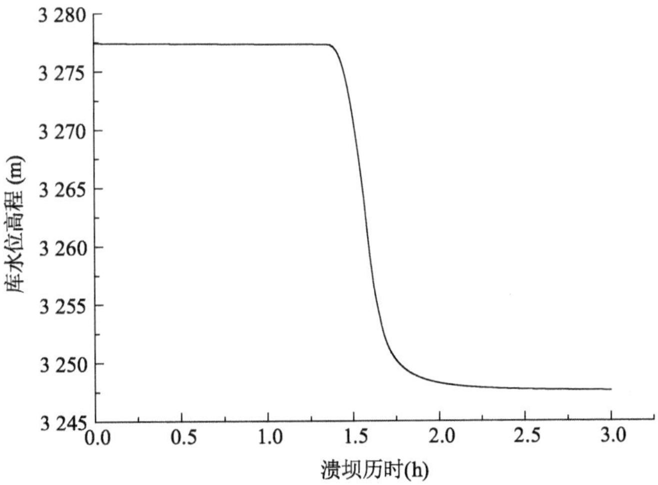

图 8.22　沟后面板砂砾石坝溃坝库水位高程变化过程

沟后面板砂砾石坝溃口顶宽及底宽发展过程曲线如图 8.23 所示。从图中可以看出，溃口底宽在溃坝开始后较长一段时间内发展速度较缓慢，从溃坝开始至

1.3 h 后，溃口底宽由 5 m 扩展至 44.5 m，这是由于溃口冲刷是由下游坝坡开始逐渐向上游发展的，此时溃口宽度刚好与下游坡溃口宽度一致。由于坝体的冲刷与溃口的流量、流速有密切关系，在此段时间内溃口流量较小，因此溃口宽度扩展速度缓慢。当溃坝计算开始 1.3 h 后，面板发生首次折断，导致溃口流量瞬时增大，溃口冲蚀量增大，从而溃口急剧向横向扩展。此后，溃口宽度陡增，扩展速度明显加快。对应于溃口流量过程线（图 8.21），此时间段溃口流量明显增加，溃口砂砾石坝料在高速水流作用下开始冲刷并逐渐加剧，造成了溃口的快速扩展。当溃坝开始 1.8 h 后，溃口冲刷速度逐渐缓慢下来，此时溃口底宽达到 65.8 m。当溃坝开始 2 h 后，坝体冲刷基本结束，最终溃口底宽停留在65.8 m。

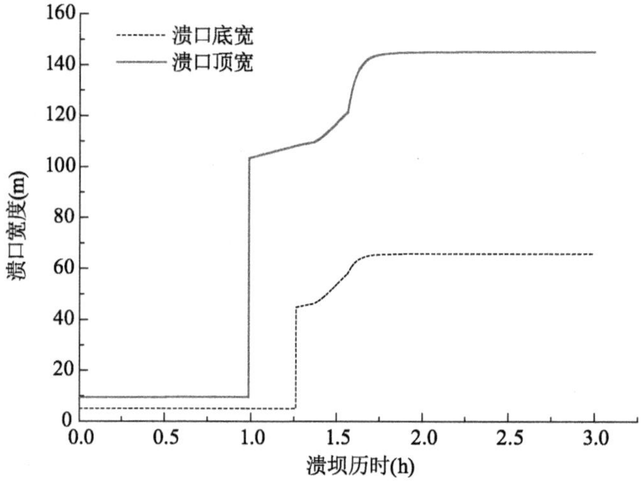

图 8.23　沟后面板砂砾石坝溃坝溃口发展过程

计算溃坝过程中溃口顶宽的整体发展趋势与底宽基本相同。在溃坝开始后的 1.0 h 内顶宽扩展速度较慢，溃口顶宽维持在 60 m 以下。此后，随着溃口流量增加及坝体冲刷作用的开始，溃口顶宽开始明显扩展，整个溃坝过程中溃口的横向扩展主要在这一阶段完成，并且在这一阶段溃口顶宽的发展速度明显快于底宽的扩展速度，溃坝过程中存在溃口顶宽陡增的过程，这是由于溃口边坡发生失稳导致溃口顶宽突然增大。在溃坝开始 1.8 h 后，溃口顶宽达到 144 m。溃坝 2.0 h 后，尽管溃口仍有过流，但坝体冲刷基本结束，溃口最终顶宽为 145.1 m。

根据沟后面板砂砾石坝漫顶溃坝后的现场调查结果，残余坝体在断面型式上呈上宽下窄的“倒梯形”，溃口在高程 3 281.00 m 处宽 137.5 m，向下游变窄，溃口底部宽约 60.0 m，其高程在 3 221.00～3 228.00 m 之间，普遍高于筑坝前地面。对沟后混凝土面板砂砾石坝漫顶溃坝过程进行数值模拟，最终溃口底部宽度和顶部宽度的模拟结果如图 8.23 所示，溃坝结束后，溃口计算顶宽为 145.1 m，溃口最终底宽为 65.8 m，计算结果与实际结果较为接近。

通过对沟后混凝土面板砂砾石坝的漫顶溃决过程进行数值模拟，得到溃口底高程发展过程曲线如图 8.24 所示。通过图中曲线可以看出，溃口底部高程开始时降低速度较慢，在溃坝开始冲刷的 1.4 h 内，溃口底部高程以 1.6 m/h 的速度下降，下降高度约为 2.3 m。随后，当面板发生首次折断后，溃口流量瞬时增加，水流速度增大，坝体在水流作用下开始发生剧烈冲刷，溃口纵向下切速度明显加快。在此阶段，溃口底高程以 82.65 m/h 的速度持续降低 29 m。当溃坝开始约 2.1 h 后，溃口流量大幅下降，与此同时溃口底部高程降低速度逐渐减缓直至不再变化，达到最终底高程 3 245.36 m。在整个溃决过程中，溃口底部高程降低计算值为 30.64 m，残余坝高 35.36 m。沟后面板砂砾石坝漫顶溃坝事故调查结果表明，溃口底部宽约 60.0 m，其高程在 3 221.00～3 228.00 m 之间。本节计算得到溃口底部高程较实际结果偏大，这可能是计算中采用的沟后面板坝库容水位信息及砂砾石坝料力学特性和混凝土面板力学参数与实际不可能完全一致有关。

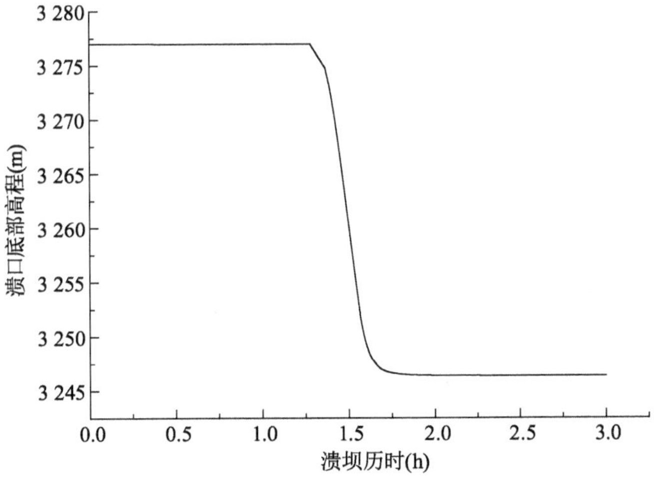

图 8.24 沟后面板砂砾石坝溃坝溃口底部高程变化过程

沟后面板砂砾石坝漫顶溃坝过程计算中混凝土面板的破坏情况如图 8.25 所示。从图中可以看出，溃坝开始后，坝体受到漫顶水流的冲刷，但面板仍在发挥挡水的作用，面板顶部高程未发生变化，在溃坝历时 1.37 h 时，处于溃口部位的 1# 、2# 、3# 面板（面板编号见图 8.19）首次发生折断，该三块混凝土面板折断长度为 4.26 m，面板的顶部高程降低 2.88 m。随后，面板破坏的速度加剧，其他编号的面板在溃口扩展的过程中逐渐出现折断的情况。4# 、5# 面板在溃坝历时约为1.67 h 时发生首次折断，折断长度为 6.72 m；6# 、7# 面板在溃坝历时约为 1.70 h 后发生

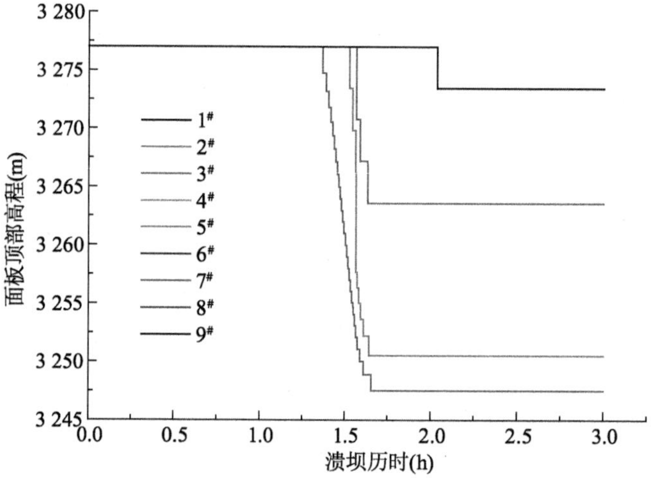

(a) 面板顶部高程变化

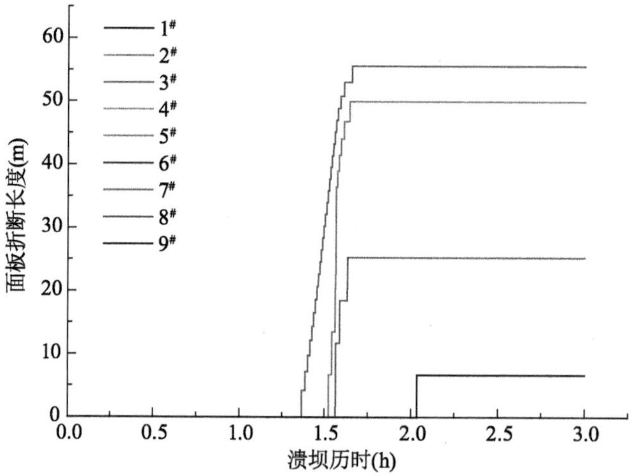

(b) 面板折断长度

图 8.25　沟后面板砂砾石坝溃坝混凝土面板破坏情况

首次折断，折断长度为 9.22 m；8#、9# 面板在溃坝历时 1.87 h 时发生首次折断，折断长度为 6.73 m。从图 8.25 中可以发现，面板在首次发生折断到溃坝停止的过程中，折断了数次，并且面板越靠近溃口中部，折断次数越多，面板的折断长度越短。计算得到沟后面板砂砾石坝漫顶溃决过程结束后的面板顶部高程如图 8.26 所示（图中细线为现场实测值，粗线为计算值），从图中可以发现，计算得的面板顶部高程与沟后面板砂砾石坝的实际调查结果是较为接近的。

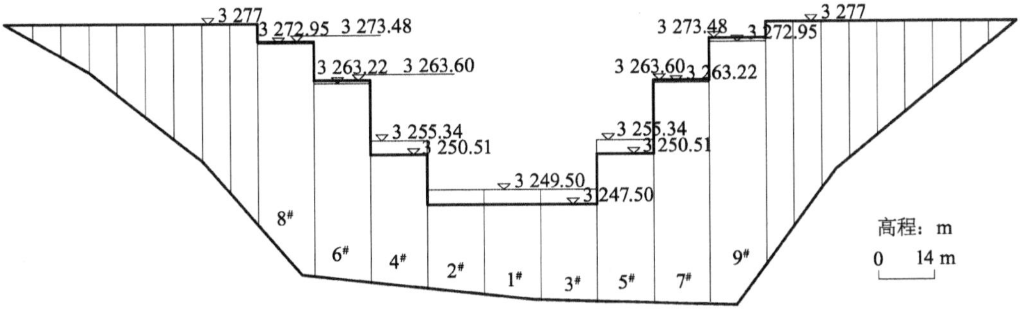

图 8.26　沟后面板砂砾石坝漫顶溃决计算残留面板高程

结合本章所建立的混凝土面板砂砾石坝漫顶溃决数学模型，通过对沟后面板砂砾石坝漫顶溃决过程进行数值模拟，并与现场事故调查实测值进行对比，结果如表 8.7 所示，分析发现：(1)由于沟后面板砂砾石坝漫顶溃决过程并未有实测数据，因此无法直接验证溃坝过程中溃口流量过程，通过与现场调查推测结果的比较，计算所得流量峰值基本处于现场调查所推测的流量范围内，峰值流量出现时间为 1.57 h，溃坝结束后计算总库容下泄量为 $2.32\times10^6\ m^3$，比实测值大 $2.42\times10^6\ m^3$（偏差−4.1%）；(2)通过与溃坝结束后的现场残余坝体的实测值进行对比，计算所得溃口顶宽、底宽均与实测值大体相同（偏差分别为 5.9%、6.5%），只是计算所得的溃口深度比实测结果小 16.97 m（偏差−32.01%）；(3)计算所得沟后面板砂砾石坝漫顶溃坝过程结束后坝前库水位与实测值基本一致，每块面板折断后的残余坝高与现场实测值也基本相近，计算所得的高程差基本在 2 m 以内。综上所述，利用本章建立的混凝土面板砂砾石坝漫顶溃坝数学模型，对沟后面板砂砾石坝漫顶溃坝过程中溃口流量过程、溃口形状、库水位下降过程及面板折断情况进行计算并与实测结果进行对比，基本能够再现沟后面板坝的漫顶冲刷发展过程，也验证了本章所建立模型在模拟混凝土面板砂砾石坝漫顶溃坝过程方面的合理性与适用性。

表 8.7　沟后面板砂砾石坝漫顶溃坝计算值与实测值的对比

数据来源	峰值流量(m^3/s)	库容下泄量($\times 10^6 m^3$)	溃口顶宽(m)	溃口底宽(m)	溃口深度(m)
计算值	3 665.2	2.32	145.1	65.8	36.04
现场调查	1 500～3 800	2.42	137.5	61.0	53.01
偏差	—	−4.1%	+5.9%	+6.5%	−32.01%
数据来源	峰值时刻(h)	溃坝时长(h)	库区水位(m)	面板高程(m)	
计算值	1.57	2.43	3 247.58	3 247.9	
现场调查	—	2.33	3 250	3 249.5	
偏差	—	+4.2%	2.42 m	−1.6 m	

8.3.4　重要参数敏感性分析

本章所建立的混凝土面板砂砾石坝漫顶溃坝数学模型为基于基本物理过程的模型,涉及较多参数。众多周知,模型参数的增加会给模型计算结果带来不确定性,因此,了解模型计算结果的可靠程度对于预测混凝土面板砂砾石坝漫顶溃决过程非常重要。这一节将利用本章建立的漫顶溃坝数学模型,同时结合沟后面板砂砾石溃坝实例,重点研究模型中几个重要的不确定性因子的不同取值对计算结果的影响程度。

(1) 材料冲蚀率对溃坝过程的影响

坝体材料的抗冲刷能力对于土石坝的溃坝速度、溃坝过程影响十分明显,因此研究模型中体现筑坝材料抗冲刷性能的参数的敏感程度,确定其计算稳定性具有重要意义。由于本章提出的混凝土面板砂砾石坝漫顶溃坝数学模型,在考虑溃口坝料输移时采用的是非平衡坝料输移方程来进行计算的,因此坝料的冲蚀率主要是通过坝料输移方程中的非平衡输砂自适应系数来进行控制的。下面分别将沟后面板砂砾石坝漫顶溃坝过程中模拟所用的非平衡输沙系数乘以 1/2 和 2,其他参数保持不变,再次对溃坝过程进行数值计算,将计算结果与原计算结果进行对比,重点分析非平衡输砂自适应系数对溃口流量过程、溃口展宽过程、残留坝高及面板折断过程的影响,如表 8.8 所示。

表 8.8　材料冲蚀率对溃口发展过程的影响

自适应距离	峰值流量(m^3/s)		峰值时刻(h)		溃口底宽(m)		溃口顶宽(m)		残留坝高(m)	
	计算值	偏差	计算值	偏差	计算值	偏差	计算值	偏差	计算值	偏差
$0.5L$	3 966.14	+8.2%	1.59	1.2%	71.56	+8.7%	163.61	+12.7%	30.7	−13.2%
L	3 665.16	—	1.57	—	65.84	—	145.14	—	35.36	—
$2L$	3 511.27	−4.2%	1.57	0	61.99	−5.8%	133.15	−8.3%	38.37	+8.5%

图 8.27 为不同的自适应距离 L 取值对沟后面板砂砾石坝漫顶溃坝溃口流量过程的影响。从图中可以看出，随着 L 取值的增加，泄流过程中峰值流量逐渐减小，峰现时间逐渐滞后，这一现象容易从坝料冲刷规律中得到解释：随着 L 的增加，砂砾石坝料的抗冲刷性能逐渐增强，因此在水流作用下溃口的扩展速度明显变缓，由于溃口下切速度慢，相应出现流量峰值的时间也就逐渐延后。另一方面，坝体材料抗冲刷性能越强，溃口发展速度较慢，而溃口断面越小，对应的流量峰值越小，因此，随着 L 的增加，溃口峰值流量逐渐减小，峰值出现时间越靠后。尽管 L 的增大会造成峰值流量的减小，但是由图 8.27 可以看出，从流量激增到峰值的溃坝历时较短，不同非平衡输沙自适应距离 L 对峰值流量到达时间影响不大。此外，由表 8.8 可知，非平衡输沙自适应距离 L 对溃口峰值流量过程有一定的影响，不同取值对溃口峰值流量的影响偏差分别为＋8.2％、－4.2％。因此，在进行面板砂砾石坝漫顶溃坝过程数值模拟时，非平衡输沙自适应距离 L 的确定应当慎重。

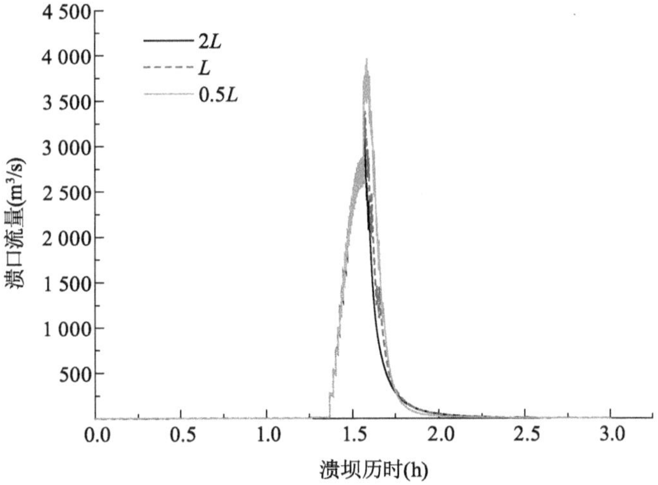

图 8.27　不同冲蚀率下溃口流量过程

不同的非平衡输沙自适应距离 L 取值对溃口底宽发展过程的影响如图 8.28 所示。从图中也可以明显看出，模型中的 L 对溃口的底宽发展同样有一定的影响。非平衡输沙自适应长度越大，坝体材料的抗冲刷性能越强，因此，在漫坝水流的作用下坝体溃口的发展速度越慢，并且泄流结束后溃口最终底部宽度也较小。由表 8.8 可知，L 的不同取值对溃口最终底宽影响偏差分别为＋8.7％、－5.8％。

图 8.29 为不同冲蚀率对溃口顶宽发展的影响。影响效果与底宽较为相似，

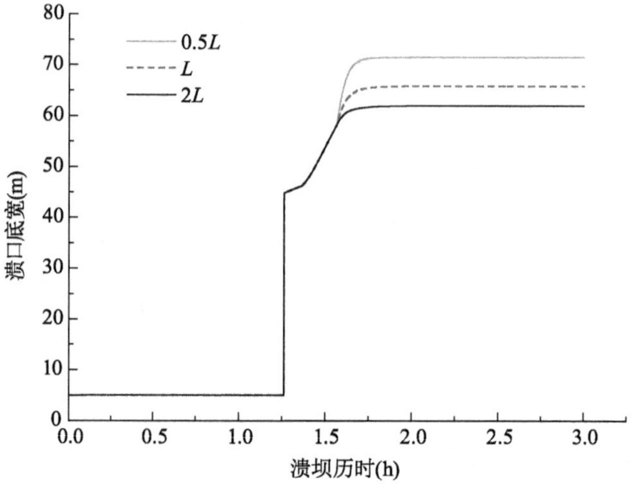

图 8.28　不同冲蚀率条件下溃口底宽发展过程

随着坝料抗冲刷性增加，溃口顶宽发展速度越慢，最终顶宽值也越小。不同的 L 取值对溃口顶宽的影响偏差分别为＋12.7％、－8.3％。可以看出，与底宽相比，L 对顶宽的影响相对较大，分析原因主要是由于当坝体物质抗冲刷性能增强时，溃口纵向下切速度较慢，溃口内水深较大，溃口边坡更易发生失稳，导致溃口顶面的横向扩展速度要快于底部。

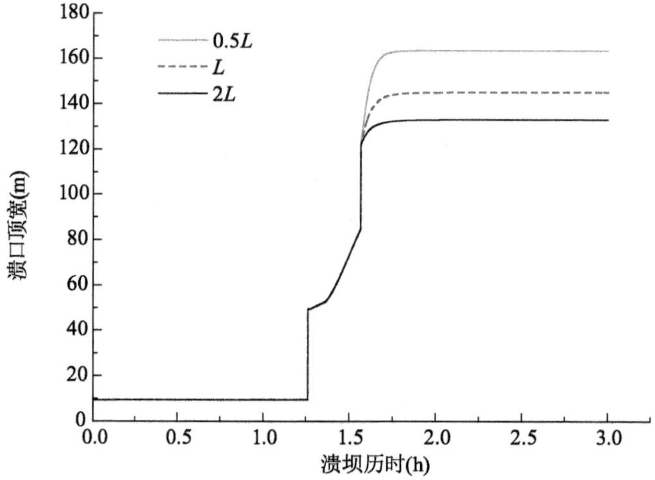

图 8.29　不同冲蚀率条件下溃口顶宽发展过程

图 8.30 为不同冲蚀率对溃口底部高程发展的影响。冲蚀率不同对残余坝高的影响效果与溃口宽度的发展过程较为相似，随着坝料抗冲刷性增加，溃口底部高程的降低速度越慢，最终溃口底部高程也越大，即坝体残余坝体较高。不同的 L 取值对溃口残余坝高的影响偏差分别为－13.2％、＋8.5％。

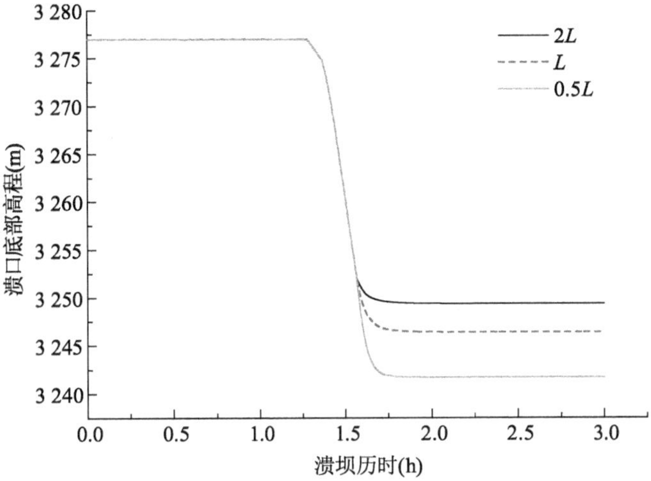

图 8.30　不同冲蚀率条件下溃口底部高程发展过程

不同冲蚀率条件下 1# 面板的折断长度发展过程如图 8.31 所示。从图中可以看出，三种冲蚀率下面板分别折断了数十次，并且随着 L 取值的增加，溃坝过程中 1# 面板的折断长度逐渐减小，这是由于随着 L 的增加，砂砾石坝料的抗冲刷性能逐渐增强，因此在水流作用下溃口的扩展速度明显变缓，由于溃口下切速度慢，相应地面板折断时刻也就逐渐延后，最终折断长度变短。此外，由表 8.9 可知，非平衡输沙自适应距离 L 对面板的折断长度和数量有一定的影响，$2L$ 条件下溃坝结束后折断面板数量为 7 块，在 L 和 $0.5L$ 条件下，溃坝结束后折断的面板数量均为 9 块。随着非平衡输沙自适应距离 L 的增大，发生折断的残余面板顶部高程逐渐增大，即残余面板长度也相应地增大。

表 8.9　溃坝结束面板顶部高程

自适应距离	高程(m)								
	1#	2#	3#	4#	5#	6#	7#	8#	9#
$2L$	3 250.9	3 250.9	3 250.9	3 256.2	3 256.2	3 267.3	3 267.3	3 277	3 277
L	3 247.49	3 247.49	3 247.49	3 250.5	3 250.5	3 263.5	3 263.5	3 273.4	3 273.4
$0.5L$	3 243.2	3 243.2	3 243.2	3 242.5	3 242.5	3 256.2	3 256.2	3 266.2	3 266.2

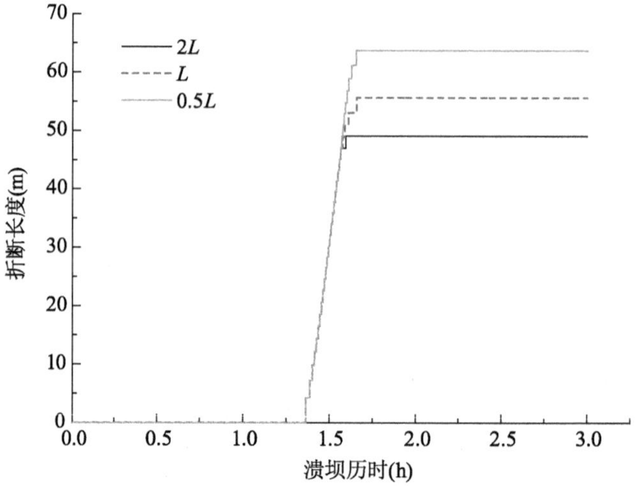

图 8.31　不同冲蚀率条件下 1# 面板折断长度发展过程

(2) 坝料粒径对溃坝过程的影响

面板砂砾石坝坝料的粒径对溃坝过程同样有较为重要的影响，是模型中另一个体现坝体材料抗冲刷性能的参数，材料粒径越大，坝体的抗冲刷性能越强。下面分别选取中值粒径分别为 d_{50} =1 mm、15 mm、500 mm，对沟后面板砂砾石坝漫顶溃坝过程进行计算，并与实际结果进行对比，同时重点分析坝料粒径对溃口发展过程和面板折断过程的影响，计算结果如表 8.10 所示。

表 8.10　材料粒径对溃口发展过程的影响

d_{50} (mm)	峰值流量(m^3/s)		峰值时刻(h)		溃口底宽(m)		溃口顶宽(m)		残留坝高(m)	
	计算值	偏差	计算值	偏差	计算值	偏差	计算值	偏差	计算值	偏差
1	3 757.26	+2.5%	1.59	1.2%	70.29	+6.7%	159.24	+9.7%	31.82	−9.7%
15	3 665.16	—	1.57	—	65.84	—	145.14	—	35.36	—
500	3 492.51	−4.9%	1.57	0	61.01	−7.3%	130.23	−11.4%	39.09	+10.5%

不同坝体材料中值粒径对溃口流量过程的影响如图 8.32 所示。因为坝体材料的粒径体现材料的抗冲刷性能，因此，中值粒径对溃口流量过程的影响情况与 L 较为相似。随着砂砾石坝料中值粒径的增加，坝体的抗冲刷性不断增强，溃口的扩展速度越来越缓慢，由此导致溃口流量峰值不断减小。与 L 对溃口流量过程的影响相似，粒径大小对峰值流量到达时间影响不大。由表 8.10 可知，不同粒径对

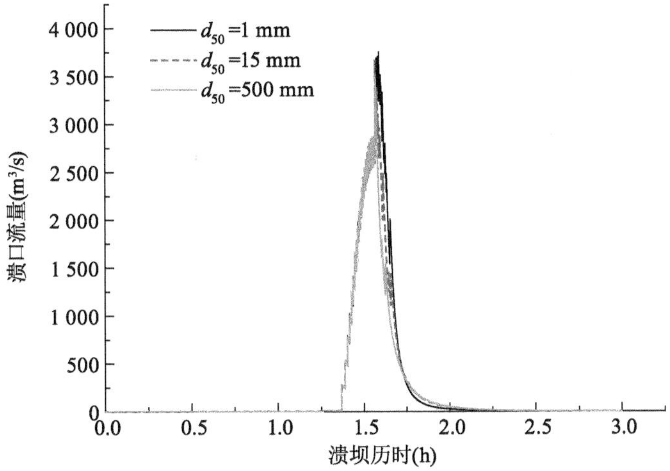

图 8.32　不同坝料粒径条件下溃口流量过程

沟后面板砂砾石坝漫顶溃坝溃口峰值流量的影响偏差分别为+2.5%、−4.9%。

不同的坝料粒径取值对溃口底宽发展过程的影响如图 8.33 所示。从图中也可以明显看出，模型中的坝料粒径对溃口的底宽发展同样有一定的影响。坝料粒径越大，坝体材料的抗冲刷性能越强，因此，在漫坝水流的作用下坝体溃口的发展速度越慢，并且泄流结束后溃口最终底部宽度也较小。由表 8.10 可知，粒径不同取值对溃口最终底宽影响偏差分别为+6.7%、−7.3%。

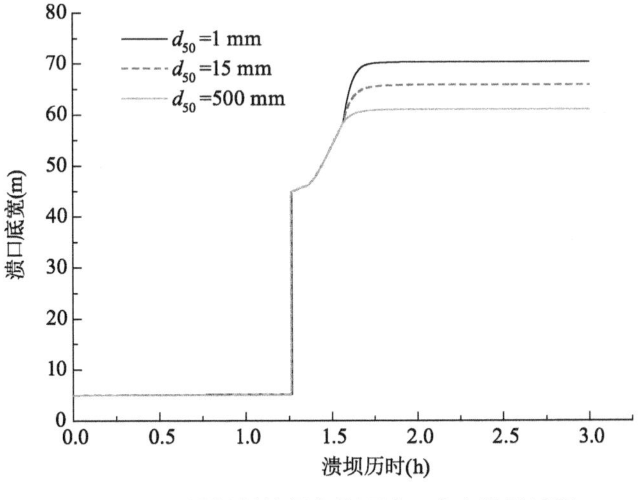

图 8.33　不同坝料粒径条件下溃口底宽发展过程

图 8.34 为不同坝料粒径对溃口顶宽发展的影响。影响效果与底宽较为相似，随着坝料抗冲刷性增加，溃口顶宽发展速度越慢，最终顶宽值也越小。不同的粒径取值对溃口顶宽的影响偏差分别为＋9.7％、－11.4％。可以看出，与底宽相比，坝料粒径对顶宽的影响相对较大，分析原因主要是由于当坝体物质抗冲蚀性能增强时，溃口纵向下切速度较慢，溃口内水深较大，溃口边坡更易发生失稳，导致溃口顶面的横向扩展速度要快于底部。

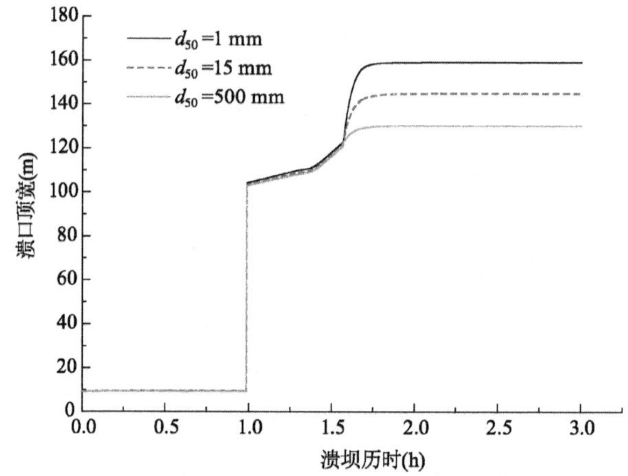

图 8.34　不同坝料粒径条件下溃口顶宽发展过程

图 8.35 为不同坝料粒径对溃口底部高程发展的影响。坝料粒径不同对残余坝高的影响效果与溃口宽度的发展过程较为相似，随着坝料抗冲刷性增加，溃口

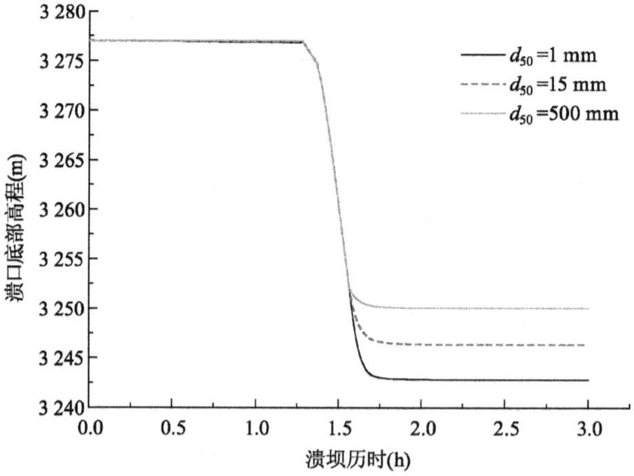

图 8.35　不同坝料粒径条件下溃口底部高程发展过程

底部高程的降低速度越慢，最终溃口底部高程也越大，即坝体残余坝高较高。不同的坝料粒径取值对溃口残余坝高的影响偏差分别为−9.7%、+10.5%。

表 8.11　不同坝料粒径条件下折断面板最终顶部高程

d_{50} (mm)	高程(m)								
	1#	2#	3#	4#	5#	6#	7#	8#	9#
1	3 244.4	3 244.4	3 244.4	3 245.0	3 245.0	3 256.4	3 256.4	3 269.8	3 269.8
15	3 247.49	3 247.49	3 247.49	3 250.5	3 250.5	3 263.5	3 263.5	3 273.4	3 273.4
500	3 250.8	3 250.8	3 250.8	3 255.9	3 255.9	3 267.3	3 267.3	3 277.0	3 277.0

不同坝料粒径条件下 1# 面板的折断长度发展过程如图 8.36 所示。从图中可以看出，不同坝料粒径条件下面板分别折断了数十次，并且随着粒径取值的增加，溃坝过程中 1# 面板的折断长度逐渐减小，这是由于随着坝料粒径的增加，砂砾石坝料的抗冲刷性能逐渐增强，因此在水流作用下溃口的扩展速度明显变缓，由于溃口下切速度慢，相应地面板折断时刻也就逐渐延后，最终折断长度变短。此外，由表 8.11 可知，坝料粒径对面板的折断长度和数量有一定的影响，中值粒径为 500 mm 时溃坝结束后折断面板数量为 7 块，在中值粒径分别为 1 mm 和 15 mm时溃坝结束后折断的面板数量均为 9 块。并且随着坝料粒径的增大，发生折断的残余面板顶部高程逐渐增大，即残余面板长度也相应地增大。

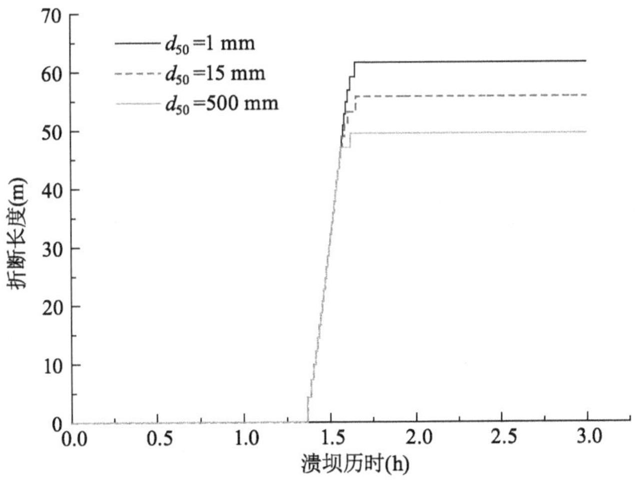

图 8.36　不同坝料粒径条件下 1# 面板折断长度发展过程

(3) 不同坝料内摩擦角对溃坝过程的影响

面板砂砾石坝坝料的内摩擦角对溃口边坡的稳定性有着一定的影响，进而在模型计算时将会对溃坝过程产生影响。下面选取坝料内摩擦角分别为 20°、40°、50° 对沟后面板砂砾石坝漫顶溃坝过程进行计算，并与实际结果进行对比，同时重点分析坝料内摩擦角对溃口发展过程和面板折断过程的影响，计算结果如表 8.12 所示。

表 8.12　坝料内摩擦角对溃口发展过程的影响

内摩擦角	峰值流量(m^3/s)		峰值时刻(h)		溃口底宽(m)		溃口顶宽(m)		残留坝高(m)	
	计算值	偏差	计算值	偏差	计算值	偏差	计算值	偏差	计算值	偏差
20°	3 954.97	+7.9%	1.50	−4.5%	61.93	−5.9%	181.97	+25.4%	36.04	+1.9%
40°	3 665.16	—	1.57	—	65.84	—	145.14	—	35.36	—
50°	2 956.94	−19.3%	1.69	+7.6%	69.69	+5.8%	110.1	−24.1%	35.14	−0.6%

不同坝体材料内摩擦角对溃口流量过程的影响如图 8.37 所示。从图中可以看出，随着砂砾石坝料内摩擦角的增大，溃口峰值流量不断减小，峰值流量到达时刻也不断延后。这是由于坝体材料内摩擦角越高，溃口边坡的稳定性越好，溃口边坡越不易发生失稳坍塌，使得溃口的发展速度相对减缓，由此导致溃口流量峰值不断减小，峰现时刻延后。由表 8.12 可知，不同坝料内摩擦角对沟后面板砂砾石坝漫顶溃坝溃口峰值流量的影响偏差分别为+7.9%、−19.3%，对峰值流量到达时刻的影响分别为−4.5%、+7.6%。

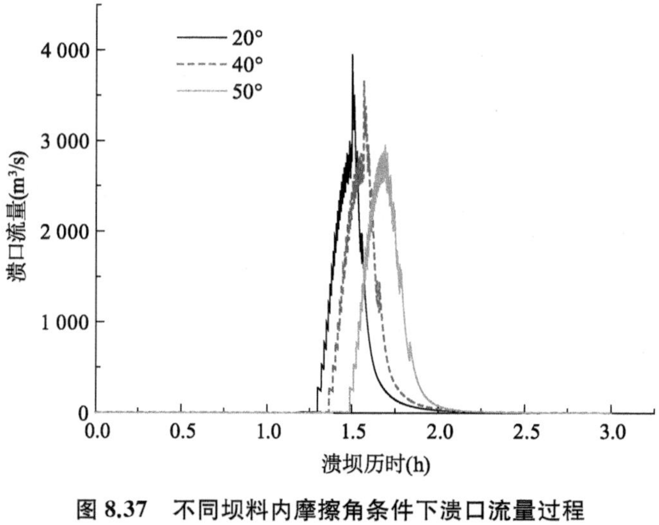

图 8.37　不同坝料内摩擦角条件下溃口流量过程

不同的坝料内摩擦角取值对溃口底宽发展过程的影响如图 8.38 所示。从图中也可以明显看出，模型中的坝料内摩擦角对溃口的底宽发展同样有一定的影

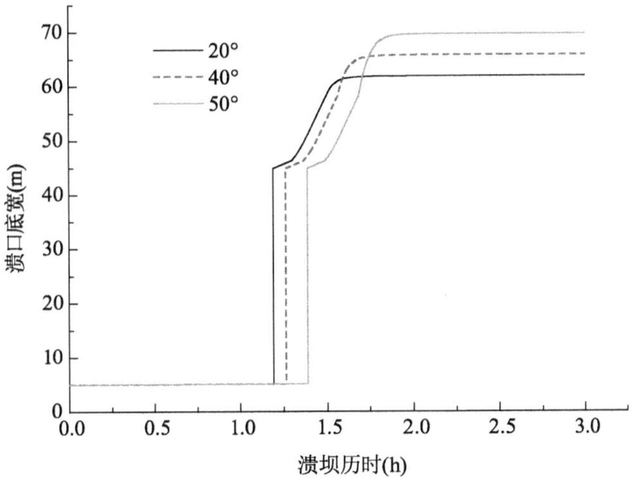

图 8.38　不同坝料内摩擦角条件下溃口底宽发展过程

响。坝内摩擦角越大，溃口最终底宽越大，这是由于坝体材料内摩擦角越大，边坡的稳定性越好，从而溃口边坡坡脚较大，因此，在漫坝水流的冲刷下溃口底部冲刷剧烈，溃坝结束后溃口最终底部宽度也较大。由表 8.12 可知，内摩擦角不同取值对溃口最终底宽影响偏差分别为－5.9％、＋5.8％。

图 8.39 为不同坝料内摩擦角对溃口顶宽发展的影响。随着坝料内摩擦角的增加，溃口顶宽发展速度越慢，最终顶宽值也越小。不同坝料内摩擦角取值对溃

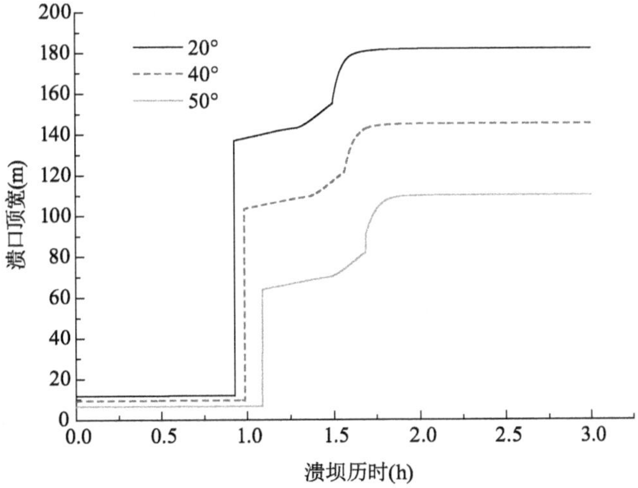

图 8.39　不同坝料内摩擦角条件下溃口顶宽发展过程

口顶宽的影响偏差分别为+25.4%、-24.1%。可以看出，与底宽相比，内摩擦角对顶宽的影响刚好相反，分析原因主要是由于当坝料内摩擦角增大时，溃口边坡稳定性增强，不易发生失稳，边坡坡脚较大，导致溃口顶面的横向扩展速度要与底部较为接近。

图8.40为不同坝料内摩擦角对溃口底部高程发展的影响。随着坝料内摩擦角的增加，溃口底部高程快速降低时间延后，最终溃口底部高程较低。不同的坝料内摩擦角取值对溃口残余坝高的影响较小，偏差分别为+1.9%、-0.6%。

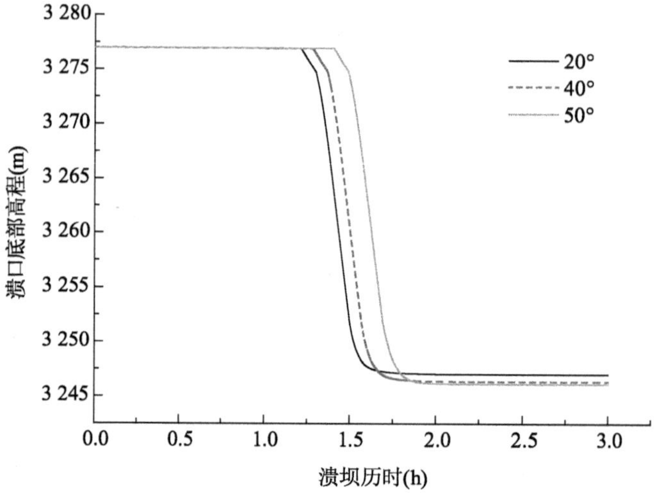

图8.40 不同坝料内摩擦角条件下溃口底部高程发展过程

不同坝料内摩擦角条件下1#面板的折断长度发展过程如图8.41所示。从图中可以看出，不同坝料内摩擦角条件下面板分别折断了数十次，并且随着坝料内摩擦角取值的增大，溃坝过程中1#面板的发生折断的时刻逐渐延后，这是由于随着坝料内摩擦角的增加，溃口边坡的稳定性逐渐增强，因此在水流作用下溃口的扩展速度明显变缓，相应地面板折断时刻也就逐渐延后，最终折断长度变短。此外，由表8.13可知，坝料内摩擦角对面板的折断长度和数量有一定的影响，坝

表8.13 不同坝料内摩擦角条件下折断面板最终顶部高程

内摩擦角	高程(m)										
	1#	2#	3#	4#	5#	6#	7#	8#	9#	10#	11#
20°	3 248.7	3 248.7	3 248.7	3 251.8	3 251.8	3 260.6	3 260.6	3 269.2	3 269.2	3 272.1	3 272.1
40°	3 247.49	3 247.49	3 247.49	3 250.5	3 250.5	3 263.5	3 263.5	3 273.4	3 273.4	—	—
50°	3 247.6	3 247.6	3 247.6	3 247.7	3 247.7	3 273.4	3 273.4	—	—	—	—

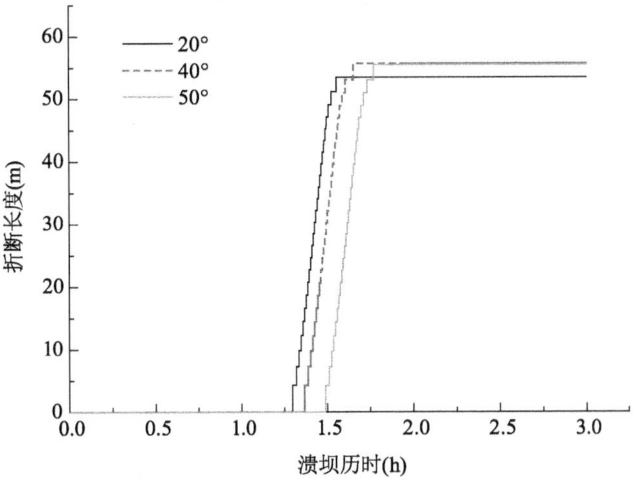

图 8.41　不同坝料内摩擦角条件下 1# 面板折断长度发展过程

料内摩擦角为 20°时溃坝结束后折断面板数量为 11 块，坝料内摩擦角为 40°时溃坝结束后折断面板数量为 9 块，坝料内摩擦角为 50°时溃坝结束后折断面板数量为 7 块。

8.4　小结

基于混凝土面板砂砾石坝滑坡漫顶溃决机理，建立了一个描述混凝土面板砂砾石坝滑坡漫顶溃决过程的数学模型。以青海沟后面板砂砾石坝漫顶溃坝为案例，对数学模型进行了验证。通过对溃口发展规律、溃口流量过程、溃坝过程中坝前库水位的降落过程、溃口底部高程变化过程以及面板折断过程进行计算，以及对模型中的部分参数进行敏感性分析，可以得出以下结论：

（1）建立的溃坝数学模型能够较好重现沟后面板砂砾石坝的滑坡漫顶溃坝过程，计算得出的溃坝洪水流量过程、最终下泄水量以及溃口形状和尺寸与实际调查资料接近，表明本章建立的数学模型和相应的计算方法可用于混凝土面板砂砾石坝滑坡漫顶溃坝过程模拟。

（2）溃坝数学模型参数敏感性计算分析结果表明：模型中的非平衡输砂自适应长度以及坝体砂砾石料的中值粒径对坝体的抗冲刷能力具有重要影响，随着坝料抗冲刷性能的提高，溃口峰值流量降低，坝体溃口宽度减小，残留坝高增大，面板折断长度减小；坝料内摩擦角主要影响溃口边坡的稳定性，随着坝料内摩擦角的增大，溃口峰值流量减小，溃口底宽增大，溃口顶宽减小，但坝料内摩擦角对残留坝高的影响相对较小。

主要参考文献

[1] Morris M W, Hassan M A A M, Vaskinn K A. Breach formation: Field test and laboratory experiments[J]. Journal of Hydraulic Research, 2007, 45(sup1): 9-17.

[2] Morris M W, Wallingford H R, Wallingford M H H. Conclusions and Recommendations from the IMPACT Project WP2: Breach Formation[J]. HR Walliugford, UK, 2005: 1-21.

[3] Hanson G J, Cook K R, Hunt S L. Physical Modeling of Overtopping Erosion and Breach Formation of Cohesive Embankments[J]. Transaction of the ASAE, 2005, 48(5): 1783-1794.

[4] Zhang J Y, Li Y, Xuan G X, et al. Overtopping breaching of cohesive homogeneous earth dam with different cohesive strength[J]. Science China Technological Sciences, 2009, 52(10): 3024-3029.

[5] 胡去劣，俞波.沟后面板坝溃决过程研究[C]//沟后面板砂砾石坝破坏机理与溃决过程研究.1996.

[6] 陈生水.土石坝溃决机理与溃坝过程模拟[M].北京：中国水利水电出版社，2012.

[7] Toledo M, Alves R, Mor N R. Structural failure of the clay core or the upstream face or rockfill dams in overtopping scenario[C]. 1st International Seminar on Dam Protections Against Overtopping and Accidental Leakage, UPM, Madrid, 2015.

[8] 胡去劣，俞波.面板坝溃决过程模拟计算[J].水动力学研究与进展，2000, 15(2): 169-176.

[9] 陈生水，徐光明，钟启明，等.土石坝溃坝离心模型试验系统研制及应用[J].水利学报，2012, 39(2): 241-245.

[10] Vaskinn K, Lovell A, Hoeg K, et al. IMPACT: Physical modelling of breach formation: Large scale field tests[C]. Association of State Dam Safety Officials: Dam Safety Conference, 2004.

[11] Wu W. Computational river dynamics[J]. Crc Press, 2008.

[12] Rijn L C V. Sediment Transport, Part I: Bed Load Transport[J]. Journal of Hydraulic Engineering, 1985, 110(10): 1431-1456.

[13] Rijn L C V. Sediment Transport, Part II: Suspended Load Transport[J]. Journal of Hydraulic Engineering, 1984, 110(110): 1613-1641.

[14] 吴伟明，李义天.一种新的河道一维水流泥沙运动数值模拟方法[J].泥沙研究，1992(1): 3-10.

[15] 韩其为,何明民.水库淤积与河床演变的(一维)数学模型[J].泥沙研究,1987(3):16-31.

[16] Chang H H. Fluvial Processes in River Engineering[M]. New York: Wiley, 1992.

[17] Osman A M, Thorne E C R. Riverbank Stability Analysis. I: Theory[J]. Journal of Hydraulic Engineering, 1988, 114(2): 134-150.

[18] Sun J, Lin B, Yang H. Development and application of a braided river model with non-uniform sediment transport[J]. Advances in Water Resources, 2015, 81(45): 62-74.

[19] Gang Z, Hong W, Shao X J, et al. Numerical model for sediment transport and bed degradation in the Yangtze River channel downstream of Three Gorges Reservoir[J]. Journal of Hydraulic Engineering, 2009, 135(9): 729-740.

[20] Jia D, Shao X, Wang H, et al. Three-dimensional modeling of bank erosion and morphological changes in the Shishou bend of the middle Yangtze River[J]. Advances in Water Resources, 2010, 33(3): 348-360.

[21] Wu W. Depth-Averaged Two-Dimensional Numerical Modeling of Unsteady Flow and Nonuniform Sediment Transport in Open Channels[J]. Journal of Hydraulic Engineering, 2004, 130(10): 1013-1024.

[22] Karim F, Kennedy J F. Missouri rioer compluter-based predictions for mobile-bed modeling, Parts[J]. Journal of Hydro-environmant Research, 1990, 28: 1-12.

[23] 钱宁.黄河下游河床的粗化问题[J].泥沙研究,1959(1):18-25.

[24] 韩其为.非均匀悬移质不平衡输沙的研究[J].科学通报,1979,24(17):804-808.

[25] Borah D K, Alonso C V, Prasad S N. Routing Graded Sediments in Streams: Formulations[J]. Journal of the Hydraulics Division, 1982, 108(12): 1486-1503.

[26] Niekerk A V, Vogel K R, Slingerland R L, et al. Routing of Heterogeneous Sediments over Movable Bed: Model Development[J]. Journal of Hydraulic Engineering, 1992, 118(2): 246-262.

[27] Wu W, Vieera D A, Wang S S Y. New Capabilities of the CCHE1D Channel Network Model[C]//Joint Conference on Water Resource Engineering and Water Resources Planning and Management. 2000.

[28] Rijn L C V. Sediment Transport, Part III: Bed Forms and Alluvial Roughness[J]. Journal of Hydraulic Engineering, 1984, 110(12): 1733-1754.

[29] Rijn L C V. Unified view of sediment transport by currents and waves, II: Suspended transport[J]. Journal of Hydraulic Engineering, 2007, 133(6): 668-689.

[30] Liu F, Fu X, Wang G, et al. Physically based simulation of dam breach development for Tangjiashan Quake Dam, China[J]. Environmental Earth Sciences, 2012, 65(4): 1081-1094.

[31] 张瑞瑾.河流泥沙动力学[M].北京:中国水利水电出版社,1998.

[32] 李君纯.沟后面板坝溃决的研究[J].水利水运工程学报,1995，1(4)：425-434.
[33] 李雷,盛金保.沟后坝砂砾料的工程特性[J].水利水运工程学报,2000(3)：27-32.
[34] 陈祖煜.沟后水库大坝失事实录[J].水力发电,1994，1(2)：19-22.
[35] 刘杰.沟后水库溃坝原因初步分析[J].人民黄河,1994(7)：28-32.
[36] 李雷.沟后坝面板顶接缝的变形分析[J].水电与抽水蓄能，1995(5)：35-39.

第 9 章
水库大坝边坡稳定监控预警指标研究

水库大坝边坡滑坡形成机理、形成条件及诱发滑坡因素具有复杂性、多样性、随机性和非线性，包含诸多的模糊、随机和不确定性的因素，本章在总结以往有关滑坡研究成果的基础上，以某水库大坝边坡滑坡为例，对引起边坡滑坡的影响因素进行了分析，构建了水库大坝边坡滑坡预警指标体系，包含降雨量预警指标、变形预警指标和坡角预警指标。

9.1 边坡滑坡宏观破坏迹象和前兆异常现象

9.1.1 边坡滑坡阶段及宏观变形迹象

滑坡形成是一个孕育、发展和消亡的演化过程，滑坡从开始变形到剧烈滑坡的全过程，一般可分为四个阶段：缓慢蠕动阶段、均速变形阶段、加速变形阶段和临滑阶段。边坡在发展演化过程中，不同阶段将伴随不同的宏观变形破坏和迹象。

根据边坡的宏观变形破坏迹象，可以从定性的角度判断边坡所处的演化阶段及其稳定性状况。边坡宏观变形破坏常常有裂缝、隆起与沉陷、沉降、崩塌、地下水变化等。

9.1.2 边坡滑坡宏观前兆异常现象

与地震、火山等其他自然灾害相似，滑坡失稳前，尤其是大型滑坡发生前也表现出多种宏观前兆，如地下水、地声、地气、动物异常等。地下水异常主要有滑坡体及前缘泉点数目增加或减少，水位跃变，水质、水温、水的颜色发生变化等；地声异常主要有岩土体移动、破裂、摩擦发出的声响，建筑物倒塌、滚石发出的声响等；动物异常主要有蛇出洞、家蜂外逃、老鼠搬家、麻雀迁移等现象。由于这些现象在边坡临滑发生前表现直观，所以将其用于临滑预报十分有效。

9.2 水库大坝边坡预警分类和筛选

9.2.1 水库大坝边坡预警指标分类

水库大坝边坡预警指标的类型较多，从空间上分为宏观、中观和微观预警指标；从时间上分为长期、中期和短期预警指标；从指标内涵上分为警源指标、警情指标和警兆指标。警情产生于警源和警兆，预警是以警源指标为依据，分析警兆的报警区间，参照警情指标的警限和警度划分，预报警素的严重程度，再对照警源指标，采取排警措施。因此，警兆指标的确定是预警系统的关键因素。

边坡滑坡安全预警的方式主要有指标预警法、统计预警法和模型预警法。其中指标预警法具有简单、实用和快速的特点，是统计预警法和模型预警法的基础。

9.2.2 水库大坝边坡预警指标筛选条件和原则

对边坡滑坡进行预警时，用一个指标往往难以准确评价边坡稳定存在的问题，需要建立评价指标体系，指标体系的科学与否直接决定着预警的准确性。因此，它是预警系统中的关键环节。

1. 边坡预警指标体系确定依据

(1) 立足于现有统计指标和数据，使用统一、公认的各种指标和以各种指标为基础的变化量，便于对结果的比较。

(2) 一种警源可以选用多个警兆指标进行分析，即扩散指标方式。这样不仅能详细地表现警源，还可以为警兆指标建立时的筛选提供更多的选择。

2. 边坡预警指标体系确定原则

(1) 全面性与代表性相结合。边坡滑坡预警指标要求指标能准确、清楚地反映边坡安全问题。

(2) 定性和定量指标相结合。边坡预警中，定性和定量指标非常重要，因而必须全面加以利用，从而全面反映边坡的现状。

(3) 科学性与可操作性相结合。边坡预警指标的构成既要科学合理，又必须考虑数据和信息的可获取性，尽可能多利用经过甄别的统计数据。

(4) 相对独立。有些边坡预警需要一个指标，有些边坡预警需要多个指标，设计指标时尽可能减少各个指标之间的重叠区域，将其相关性减少到最低限度。

3. 边坡预警指标体系构建方法

在边坡预警指标体系构建过程中，首先要进行触发边坡滑坡的模式挖掘，找出边坡可能的滑坡模式，对影响边坡滑坡的因素进行指标拟定，一般采用以下几个步骤：

（1）层次分析

首先要对边坡失事模式进行层次分析，并根据实际情况，将其分为两个或三个层次，对每个层次的指标进行初选。

（2）“海选”状态指标

所谓“海选”即不受条件的限制，凡是能够描述该层次状态的所有指标尽可能全面地一一列出，其目的是全方位地考虑问题，防止重要指标（失事模式）的遗漏。

（3）初步确立指标体系

初步确立指标体系就是对“海选”的指标群（失事模式）进行初步筛选，筛掉不适宜指标。其基本的方法是：主观预断、理论分析和频度统计法。主观预断就是根据专家经验和专业知识，确定可以入选的指标，此办法可以筛掉部分指标。理论分析就是将相关的理论作为衡量指标的一种尺度，去掉明显不符合该理论的指标；频度统计法是对目前的研究进行统计，选用使用频率较高的指标作为参选指标的种子。经过上述步骤可去掉相当一部分“海选”指标，从而初步确立指标体系。

（4）确立指标体系

在初步确立的指标体系基础上，对指标体系进行最后一次筛选，基本方法是独立性分析和主成分分析，其目的是对指标之间意义上有交叉重复的指标再次选择或重组。所谓独立性分析就是在计算各种指标相关系数的基础上，选择一定的阈值作为标准，排除相关密切的指标，选用相互独立的指标；主成分分析就是通过指标重组，仅需选取少数几个主成分指标即可承载足够多的信息，反映边坡的状况。

9.3　边坡预警总体结构

明确警义是前提，是预警研究的基础；寻找警源是对警情产生原因的分析，是分析和排除警患的基础；分析警兆是对警情出现先兆的分析，是预报警度的基础；预报警度是发布或排除警情的根据；而发布或排除警情是预警系统的目标所在。

警义是预警系统的起点，是指在系统发展过程中表现警情的含义[1]。警源是指警情产生的根源，用来描述和分析警源的指标，即滑坡已存在或潜伏着的“病灶”，如降雨引起的边坡滑坡。从警源的产生原因和生成机制看，警源主要有三类：一类是来自外在的警源即自然警源，如地形地貌、水文地质、地震等一些自然灾害；一类是人为警源，如人类活动过程等；一类是内生警源，如边坡结构、边坡材料等。警情是指事物发展过程中出现的异常情况，边坡主要警情分为滑动、破坏性裂缝等。警兆是指警素发生异常变化导致警情发生前出现的先兆。警兆分析是预警过程中的关键环节。警兆指标又称先导指标或先行指标，它是预警指标的主体，是唯一能够直接提供预警信号的一类指标。

预警首先是分析、检验和判断风险是否可以接受的过程，本章将预警系统分为层次维度、空间维度、时间维度和预警指标维度[1-2]。

(1) 预警指标维度

该维度是预警逻辑结构的核心。根据预警系统的基本原理，该维度主要包含警情、警度、警源和警兆四部分。基本流程是寻找警源、识别警兆、分析警情和预报警度。警源是警情产生的根源，根据影响边坡安全的因素不同分为荷载因素和非荷载因素两种。警兆是发生警情的先导指标，具有隐蔽性和瞬时性特点，因此识别难度较大，识别方法有警源变化、统计经验和相关安全监测三类。警度级别的确定主要从结构的变化方向、变化速度和变化状态三个方面着手。警情分析主要根据警度的级别制定必要的处理措施，包括应急预案。

(2) 时间维度

时间是预警的重要参数，预警发布与警情发生的时间间隔越短，警情越紧急。根据这一时间间隔的长度，系统分为突发性预警、短期预警、中长期预警和长期预警四个时间阶段。其中，突发性安全预警显得尤为重要。警源的监控和警兆的识别是保证突发性安全预警有效性的重要措施。

(3) 空间维度

该维度涉及预警的地理空间和预警管理尺度范围。地理空间范围主要从利用 3S 技术对预警几何空间数据进行分析的角度来划分。预警系统管理尺度主要从行政以及自然特征角度划分，包括单个边坡、一个边坡群和整个地区等。

(4) 层次维度

该维度主要从安全预警对象的结构建模角度进行划分，并随着力学模型的深入而逐渐完善，主要包括单因子预警(即各场之间单独考虑)、多因子预警(即考虑两场之间的耦合关系)和综合预警(即考虑多场之间的耦合)等三类，见图 9.1。

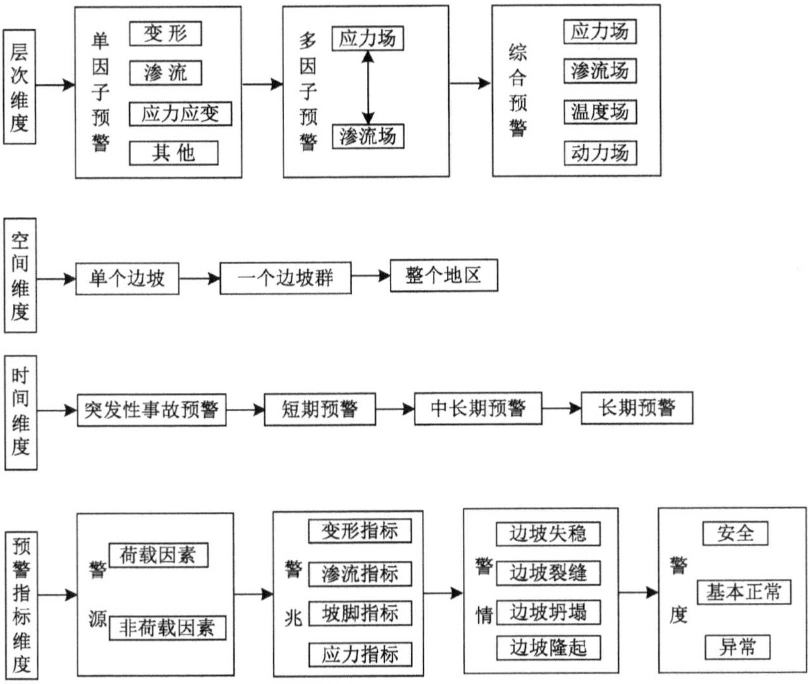

图 9.1　水库大坝边坡预警总体结构图

9.4　水库大坝边坡预警指标体系结构层次

边坡滑坡受到内在因素和外在因素影响，是多个因素指标综合作用的体现，因此滑坡的评价指标也是多因素的综合。滑坡指标体系第一层为基础因子和诱发因子，基础因子主要与地形地貌和边坡地质构造等因素有关，诱发因子主要表现为滑坡灾害发生的触发因素，如降雨、地震活动和人类工程活动等。第二层进一步把基础因子、诱发因子细化，基础因子包括地形地貌、地层岩性、地质构造、边坡结构、植被、人类活动、年均降雨量、地震动参数等因素。为了便于指标因子的量化和取值，将第二层因子进一步细化形成第三层次因子，如地形地貌包括坡脚、坡脚冲刷、坡高等；边坡结构包括结构类型、软弱岩层和软弱面控制程度等；降雨状况包括一次性最大降雨强度、日降雨强度和月平均降雨强度等；人类活动包括活动强度、人口密度、现有交通道路的影响等。本章在综合分析影响边坡滑坡因素的基础上，结合边坡滑坡特点、某水库边坡滑坡特点以及室内模型试验等，分析边坡滑坡警兆指标体系，研究预警指标的结构层次，提出边坡滑坡的预警指标。降雨量指标、变形指标和坡角指标在实际边坡预警中便于操作，也是边坡滑坡中经常遇到的问题，因此选取降雨量、变形和坡角为边坡预警指标进行研究，如图 9.2 所示。

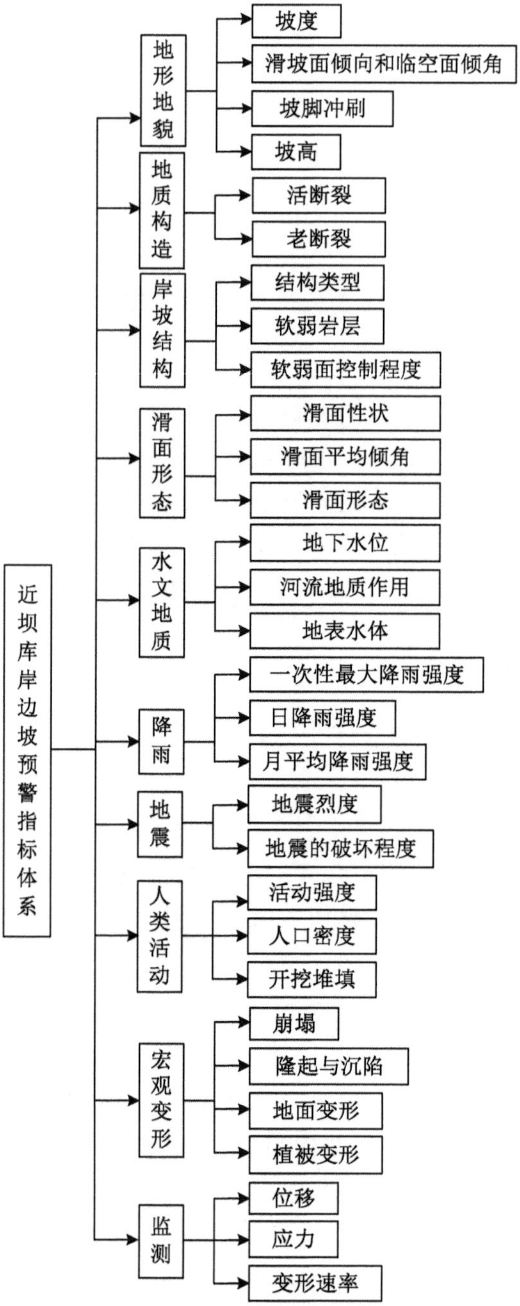

图 9.2　水库大坝边坡预警指标体系图

9.5　小结

本章从预警系统原理和影响边坡滑坡的因素出发，对水库大坝边坡预警指标体系的关键技术问题进行了归纳总结，主要包括：

(1) 在前人对边坡滑坡研究的基础上，基于预警系统的三维结构图，构建了水库大坝边坡预警总体结构图。

(2) 基于边坡预警总体结构，结合影响边坡滑坡的因素，在对水库大坝边坡滑坡分析的基础上，研究了水库大坝边坡预警指标的分类、预警指标筛选的条件和原则以及指标体系的构建方法。

(3) 结合水库大坝边坡预警指标体系和某水库大坝边坡滑坡特点，选取了降雨量、变形和坡角为水库大坝预警指标，构建了边坡滑坡预警指标体系研究。

主要参考文献

[1] 马福恒.病险水库大坝风险分析与预警方法[D].南京：河海大学，2006.
[2] 向衍.高坝坝体与复杂坝基互溃的力学行为及其分析理论[D].南京：河海大学，2005.

第 10 章 水库大坝边坡稳定监控预警模型研究

影响水库大坝边坡滑坡的主要因素较多，如降雨、边坡结构、库水位、坡角、地震等，本章选取降雨量、变形和坡角为预警指标，未考虑地震、库水位变化对边坡稳定的影响；采用饱和-非饱和渗流理论、简化的 Bishop 法、变形突变理论，建立水库大坝边坡稳定的监控模型，研究预警指标的拟定方法，拟定降雨量预警指标、变形预警指标和坡角预警指标。

10.1 水库大坝边坡降雨量与坡角监控模型

10.1.1 饱和-非饱和渗流理论

基于饱和-非饱和渗流理论边坡模拟，根据达西定律和质量守恒连续性方程，可导出饱和-非饱和水分运动的基本方程，饱和-非饱和渗流方程，即式(7-5)。

通过求解式(7-5)即可得到坡体内的渗流场，本章采用 GeoStudio 软件中的 Seep/W 模块和 Sigma/W 模块对边坡的稳定性进行分析[1-4]。边坡稳定分析中采用非饱和土边坡稳定性计算方法——Bishop 法。

10.1.2 基于非饱和土理论的简化 Bishop 法

传统的边坡稳定性极限平衡分析方法是建立在饱和土体 Mohr-Coulomb 强度准则基础上的，对于降雨入渗作用下边坡稳定性分析，仅限于考虑饱和渗流场内由于降雨引起的地下水压力升高对边坡稳定性的影响。基于非饱和土理论的边坡稳定性极限平衡法是建立在非饱和土体引申的 Mohr-Coulomb 强度准则基础上的，对降雨作用下的边坡稳定性的分析，其不仅考虑饱和区内由降雨引起的地下水压力升高对边坡稳定性的影响，而且考虑非饱和区基质吸力的变化对边坡稳定性的影响[5-8]。简化 Bishop 法计算公式见式(7-34)，与第四章边坡稳定系数计算方法相同。

10.2　水库大坝边坡稳定变形监控模型

10.2.1　滑坡体变形的突变理论

大量滑坡是降雨诱发的，许多学者基于力学规律及确定性的分析方法，对降雨和滑坡的相关性问题进行了研究，并力求建立降雨量和滑坡之间的定量关系。然而，由于滑坡演化的复杂性、非线性以及滑坡体各种参数的不确定性，通过确定性模型建立滑坡监控指标值，需要有效的边坡物理力学参数，计算难度和复杂性较大。滑坡区域地形复杂多样，大量潜在滑坡体地质条件及力学参数获取较难，针对此类滑坡的监控预警，需要一种较为简单而有效的方法。

突变理论由法国数学家 Thom 于 1972 年创立，用来描述自然界中大量存在的不连续的突然变化现象。它来源于拓扑学，是在拓扑学、群论、奇点理论、分叉理论、微分流形等数学分支上发展起来的，其主要数学渊源是根据势函数把临界点分类，将各种领域中的突变现象归纳到不同类别的拓扑结构中，进而研究各种临界点附近非连续状态特征，以更加深刻地认识不连续现象的机理。Thom 研究提出如果控制变量不超过 4 个，则函数最多只有 7 种突变形式，分别是折叠、尖点、燕尾、蝴蝶、双曲脐点、椭圆脐点、抛物脐点突变。尖点突变模型是比较简单的一类突变模型。在地质工程领域突变理论特别适用于描述作用力或动力的渐变导致状态突变的现象。地震、滑坡等岩体失稳现象的孕育发生过程是渐变-突变过程，因此可借助突变理论进行边坡滑坡的监控预警分析研究，见图 10.1。

突变理论的特点是过程连续而结果不连续，可以被用来认识和预测复杂的系统行为。

尖点突变模型的势函数的一般表达式为：

$$V(x)=x^4+ux^2+vx \tag{10-1}$$

式中：x 为状态变量；u、v 为控制参数；$V(x)$ 表示一种势，即状态为 x 时，系统存在的能量。

当系统处于平衡状态时，则：

$$V'(x)=0 \tag{10-2}$$

其平衡曲面方程可表示为：

$$4x^3+2ux+v=0 \tag{10-3}$$

此三次方程的实根为一个或三个，其判别式为 $\Delta=8u^3+27v^2$，当 $\Delta>0$ 时，有一个实根；$\Delta<0$ 时，有三个互异的实根；$\Delta=0$ 时，三个实根中有两个相同（u、v 均不为零）或三个均相同（$u=v=0$）。

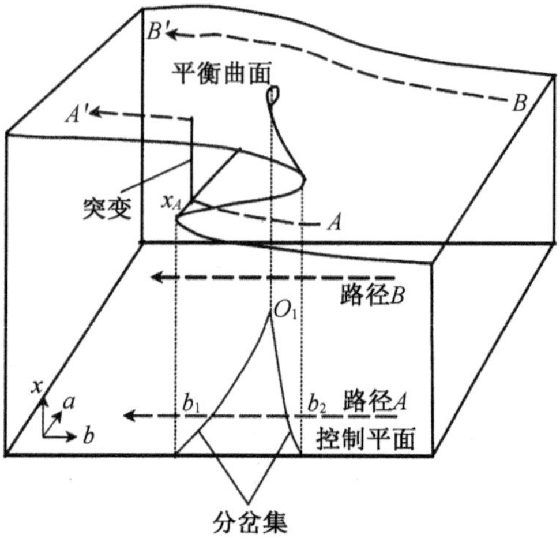

图 10.1　尖点突变模型曲面图

通常将系统处于平衡态，即 $V'(x)=4x^3+2ux+v=0$ 所确定的曲面称为突变流形图，该图代表了势 V 在不同状态 x 时的变化情况，上、中、下三叶代表了可能的三个平衡状态，其中上、下两叶是渐进稳定的，中叶是不稳定的，势 V 由上叶向下叶或下叶向上叶的变化中，必然有一个突变过程，系统处于不稳定状态。

10.2.2　滑坡体变形的突变模型

大量的蠕变试验和边坡变形监测资料表明，按边坡的变形-时间曲线特征，可将边坡滑坡分为稳定型、渐变型、突发型。稳定型滑坡地质条件较好，在自然状态下边坡处于基本稳定状态，变形监测数据不随时间的变化增大。当受到外界的降雨、地震、泥石流冲沙等扰动时，边坡会出现一定的变形或开裂，但当这些因素消失后，坡体又逐渐趋于稳定或变形增量随时间无限趋近于 0。渐变型滑坡地质条件较差，边坡较陡，通过监测数据能够发现其具有时效变形特征。此类滑坡的演化一般需经历较长时间的变形与应变能的积累，坡体在无限远时不会趋于稳定，变形增量随时间无限趋近于某个常量。当受到外界的降雨、地震、泥石流冲沙等扰动时，水库边坡会出现一定的变形或开裂，此后坡体变形量逐渐增大，变形增量随时间增大，在经历一段时间后，出现局部明显变形并逐渐导致最终失稳，边坡最后出现滑坡。突发型滑坡通常处于有地质缺陷的底层中，边坡变形处于发散过程，变形速率随时间增大，从边坡变形到边坡滑动时间很短。见图 10.2。

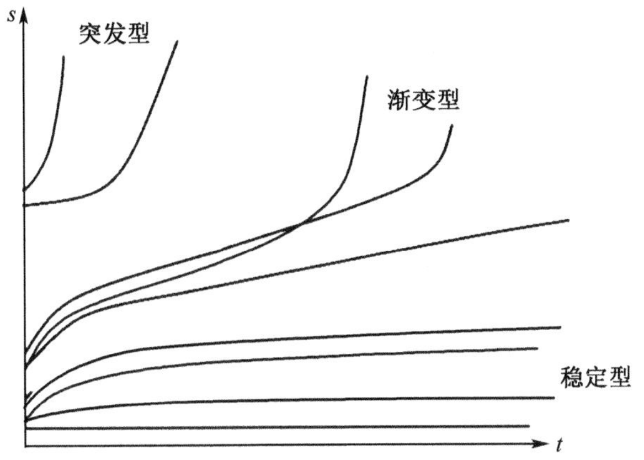

图 10.2　水库滑坡变形演化分类图

三类滑坡中渐变型滑坡具有普遍性，这类滑坡在逐渐变形过程中，受到前期强降雨影响，降雨入渗使得边坡体内的地下水潜水面升高，滑面岩土体软化，从而降低了边坡的稳定性，导致滑坡的发生。当潜在滑坡体受剪切产生变形时，切应力 τ 和切应变 u 的本构关系为：

$$\tau = kG\frac{u}{e^{\left(\frac{u}{u_{\tau\max}}\right)^m}} \tag{10-4}$$

式中：G 为剪切模量；k 为常数项；$u_{\tau\max}$ 为切应力达到最大时的应变量，通过实验可以得到其对应关系。考虑到土体的应变软化效应，当 u 超过 $u_{\tau\max}$ 后出现应变软化效应，m 为应变软化效应乘数。

当出现降雨入渗时，土体强度降低，剪切模量降低。w 为含水率，G_0 为 $w=0$ 条件下的剪切模量，可得到不同含水率条件下剪切模量的折减系数 k，则剪切模量可表示为：

$$f(w)G_0 = kG_0 = G_0(a\omega^2 + b\omega + c) \tag{10-5}$$

式中：a、b、c 为常数项，且有约束条件 $w=0$，$G=G_0$。

在土体应变软化效应下，$\tau_{\max}$ 和 $u_{\tau\max}$ 与土体剪切模量相关，则：

$$u_{\tau\max} = f_\tau(G_0,\ \tau_{\max0}) \tag{10-6}$$

合并两公式得：

$$\tau = kf(w)G_0\frac{u}{e^{\left(\frac{u}{u_{\tau\max}}\right)^m}} \tag{10-7}$$

则系统状态势能分为应变能和滑动势能：

$$V=\int_0^u kf(w)G_0\frac{u}{e^{\left(\frac{u}{u_{\tau\max}}\right)^m}}\mathrm{d}u+uW \tag{10-8}$$

式中：W 为滑动土体的滑移变形在垂直方向的势能增加量。当 $V'=0$ 时得到平衡曲面，$V'''=0$ 时得到位于尖点处对应的突变临界位移量：

$$\begin{aligned}u&=u_{\tau\max}\sqrt[m]{1+\frac{1}{m}}\\&=f_\tau[G_0(aw^2+bw+c),\ \tau_{\max0}]\sqrt[m]{1+\frac{1}{m}}\end{aligned} \tag{10-9}$$

可以看到，随着降雨量的不同，土体剪切模量发生变化，岩土体软化到达的最大切应力和对应的切应变不同，滑坡体突变临界位移量也不同。通常随着降雨量的增大，岩土体软化到达的最大切应力和对应的切应变减小，突变临界位移量减小，边坡从开始变形到产生滑动的时间更短。

10.3 水库边坡降雨量与坡脚预警指标拟定方法

10.3.1 计算参数

根据室内试验和现场勘察钻探地勘报告，得到各层岩土体的强度参数。滑坡体各岩土层的物理力学性质参数见表 10.1。

将第 6 章室内试验所得的土水特征曲线输入 Geostudio 软件中的 Seep/W 模块，渗透方程根据渗透系数和土水特征曲线采用 Fredlund 法得到。

表 10.1 各个土层物理力学性质表

岩土层名称	天然重度 (kN/m^3)	饱和重度 (kN/m^3)	有效黏聚力 c' (kPa)	有效内摩擦角 φ' (°)
黏土	17.3	17.8	45.0	17.0
全风化片麻岩	18.2	18.8	47.0	23.0
强风化片麻岩	22.6	23.0	50.0	28.0

10.3.2　计算剖面及计算边界条件

边坡滑坡平面图见图 7.5，根据现场地质勘查情况，选取主滑剖面为计算剖面，剖面的形状及地质剖面见图 7.6 所示。

坡体左右两边和底部为不透水边界，坡面为流量边界，流量大小为降雨强度，根据当地气象资料和实际情况，降雨单宽流量根据某水库气象站降雨资料取值，见表 10.2。通过现场调查，建立边坡滑坡体主滑动面有限元模型见图 10.3 所示。假设坡面孔隙气压力为大气压力，这样基质吸力在数值上等于孔隙水压力，可以用孔隙水压力表示[9-10]。

10.3.3　计算工况

（1）不同降雨量条件下边坡稳定性

不同降雨量条件下边坡稳定性计算采用饱和-非饱和渗流理论和简化的 Bishop 法。

表 10.2　不同降雨量表

工况	1	2	3	4	5
降雨量(mm)	80.8	70.7	65.4	59.1	48.5

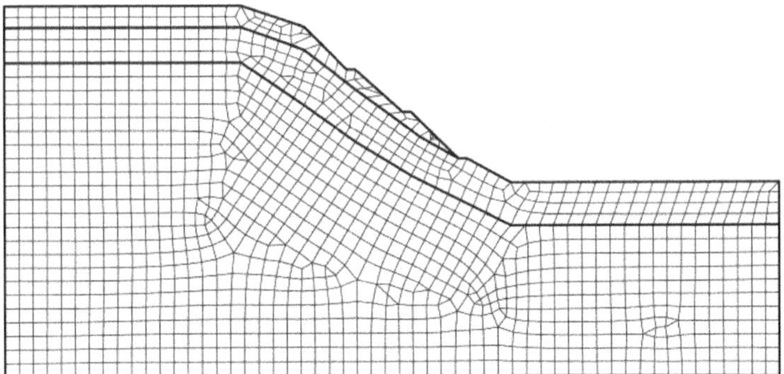

图 10.3　滑坡体主滑面有限元模型

（2）不同坡角条件下边坡稳定性

在某水库边坡研究基础上，以 30°、50°、60°三个不同坡角为例，选取 5 种不同工况的降雨量进行 3 种不同坡角条件下的安全系数计算，坡角 30°、50°、60°有限元计算模型分别如图 10.4、图 10.5 和图 10.6 所示。

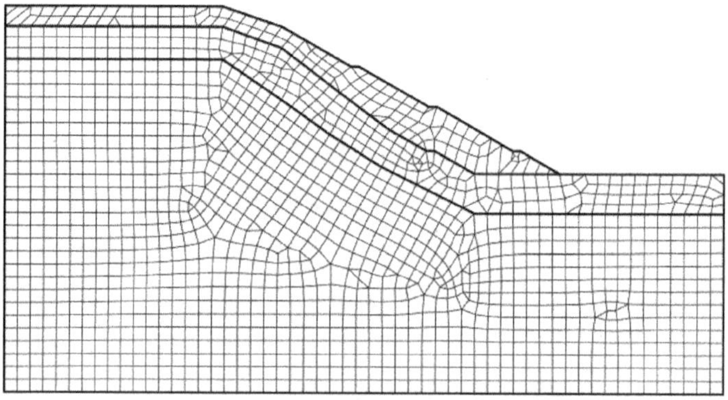

图 10.4　坡角 30°滑动面有限元模型

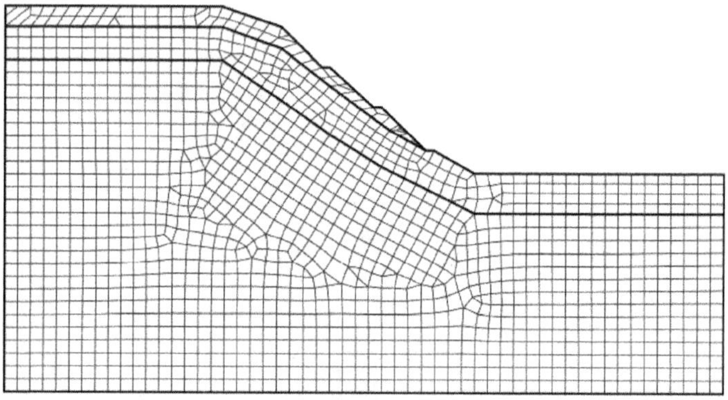

图 10.5　坡角 50°滑动面有限元模型

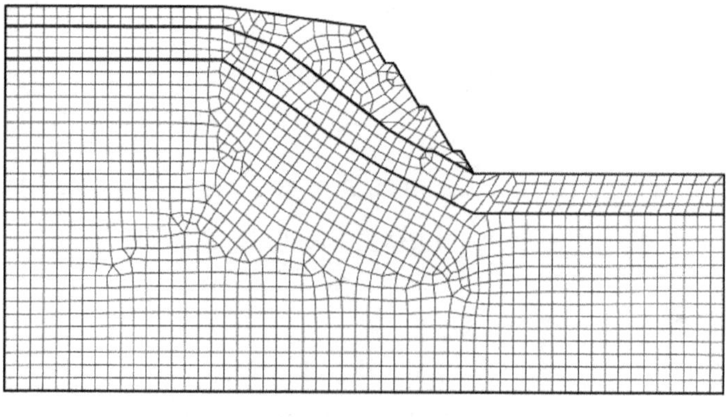

图 10.6　坡角 60°滑动面有限元模型

10.3.4 计算结果

(1) 不同降雨工况下边坡安全系数

不同降雨量下某水库边坡安全系数见表 10.3。由表 10.3 可知，降雨量为 80.8 mm、70.7 mm、65.4 mm、59.1 mm、48.5 mm 时边坡安全系数分别为 0.98、1.04、1.10、1.11、1.20。随着降雨量减小，边坡安全系数增加，临界降雨量为 80.8 mm。边坡安全系数受降雨量影响明显。

表 10.3　不同降雨量条件下边坡安全系数表

工况	1	2	3	4	5
降雨量(mm)	80.8	70.7	65.4	59.1	48.5
安全系数 K	0.98	1.04	1.10	1.11	1.20

(2) 不同坡角工况下边坡安全系数

不同坡角条件下某水库边坡安全系数见表 10.4。由表 10.4 可知，30°边坡坡角工况下，降雨量为 152.1 mm、106.1 mm、91.4 mm、75.1 mm、48.5 mm 时边坡安全系数分别为 0.97、1.04、1.15、1.34、1.36，临界降雨量为 152.1 mm；50°边坡坡角工况下，降雨量为 80.2 mm、66.0 mm、65.4 mm、59.1 mm、48.5 mm 时边坡安全系数分别为 0.98、1.03、1.04、1.05、1.06，临界降雨量为 80.2 mm；60°边坡坡角工况下，降雨量分别为 40.7 mm、32.7 mm、27.6 mm、21.5 mm、19.0 mm 时边坡安全系数分别为 0.97、1.03、1.10、1.21、1.26，临界降雨量为 40.7 mm。由表 10.4 可知，相同坡角时，随着降雨量增加，边坡安全系数减小；随着坡角增大，临界降雨量减小。降雨作用下边坡坡角对边坡安全系数影响明显。

表 10.4　不同坡角条件下边坡安全系数表

坡角(°)	降雨量(mm)	安全系数 K	坡角(°)	降雨量(mm)	安全系数 K	坡角(°)	降雨量(mm)	安全系数 K
30	152.1	0.97	50	80.2	0.98	60	40.7	0.97
	106.1	1.04		66.0	1.03		32.7	1.03
	91.4	1.15		65.4	1.04		27.6	1.10
	75.1	1.34		59.1	1.05		21.5	1.21
	48.5	1.36		48.5	1.06		19.0	1.26

10.4 边坡稳定预警指标拟定方法

拟定预警指标值是指标体系的核心。指标拟定方法较多，主要包括：设计指标方法、经验指标方法、理论指标分析方法、实测资料分析方法等[11-21]。运用这些指标拟定方法可确定实用的预警指标。本节采用理论分析和实测资料分析法进行指标拟定。

10.4.1 预警指标等级划分

根据相关研究及统计资料，边坡从局部产生变形到滑动，通常可经历三种状态，见图10.7。

(1) 安全状态，指边坡产生初始的变形，且累计位移较小的状态。边坡主要监测量的变化处于正常情况下。

(2) 基本正常状态，指边坡产生等速变形的状态。大部分边坡在经过等速变形后累计位移逐步趋于稳定，在无外界降雨、泥石流、地震等因素影响情况下，边坡将一直处于这种稳定状态。

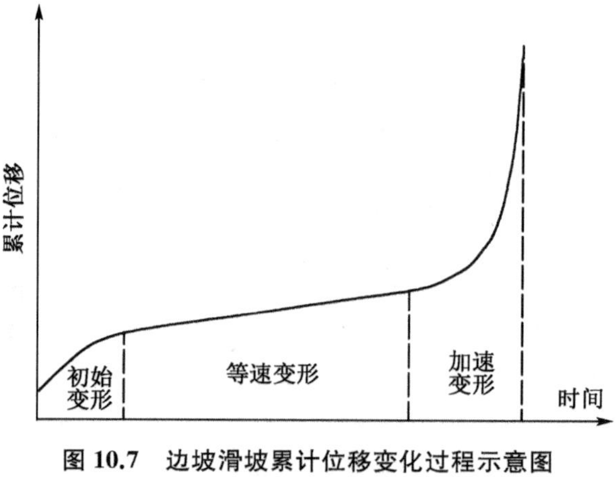

图10.7 边坡滑坡累计位移变化过程示意图

(3) 异常预警状态，指边坡产生加速变形状态。当边坡受到各种因素的影响，在等速变形或初始变形趋于稳定的过程中突然出现加速变形的突变状态。从监测角度，可以监测到环境中某些危及安全的因素正在加剧，或主要监测量出现险情，若不采取措施，将出现失事的状态。异常预警状态的边坡安全系数通常逐步减小,抗力逐渐小于荷载。

边坡的三种状态变化有许多症状和标志,这些症状和标志的界限值为状态特征值,在监控预警中即作为预警指标。针对边坡滑坡受到降雨、山洪影响,结合有关规范和法规,将边坡安全状况分为三级,并对应不同的预警等级,见表 10.5。设边坡安全状况集合为 V,则:

$$V=[V_1, V_2, V_3]=[安全,基本正常,异常] \tag{10-10}$$

表 10.5　边坡安全等级划分标准表

安全状况	安全	基本正常	异常
预警等级	1 级	2 级	3 级
采取措施	采取正常的观测及巡查工作。	加强观测和巡查工作,进一步分析观测数据变化的诱因,密切关注相关监测数据有无异常增大趋势	异常预警,密切关注边坡的变化。采取有效的应急措施。

10.4.2　确定性分析的预警指标拟定方法

根据边坡安全准则:

$$R-S\geqslant 0 \tag{10-11}$$

式中:R 为边坡滑面的抗剪强度;S 为临界荷载组合的总效应。

若 R 为设计允许值(即有一定的安全度)或边坡稳定所允许范围内的值,则满足式(10-11)的荷载组合所产生的各效应量(变形)是警戒值。如 R 是极限值,则满足式(10-11)的荷载组合所产生的各监测效应量是极值。估计指标是一个相当复杂的问题,需要根据各个边坡的具体情况,用多种不同的方法进行分析论证,本节采用极限状态法。

边坡每一种滑坡都对应于相应的荷载组合,边坡滑坡归结为强度和稳定等形式的破坏,其极限方程为式(10-11)。根据计算 S 和 R 方法的不同,采用极限平衡方法估算安全系数,不同安全系数对应边坡的不同安全状况和预警等级。

(1) 安全系数法

式(10-11)中抗力用允许抗力(允许安全系数),计算抗力的物理力学参数一阶矩(均值)计算。因此,平衡条件为:

$$\frac{\bar{R}}{K}-\bar{S}=0 \quad 或 \quad [\bar{R}]-\bar{S}=0 \tag{10-12}$$

式中：$\bar{R}$、$[\bar{R}]$ 分别为抗力的均值和允许抗力，计算所用的物理力学参数由试验资料用一阶矩确定或由地勘资料确定；K 为安全系数；$\bar{S}$ 为荷载效应的均值。然后用饱和-非饱和理论结合极限平衡法求出指标(安全系数)，即(10-12)中的安全系数 K。

(2) 降雨量预警指标拟定方法

降雨是诱发边坡滑坡的重要因素之一。当短时突降暴雨，且降雨满足一定条件时，边坡土体饱和度增大，孔隙水压力也随之增大，相应土体的有效应力减小，土体的抗剪强度随之减小，当边坡坡体所受剪切应力超过其抗剪强度时，即产生降雨诱发的滑坡。

因此，依据边坡的预警等级及边坡的安全系数，建立不同预警等级和边坡安全系数的对应关系，见式(10-13)，其中 $\bar{K}$ 为规范或设计资料中的边坡安全系数，针对不同类型的边坡，要求设计安全系数 $\bar{K}$ 一般在 1.05～1.2 之间取值。可以将 K 划分为 $(+\infty,\ \bar{K}]$、$(\bar{K},\ 1]$、$(1,\ -\infty)$，对应安全、基本正常、异常三种状态。

在此基础上，可求出满足式(10-13)不同条件的降雨最不利荷载组合的荷载，代入前述降雨数值监控模型中，即可计算得到对应不同边坡安全状态的降雨预警指标。当降雨作为诱发滑坡的主要因素时，通过降雨得到对应边坡安全系数的过程可表示为式(10-14)，其中 r 为降雨量，u 为降雨之外的其他因素。在固定 u 的条件下，可以计算得到不同降雨量 r 对应的边坡稳定的安全系数。

$$\begin{cases} K \geqslant \bar{K} \\ \bar{K} > K \geqslant 1 \\ 1 \leqslant K \end{cases} \tag{10-13}$$

$$f[R(r,\ u),\ S(r,\ u)] = K \tag{10-14}$$

(3) 坡角变化预警指标拟定方法

在强降雨作用下，边坡跛脚因不断受到掏刷作用而逐渐变陡，坡角位置逐渐抬高，亦可引发边坡的滑动。令 β 为坡角变化的度量，假设为坡度，可得到坡角和边坡安全系数的数值分析模型，可表示为：

$$f[R(\beta,\ u),\ S(\beta,\ u)] = K \tag{10-15}$$

式中：R 为抗力；S 为荷载；u 为除坡角变化之外的降雨、地下水位等其他因素。在固定 u 的条件下，可以计算得到不同边坡坡角因素 β 对应的边坡安全系数。建立不同条件下的坡角最不利荷载组合荷载，代入上述坡角变化的监控模型中，即可计算得到对应不同边坡安全状态的坡脚预警指标。

(4) 降雨量及坡角联合预警指标拟定方法

降雨常常引起滑坡、崩坡、崩塌等次生灾害。多种因素的综合作用使得只考虑单一的边坡滑坡诱发因素无法有效对潜在滑坡进行监控预警。为此可以考虑降雨及山洪、泥石流对边坡的综合作用，建立联合降雨和坡角因素的预警指标。基于确定性模型可以得到降雨量、坡角与边坡安全系数的关系，表达式为：

$$f[R(r, \beta, u), S(r, \beta, u)] = K \tag{10-16}$$

式中：R 为抗力；S 为荷载；u 为除降雨、坡角变化之外的因素。确定不同的降雨、坡角荷载组合代入分析模型，得到降雨、坡角和安全系数之间的定量化关系，见图 10.8，在降雨和坡角组成的平面图上将 K 取固定值的点连接得到的曲线一般为一条凸向原点的曲线，称为对应 K 的有效前沿曲线。

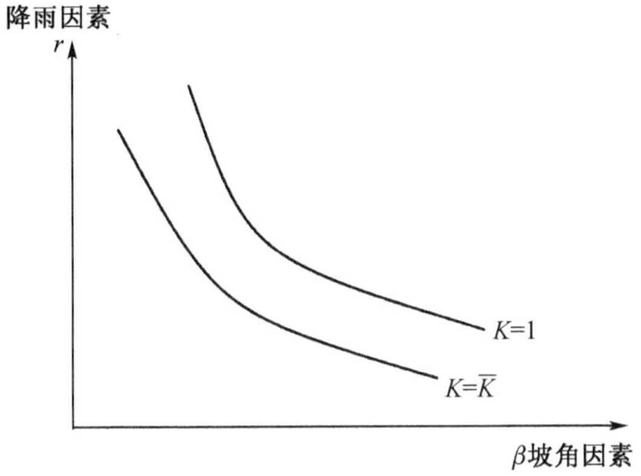

图 10.8　降雨、坡角及安全系数关系示意图

在此基础上，按照边坡安全、基本正常、异常三种状态得到降雨量、坡角的临界值，作为降雨及坡角联合预警指标。

10.4.3　滑坡突变预警指标拟定方法

式(10-13)建立了边坡临滑时变形量和降雨量的关系，可改写为：

$$\widetilde{u} = f(\widetilde{w}, G_0) \tag{10-17}$$

式中：$\widetilde{u}$、$\widetilde{w}$ 分别为临滑时刻的滑动位移和降雨量。当满足上式时，可以认为边坡状态为异常。

当降雨量未达到临滑降雨量，或位移未达到临界位移量时，则：

$$\tilde{u} > f(w, G_0) \tag{10-18}$$

从滑坡变形的突变特征角度看，则认为坡体总体势能未达到最大，坡体未达到临界滑移状态。

通过降雨滑坡的诱发机理可知，强降雨使得滑面岩土体软化，从而降低了边坡的稳定性，导致边坡滑坡的发生。应变软化时刻，伴随应变的增大，切应力达到最大值且不再增大，此时变形速率逐步增大，变形量不再收敛于一个固定值。可认为此刻边坡从安全状态进入基本正常状态。则按照式(10-6)可以得到基本正常状态的预警指标值。按照式(10-9)，则临滑变形 $\tilde{u}=\sqrt[m]{1+\frac{1}{m}}u_{\tau\max}$。则可将边坡安全状况分为三级，对应得到用临滑变形量表示的预警指标：

$$\begin{cases} u \leqslant u_{\tau\max} & \text{安全} \\ \sqrt[m]{1+\frac{1}{m}}u_{\tau\max} \geqslant u > u_{\tau\max} & \text{基本正常} \\ \sqrt[m]{1+\frac{1}{m}}u_{\tau\max} \leqslant u & \text{异常} \end{cases}$$

式中：m 为应变软化效应乘数，可通过实验获得，$\dfrac{1}{\sqrt[m]{1+\frac{1}{m}}}$ 对于滑动与否的判别起到了折减系数的作用，若取 $m=1$，则

$$\begin{cases} u \leqslant u_{\tau\max} & \text{安全} \\ 2u_{\tau\max} \geqslant u > u_{\tau\max} & \text{基本正常} \\ 2u_{\tau\max} \leqslant u & \text{异常} \end{cases}$$

10.4.4 边坡预警指标拟定应用

将边坡滑坡的预报预警研究成果应用于对某水库边坡监控预警中。

(1) 基于确定性模型的监控指标拟定

按照上述理论，建立满足式(10-13)不同条件的降雨最不利荷载组合的荷载，代入降雨数值监控模型中，计算得到对应不同边坡安全状态的降雨量。模型采用某水库实际边坡坡度，采用不同降雨量，建立 5 种工况，得到对应的边坡安全系数值，见表 10.4。在此基础上，采用多项式拟合得到对应边坡异常状况 ($K=1$) 及

基本正常状况的安全系数 $K=1.1$ 对应的降雨量，见图 10.9。则对应边坡三个不同安全预警等级的降雨量监控指标可表示为：

$$\begin{cases} r < 65.4\ \text{mm} & \text{安全} \\ 65.4 < r \leqslant 70\ \text{mm} & \text{基本正常} \\ r > 70\ \text{mm} & \text{异常} \end{cases}$$

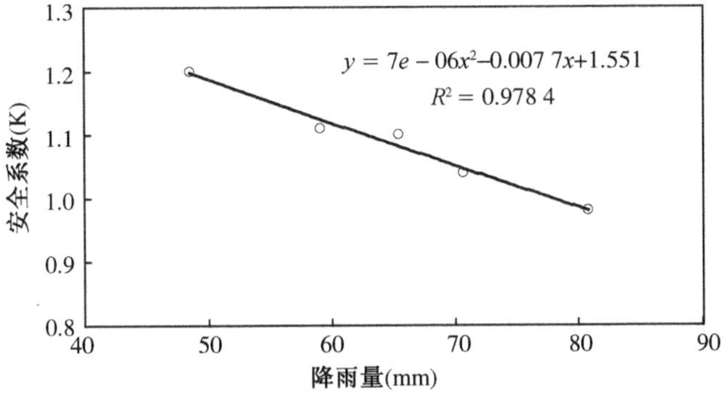

图 10.9　坡角及安全系数关系曲线图

(2) 降雨量及坡角联合预警指标

按照前述理论，建立满足式(10-16)不同条件的降雨及坡角最不利荷载组合的荷载，见表 10.4。确定不同的降雨、坡角荷载组合代入分析模型，得到降雨、坡角和安全系数之间的定量化空间关系，见图 10.10，对应不同安全系数，得到投影在降雨和坡角平面上的多组有效前沿曲线，见图 10.11。令 K 为 1 和 1.1，对应的有效前沿曲线为 $f(r_1, \beta_1)_{K=1}$，$f(r_{1.1}, \beta_{1.1})_{K=1.1}$，则联合预警指标可表示为：

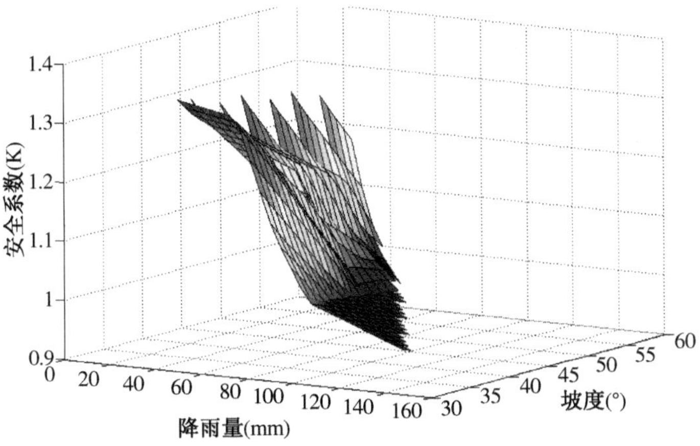

图 10.10　降雨量、坡角及安全系数空间关系图

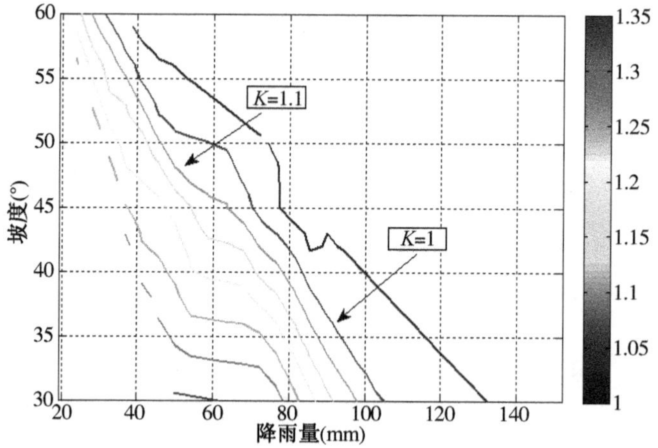

图 10.11　不同等级有效前沿曲线图

$$\begin{cases} r \leqslant r_{1.1} \text{ 且 } \beta \leqslant \beta_{1.1} & \text{安全} \\ r_{1.1} < r \leqslant r_1 \text{ 且 } \beta_{1.1} < \beta \leqslant \beta_1 & \text{基本正常} \\ r > r_1 \text{ 且 } \beta > \beta_1 & \text{异常} \end{cases}$$

(3) 基于边坡实测数据的变形监控指标

2013 年 8 月某水库边坡滑坡体变形监测数据及时段日降雨量数据如图10.12所示，6—7 月份有降雨，但未发现边坡出现异常。8 月初突降暴雨，8 月 6 日变形量为 1.5 cm，自 8 月 6 日开始边坡变形加速增大，8 月 16 日变形量达到 7.0 cm，自

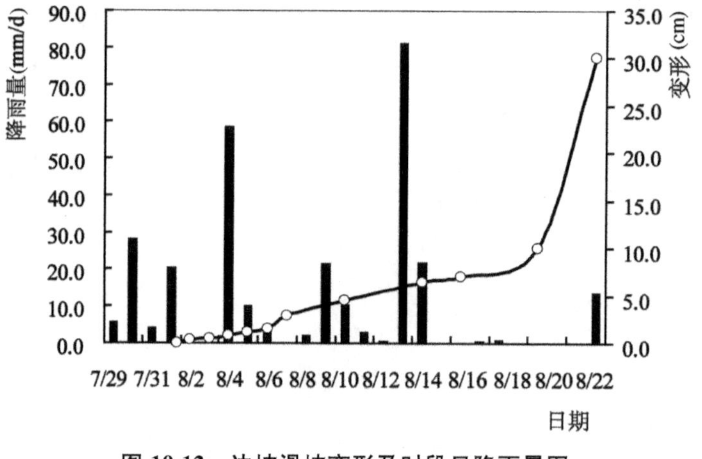

图 10.12　边坡滑坡变形及时段日降雨量图

8 月 16 日后变形量增速进一步加快，呈现突变趋势，8 月 23 日早 8 时变形量达到 30 cm。通过降雨及变形过程线可以看出，受降雨影响，变形的整体变化过程具有突变特征。若将变形量突变增大时刻的变形值 7.0 cm 作为临界变形量，应变软化效应乘数 m 取值为 1，可得到滑坡变形监控指标，正常状态为 $u < 3.5$ cm，当 $u > 7.0$ cm 时进入异常预警状态，应采取应急措施。

10.5　小结

（1）通过饱和-非饱和渗流理论和非饱和土理论的简化 Bishop 法计算分析，坡角为 45°时，边坡安全系数随着降雨量减小而增加，边坡临界降雨量为 80.8 mm。边坡安全系数受降雨量影响明显。

（2）坡角为 30°时，边坡临界降雨量为 152.1 mm；坡角为 50°时，边坡临界降雨量为 80.2 mm；边坡为 60°时，边坡临界降雨量为 40.7 mm；坡角相同时，随着降雨量增加，边坡安全系数减小；随着坡角增大，临界降雨量减小。降雨作用下边坡坡角对边坡安全系数影响明显。

（3）研究边坡变形的不同变化趋势，将边坡分为安全状态、基本正常状态、异常状态，据此提出边坡预警的三个等级。

（4）研究诱发滑坡的降雨因素，通过数值计算建立了不同降雨量条件下边坡稳定系数，在此基础上建立了边坡滑坡的降雨监控指标。计算不同降雨量及坡角影响下边坡稳定系数，在此基础上建立了边坡滑坡的降雨和坡角联合监控指标。

（5）基于边坡滑坡体的变形规律及降雨入渗导致滑面岩土体软化滑坡的作用机理，利用突变理论，构建了水库大坝边坡滑坡变形监控指标。

主要参考文献

[1] Montrasio L, Valentino R. A model for triggering mechanisms of shallow landslides[J]. Natural Hazards and Earth System Sciences, 2008, 8(5): 1149-1159.

[2] Rahardjo H, Lim T T, Chang M F. Shear-strength characteristics of a residual soil[J]. Canadian Geotechnical Journal, 1995, 32(1): 60-77.

[3] Wang W F, Zhang M Y, Huo Z T, et al. The July 14, 2003, Qianjiangping landslide, Three Gorges Reservior, China[J]. Landslides, 2004, 1(2): 157-162.

[4] Huang C C, Lo C L, Jang J S. Internal soil moisture response to rainfall-induced slope failures and debris discharge[J]. Engineering Geology, 2008, 101(3-4): 134-145.

[5] Lee M L, Nurly G, Harianto R. A simple model for preliminary evaluation of rainfall-induced slope instability[J]. Engineering Geology, 2009, 108(3-4): 272-285.
[6] Dou H Q, Han T C, Gong X N. Probabilistic slope stability analysis considering the variability of hydraulic conductivity under rainfall infiltration - redistribution conditions [J]. Engineering Geology, 2014, 183: 1-13.
[7] Wang G, Sassa K. Factors affecting rainfall-induced flowslides in laboratory flume tests [J]. Geotechnique, 2001, 51(7): 589-599.
[8] Tsaparas I, Rhardjo H, Toll D G. Controlling parameters for rainfall-induced landslides [J]. Computers and Geotechnics, 2002, 29(1): 1-27.
[9] Zhu H, Zhang L L, Zhou C B. Two-dimensional probabilistic infiltration analysis with a spatially varying permeability function [J]. Computers and Geotechnics, 2013, 48: 249-259.
[10] 祁涛,张均锋.某水电站坝址区三维渗流参数反演[J].岩石力学与工程学报,2005, 24(20): 3766-3770.
[11] 许强,黄润秋,李秀珍.滑坡时间预测预报研究进展[J].地球科学进展,2004, 19(3): 478-483.
[12] 宋克强,崔中兴,袁继国,等.古流滑坡的蠕变特征及其预报分析[J].岩土工程学报,1994, 16(4): 56-64.
[13] 许建聪,尚岳全,郑束宁,等.强降雨作用下浅层滑坡尖点突变模型研究[J].浙江大学学报(工学版),2005, 39(11): 1675-1679.
[14] 李季,苏怀智,胡江.龙羊峡近坝库岸滑坡群稳定性分析及预警技术研究[J].河海大学学报(自然科学版),2008, 36(5): 599-604.
[15] 李雷,王仁钟,盛金保.溃坝后果严重程度评价模型研究[J].安全与环境学报,2006, 6(1): 1-4.
[16] 张建云,盛金保,蔡跃波,等.水库大坝安全保障关键技术[J].水利水电技术,2015, 46(1): 1-10.
[17] 何勇军,刘成栋,向衍,等.大坝安全监测与自动化[M].北京: 中国水利水电出版社,2008.
[18] 付冰清,薛果夫.新滩深部变形监测与趋势预测[J].水利学报,1993(1): 72-79.
[19] 殷宗泽.土工原理[M].北京: 中国水利水电出版社,2007.
[20] 沈珠江.理论土力学[M].北京: 中国水利水电出版社,2000.
[21] 毛昶熙,段祥宝.渗流数值计算与程序应用[M].南京: 河海大学出版社,1999.